大学计算机与人工智能基础

（第2版）

主　编　陈一明
副主编　吴良海　苏海英
　　　　何海燕　吴宪君
　　　　徐　平

北京大学出版社
PEKING UNIVERSITY PRESS

内 容 简 介

本书是根据教育部高等学校大学计算机课程教学指导委员会提出的《大学计算机基础课程教学基本要求》,为贯彻落实教育部《高等学校人工智能创新行动计划》精神及计算机教育改革的新思想、新要求而编写的。

本书内容是配合模块化教学改革需要进行组织编排的,包括"计算机文化基础"和"人工智能基础"两大模块。其中,"计算机文化基础"模块主要介绍计算机文化基本知识、计算机操作基本技能和办公自动化等;"人工智能基础"模块主要介绍大数据、人工智能等计算机新技术。两大模块内容相互联系也相对独立。本书结构清晰、层次分明,描述简洁明了、可读性强。

本书适合普通高等学校非计算机专业计算机基础课程教学,也可作为其他读者学习计算机与人工智能知识入门的参考书。

前　言

当前，信息技术成为国家发展战略，移动通信、物联网、云计算、大数据、人工智能等新概念、新技术层出不穷，深深影响着人们的生活，改变着人们的思维、学习方式，推动着社会的发展。

近年，大学计算机基础教育改革引起了广泛的关注。2006 年，教育部正式颁布了《大学计算机基础课程教学基本要求》；教育部高等学校计算机科学与技术教学指导委员会也发布了《关于进一步加强高等学校计算机基础教学的意见暨计算机基础课程教学基本要求》；2010 年，教育部高等学校计算机基础课程教学指导委员会提出以“培养学生计算机应用能力和计算思维能力”作为计算机基础课程培养目标，把“计算思维能力的培养”作为大学计算机基础教育的核心任务；促使大学计算机基础教育着眼于培养与构建学生的思维意识，全面提高学生利用计算机技术解决问题的思维能力与研究能力。教育部高等学校计算机科学与技术教学指导委员会非计算机专业基础课程教学指导分委员会发布的《关于进一步加强高校计算机基础教学的几点意见》中，明确要求学生应该了解和掌握计算机系统与网络、程序设计、数据库以及多媒体技术等方面的基本概念与基本原理，培养良好的信息素养，利用计算机手段进行表达与交流，利用因特网(Internet)进行主动学习，为专业学习奠定必要的基础。2018 年，教育部颁布《高等学校人工智能创新行动计划》，要求高等学校全面推进人工智能进课堂。2022 年，党的二十大报告指出：“教育、科技、人才是全面建设社会主义现代化国家的基础性、战略性支撑。”大学生是未来建设社会主义现代化事业的中坚力量，计算思维和人工智能的应用有助于当代大学生专业能力的提升。

我们认为，计算机基础教育必须“面向学生、面向专业发展、面向社会、面向用人单位”，应注重基础知识、应用能力与思维能力的培养，学以致用；应把计算思维渗透到在计算机基本技能的教学过程中；应全面提高大数据与人工智能素养，为培养高素质人才服务。

本书编写配合新的人才培养方案与课程模块化教学改革需要，内容包括“计算机文化基础”和“人工智能基础”两大模块。其中，“计算机文化基础”模块细分为“计算机基础知识”“多媒体技术基础”“计算机网络与安全”“办公自动化”及“计算机新技术”等子模块；“人工智能基础”模块细分为“大数据”“人工智能基础”子模块。各模块内容相互联系也相对独立，便于不同专业选择学习。模块内容着重问题分析与解决方法，适合问题化教学过程，理论学习与解决问题能力的培养并进，注意引导学生形成问题、提出问题与寻找解决问题的方法，把握解决问题的关键技术，把旧问题的解决作为新问题产生与解决的起点。本书内容涵盖了基本教学要求，突出实践性与人文性，注重前沿技术知识的介绍，并配有大量实验案例与思考练习，以满足教学的基本需求。

本书编者都是教学一线的老师，有较丰富的教学经验。其中，陈一明、何海燕、苏海英、吴良海等老师负责第一模块的撰写，陈一明、吴良海、吴宪君、苏海英等老师负责第二模块的撰写，徐平老师也配合进行了大量的工作。全书由陈一明负责统稿。袁晓辉、周承芳编辑了配套教学资源，易永荣提供了版式和装帧设计方案。在此一并感谢。

计算机科学是发展最快的学科，教材建设是一项系统工程，由于我们经验不足及能力有限，教材肯定存在某些纰漏，敬请专家、读者多提宝贵意见。

编者

目　录

第一模块　计算机文化基础

第二模块 人工智能基础

第一模块

计算机文化基础

计算机是现代社会最重要的工具,计算机技术是现代科学技术发展的标杆。计算机应用遍及社会生活中的各个领域,如数字化学习、无纸化办公、银行业务、超市收银、持卡消费、订票系统、电子邮件、网上购物、无级变速汽车等,无不与计算机相关,形成了计算机文化(computer culture)。

计算机基本知识与应用、多媒体技术与网络应用、办公自动化基本技能等都是现代社会公民必备的文化素养。

第 1 章　计算机基础知识

社会的向前发展要求人们更多地了解计算机知识，具有利用计算机进行学习、工作与生活的基本技能。

1.1　计算机概述

1.1.1　计算机的概念、发展及类型

1. 计算机的概念

计算机（computer），也称为电子计算机（俗称“电脑”），是一种能够按照所存储的程序自动、高速地进行大量的数值计算、数据处理的现代化电子设备。

计算机由硬件和软件组成，具有数值计算、逻辑计算和存储记忆等功能。目前，计算机的类别主要有个人计算机（personal computer，PC）、便捷式计算机（laptop）、工作站（workstation）、服务器（server）、大型计算机（mainframe）、超级计算机（supercomputer）等。随着科技的发展，又出现了一些新型计算机，如生物计算机、光子计算机、量子计算机等。

2. 计算机的发展

1936 年，英国科学家艾伦·麦席森·图灵[①]（Alan Mathison Turing）在划时代论文《论可计算数及其在判定问题中的应用》中，论述了一种理想的通用计算机，被后人称为“图灵机”。

1945 年，美籍匈牙利科学家约翰·冯·诺依曼（John von Neumann）在著名的论文《EDVAC 计算机报告的第一份草案》中提出的计算机五大结构及存储程序的思想，奠定了现代计算机的设计基础。冯·诺依曼是计算机工程技术的先驱者。

1946 年，美国宾夕法尼亚大学莫尔电气工程学院制造了世界上第一台通用电子计算机“埃尼阿克”（electronic numerical integrator and calculator，ENIAC），如图 1-1 所示，主要用于计算弹道轨迹。

---

①图灵：英国著名的数学家和逻辑学家，被称为计算机科学之父、人工智能之父，是计算机逻辑的奠基者，提出了“图灵机”和“图灵测试”等重要概念。

图 1-1　世界上第一台通用电子计算机——ENIAC

随着超大规模集成电路的产生与应用，计算机不断向着小型化、微型化、低功耗、智能化、系统化的方向发展，可以进行思维、学习、记忆、网络通信等工作。计算机在各个发展阶段的主要特征如表 1-1 所示。

表 1-1　计算机在各个发展阶段的主要特征

特征	年代			
	第Ⅰ代 1946—1957 年	第Ⅱ代 1958—1964 年	第Ⅲ代 1965—1970 年	第Ⅳ代 1971 年至今
电子元件	电子管	晶体管	中小规模集成电路	大规模或超大规模集成电路
存储器	磁芯、磁鼓、磁带	磁芯、磁鼓、磁盘	半导体存储器等	半导体存储器、光盘、U盘
内存容量	几千字节	几十千字节	几百千字节	几百兆字节
运算速度/（次/秒）	几千至几万	几万至几十万	几十万至几百万	几百万至千亿
处理方式	机器语言 汇编语言	监控程序 高级语言	实时处理 操作系统	实时/分时处理 网络操作系统
主要特点	体积大、耗电多、可靠性差、价格昂贵、维修复杂	体积小、重量轻、耗电少、可靠性高	小型化、耗电少、可靠性高	微型化、耗电极少、可靠性高
应用领域	科学计算、 军事领域	数据处理、事务管理、过程控制	工业控制、系统与工程设计	各行各业

现在，把能听、说、看和有思维能力等的新一代计算机称为第Ⅴ代计算机——智能计算机。

我国计算机技术近年来发展很快，国家并行计算机工程技术研究中心研制的神威·太湖之光以每秒 9.3 亿亿次的浮点运算速度，成为 2017 年全球最快的超级计算机。

3. 计算机的类型

计算机产业发展迅速，技术不断更新，性能不断提高，即使业界对计算机类型有不同的划分方法，也很难对计算机进行精确的类型划分。按照目前计算机产品的市场应用情况，大致可分为大型计算机、微型计算机和嵌入式计算机，如图 1-2 所示。

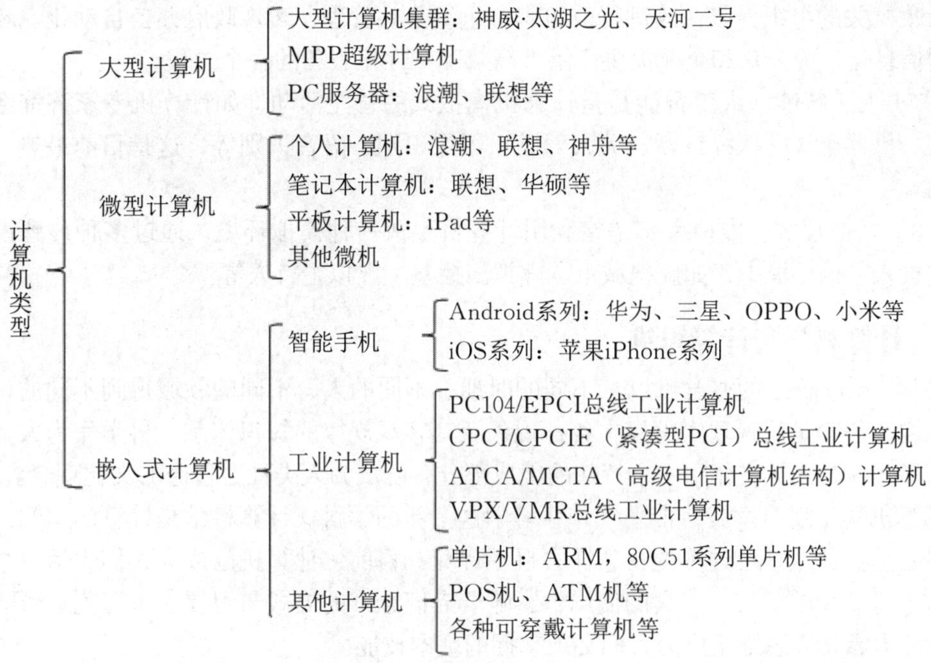

图 1-2　计算机的类型

1.1.2　计算机的基本应用

具体来说，计算机广泛应用于以下几个方面。

（1）科学计算。科学计算也称为数值计算，是指完成科学研究与工程技术中提出的数学问题的计算。通过计算机可以解决人工无法解决的复杂计算问题，如卫星轨迹计算、气象预报等。

（2）数据处理。数据处理是目前计算机应用最广泛的一个领域，是指对大量数据进行存储、加工、分类、统计、查询与报表等操作，也称为非数值处理或事务处理，如企业管理资料、数据报表统计、信息情报检索、图书管理、订票系统等。

（3）过程控制。过程控制也称为实时控制，是指计算机及时地采集检测数据，按最佳值迅速地对控制对象进行自动控制和自动调节，如数控机床和生产流水线的控制等。

（4）计算机辅助系统。计算机辅助系统已成为计算机应用的重要领域，它指的是以计算机为工具，专用于辅助人们完成特定任务的工作，以提高工作效率与工作质量的软件系统。它包括计算机辅助设计（computer-aided design，CAD）、计算机辅助教学（computer-aided instruction，CAI）、计算机辅助制造（computer-aided manufacturing，CAM）、办公自动化（office automation，OA）、计算机辅助测试（computer-aided testing，CAT）、计算机辅助工程（computer-aided engineering，CAE）等。

（5）文化教育与娱乐。计算机信息技术走进社会、家庭，使人们的工作与生活方式发生了巨大的变化，人们可以随时随地通过计算机网络，以多种方式浏览网上资源，进行数字化学习、聊天、游戏、远程网络教育等。

（6）电子商务与电子政务。电子商务是指利用互联网从事商务活动，如在阿里巴巴的淘宝网、腾讯的拍拍网上进行购物等。电子政务是近年兴起的一种运用信息与通信技术，打破行政机关的组织界限，改进行政组织，重组公共管理，实现政府办公自动化、政务业务流程信息化，为公众和企业提供广泛、高效和个性化服务的一个过程。

（7）人工智能。人工智能是指计算机模拟人的智能活动，如计算机专家咨询系统、机器人、机器翻译、医疗诊断、无人驾驶、图像识别、语音识别等，这是目前最热门的发展方面。

（8）虚拟现实。虚拟现实是指利用计算机生成一种模拟环境，通过多种传感设备使用户“投入”该环境中，如虚拟城市、虚拟演播室、虚拟主持人等。

1.1.3 计算科学与计算思维

科学（science）的概念可以从不同的时期、不同的人、不同的领域得到不同的理解。综合来说，科学是反映现实世界中各种现象及其客观规律的知识体系。科学作为人类知识的最高形式，是人类文化中一个特殊的组成部分，已成为人类社会普遍的文化理念。

计算机的出现与发展，带来了计算科学这一新的学科。计算科学是计算的学问，其研究的核心是：什么是可计算的？怎样去自动计算？目前，计算机已成为人们生活、学习和工作中不可缺少的工具。工具的使用，影响着人们思维的方式与习惯，也深刻地影响人们的思维能力，计算思维正成为人们必须掌握的基本技能。

1. 计算、计算科学和计算学科

数的历史始于要计算大于 1 的数量。随着社会的发展，计算涉及的问题越来越多，包括数学计算、逻辑推理、图形图像的变换等。如果把一切看作信息，那么计算就是对信息的变换，是某个系统完成了一次从输入到输出的变换。专家指出，计算很可能是人类的一种本能，一门学科一旦运用了计算科学，它就成了先进的学科。

从计算的角度来说，计算科学（computational science）又称为科学计算，它是一种以数学模型构建、定量分析方法以及利用计算机来分析和解决科学问题的研究领域。

从计算机的角度来说，计算科学（computing science）是应用高性能计算能力预测和了解客观世界物质运动或复杂现象演化规律的科学，它包括数值模拟、工程仿真、高效计算机系统和应用软件等。计算科学是在不断研究与不断思考“什么是可计算的，什么是可自动计算的，怎样去自动计算”等问题。目前，计算科学是提高国家自主创新能力和核心竞争力的关键技术之一，应长期置于国家科学与技术领域中心的领导地位。

计算科学可分为系统领域与应用领域。系统领域包括硬件与软件构成的相关领域，如计算机体系结构、计算机网络、计算机系统安全、操作系统、算法、程序设计语言以及软件工程。应用领域涵盖了与计算机使用有关的领域，如数据库和人工智能。

学科是指高等学校中讲授或研究知识的分科，是高等学校教学和科研的细胞组织。

从计算的角度来说，利用计算科学对其他学科中的问题进行计算机模拟或者其他形式的计算而形成的诸如计算物理、计算化学、计算生物等学科统称为计算学科。

从计算机的角度来说，计算学科对描述和变换信息的算法过程进行系统的研究，它包括算法过程的理论、分析、设计、效率分析、实现和应用等。

2. 计算思维的概念

思维（thinking）作为一种心理现象，是认识世界的一种高级反映形式。具体来说，思

维是人脑对客观事物一种概括的、间接的反映，它反映客观事物的本质和规律。实践活动是思维的基础，表象是对客观事物的直接感知过渡到抽象的一个中间环节，语言是思维活动的工具。

科学思维（scientific thinking）通常是指理性认识及其过程，即经过感性阶段获得的大量材料，通过整理和改造，形成概念、判断和推理，以便反映事物的本质和规律。科学思维是人脑对科学信息的加工活动。

从人们认识世界与改造世界的思维方式出发，科学思维可分为理论思维、实验思维和计算思维三种，这三种思维分别对应于理论科学、实验科学和计算科学。它们作为科学发展的三大支柱，推动人类文明进步和科学技术发展。

专家指出，使用工具影响着人类的思维方式和思维习惯，从而也深刻地影响着人类的思维能力。思维是由思维原料、思维主体和思维工具等组成的。自然界提供思维的原料，人脑作为思维的主体，认识的反映形式形成了思维的工具，三者具备才有思维活动。从某种意义上讲，思维也是一种广义的计算，它是思维主体处理信息及意识的活动，如计算生物学改变着生物学家的思维方式，计算机博弈论改变着经济学家的思维方式等。计算思维已经成为各个专业利用计算机求解问题的基本途径。

美国卡内基·梅隆大学计算机科学系主任周以真教授发表在美国计算机权威期刊 *Communications of the ACM* 杂志上的文章《计算思维》（*Computational Thinking*）中提出，计算思维是运用计算科学的基础概念进行问题求解、系统设计以及人类行为理解等涵盖计算科学之广度的一系列思维活动。

国际上给计算思维做了一个可操作性的定义，即计算思维是一个问题解决的过程，该过程包括以下特点：

（1）制定问题，并能利用计算机和其他工具来帮助解决该问题。

（2）要符合逻辑地组织和分析数据。

（3）通过抽象（如模型、仿真等）再现数据。

（4）通过算法思想（一系列有序的步骤）支持自动化解决方案。

（5）分析可能的解决方案，找到最有效的方案。

（6）将该问题的求解过程进行推广并移植到更广泛的问题中。

计算思维的本质是抽象与自动化。计算思维虽然具有计算机的许多特征，但是计算思维本身并不是计算机的专属。正是计算机的出现，给计算思维的研究与发展带来了根本性的变化。

例如，利用计算手段求解问题的过程是：首先把实际的应用问题转换为数学问题，接着将数学问题离散为一组代数方程组，然后建立模型、设计算法和编程实现，最后在实际的计算机中运行并求解。前两步是计算思维中的抽象，后两步是计算思维中的自动化。

3. 计算思维的特征

周以真教授在文章《计算思维》中提出了计算思维的基本特征如下：

（1）计算思维是每个大学生必须掌握的基本技能，它不仅属于计算机科学家。

（2）计算思维是人的，不是计算机的思维方式。

（3）计算思维是数学思维与工程思维的相互结合，其本质源于数学思维，由于计算条件所限，迫使计算机科学家必须进行工程思考，而不能只进行数学思考。

（4）计算思维建立在计算过程的能力与限制之上。

（5）计算思维最根本的问题是什么是可计算的。

（6）计算思维通过简化、转换和仿真等方法，把一个复杂庞大的任务或设计分解成一个计算机处理的系统。

总之，计算思维以设计和构造为特征。

计算思维是人类求解问题的一种途径，但绝非让人们像计算机那样去思考。计算机枯燥且沉闷，人类聪颖且富有想象力。是人类赋予了计算机激情、配置了计算设备，计算机给人类强大的计算能力，人类应该更好地利用这种能力去解决各种需要大量计算的问题。

4. 计算思维的应用

计算思维代表着一种普遍的认识和一类普适的技能，它应该像“读”“写”“算”一样成为每个人的基本技能，而不仅限于计算机科学家。计算思维提出的新思想、新方法将促进自然科学、工程技术和社会经济等领域产生革命性的研究成果，其在生物学、脑科学、化学、经济学、艺术等不同学科有着深刻的影响与应用。例如，计算化学是近年快速发展的一门学科，它主要以分子模拟为工具实现各种核心化学的计算问题，架起了理论化学和实验化学之间的桥梁。计算化学是化学、计算方法、统计学和程序设计等多学科交叉的一门新兴学科，它利用数学、统计学和程序设计等方法，进行化学与化工的理论计算、实验设计、数据与信息处理、分析和测试等。可见，计算思维也是创新人才的基本要求与专业素质。

在信息时代，人们无时无刻不在进行计算，如何运用现代计算环境（计算机、互联网）进行计算，理解现代计算环境的特点、处理机制，是对每个人的基本要求。因此，计算思维必须成为每个人的基本技能，而这样的计算思维建立在对计算过程深入理解的基础上，只有理解计算机处理问题的原理和方法，我们才有可能利用现代计算环境去处理那些人工难以完成的问题求解和系统设计。计算思维还需要了解人类处理哪些问题比计算机做得好，而计算机处理哪些问题比人类更具优势。只有这样，我们才有可能构建合理的“人–机”系统，处理复杂的问题。

1.2 计算机系统

在农业社会，人们需要掌握耕种技术；在工业社会，人们需要掌握制造技术；而在以计算机技术为主的信息社会，人们必须掌握基本的计算机应用技术。正如汽车驾驶员要掌握汽车驾驶技能，了解汽车基本性能一样，为了能更好地使用计算机这种工具，我们最好能了解更多的计算机基本知识，如计算机的基本组成、工作原理等。

通常所说的计算机，实际上是指计算机系统。一个完整的计算机系统包括计算机硬件系统和计算机软件系统两部分。计算机系统的组成如图 1–3 所示。

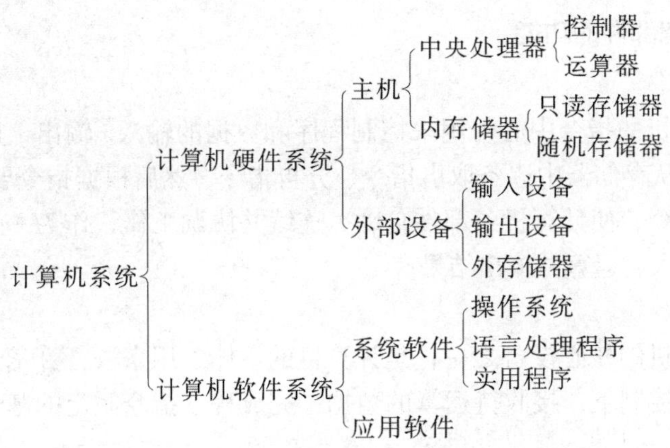

图 1-3　计算机系统的组成

1.2.1　计算机硬件系统

计算机硬件系统是指计算机中“看得见”“摸得着”的所有电子线路和物理设备，如中央处理器（central processing unit，CPU）、存储器、输入 / 输出（input/output，I/O）设备及各类总线等。

计算机的结构有多种类型，但就其本质而言，大都属于计算机的经典结构——冯 · 诺依曼[①] 体系结构，简称冯 · 诺依曼结构。该结构包括运算器（arithmetic unit）、控制器（control unit）、存储器（memory）、输入设备（input device）、输出设备（output device）五部分，如图 1-4 所示。

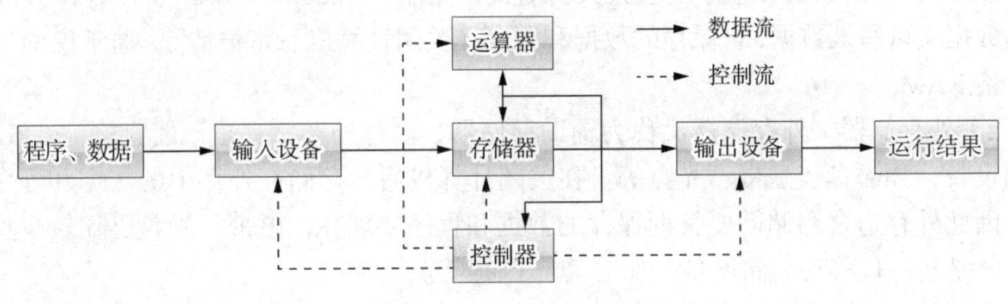

图 1-4　冯 · 诺依曼结构

1. 冯 · 诺依曼结构的特点

冯 · 诺依曼结构具有以下特点：

（1）计算机由运算器、控制器、存储器、输入设备、输出设备五个部分组成。

（2）指令和数据以同等地位存放于存储器内，并可按地址寻访。

（3）指令和数据均用二进制编码表示。

（4）指令由操作码和地址码组成。

（5）指令在存储器内按顺序存放。

（6）计算机以运算器为中心，输入 / 输出设备与存储器间的数据传送都要经过运算器。

①除计算机结构外，冯 · 诺依曼还提出了“存储程序”的设计原则，即将计算机指令编码后，存储在计算机存储器中，并按顺序执行程序代码，以控制计算机运行。

2. 计算机结构部件的功能

1）控制器

控制器是计算机的指令中心，用来控制程序和数据的输入/输出，以及各部件之间的协调运行。控制器从存储器中逐条取出指令、分析指令，然后根据指令要求完成相应操作，产生一系列控制命令，使计算机各部件自动、连续并协调工作，作为一个有机的整体，实现数据和程序的输入、运算并输出结果。

2）运算器

运算器是计算机的核心设备之一，是计算机的主体，用来进行算术运算和逻辑运算。运算器在控制器的控制下，接收待运算的数据，完成程序指令制定的基于二进制的算术运算或逻辑运算。

通常把运算器和控制器一起置于一块半导体集成电路中，并称之为 CPU。

3）存储器

存储器是存储计算机操作的程序、数据、运算的中间结果以及最后结果的设备。冯·诺依曼结构中，存储器是指存储单元。对存储器的基本操作是数据的写入与读出，也称为“内存访问”。存储器中的存储单元按顺序编号，称为“内存地址”。当运算器需从内存单元中读、写数据时，控制器必须提供存储单元的地址。一般地，存储器又分为内存储器与外存储器。

（1）内存储器。内存储器又称为主存储器，简称内存，它是直接与 CPU 交换数据的存储设备。其中，只读存储器（read-only memory，ROM）中保存的是计算机最重要的程序和数据，一般由厂家在生产时用专门的设备写入，用户只能读出，无法修改。关闭计算机后，ROM 存储的数据和程序不会丢失。随机存储器（random access memory，RAM）既可读出数据又可写入数据，它保存的数据和程序在关闭计算机后将被清除。通常说的“内存”一般是指 RAM。

（2）外存储器。外存储器又称为辅助存储器，简称外存，它是不能直接被 CPU 存取的存储设备，如磁盘、磁带、光盘等。在关闭计算机后，存储在外存中的数据和程序仍可保留，因此外存适合存储需要长期保存的数据和程序。现在，磁带、光盘已比较少见，取而代之的是新一代移动存储设备，如 U 盘、闪存等。

内存是计算机数据交换的中心，CPU 在存取外存中的数据时，都必须先将数据调入内存。内存、外存和相应的软件组成了计算机存储系统。CPU 与内存统称为计算机的主机。

4）输入设备

输入设备是指向计算机输入信息的设备。输入设备的任务：一是向计算机提供原始的信息，如文字、图形、声音等，并将其转换成计算机能识别和接收的信息形式，然后送入存储器中；二是由用户对计算机进行控制。常用的输入设备有键盘、鼠标、扫描仪、手写笔、触摸屏、条形码读入器、数字相机等，而如硬盘、U 盘、网卡等既是输入设备也是输出设备。

5）输出设备

输出设备是指从计算机中输出人们可以识别的信息的设备。输出设备的任务是将计算机处理的数据、计算结果等内部信息，转换成人们习惯接收的信息形式，如数字、文本、图形、视频等，然后将其输出。常用的输出设备有显示器、打印机、绘图仪、扬声器和硬盘等。

输入/输出设备和外存统称为外部设备（peripheral equipment）。

3. 微型计算机

微型计算机，简称微机或个人计算机，是目前与人们关系最紧密的计算机。世界上第一台微机由美国英特尔（Intel）公司于 1971 年 11 月研究成功，属于第Ⅳ代计算机。进入 21 世纪，微机更是笔记本化、微型化和专业化，运算速度越来越快，操作更简易、价格更便宜。目前，微机可分为台式计算机、便携式计算机（笔记本计算机）和平板计算机等，如图 1–5 所示。

（a）台式计算机　（b）笔记本计算机　（c）平板计算机

图 1–5　微型计算机

微机一般把 CPU 集成在一块超大规模集成电路上，其内部的连接方式都采用总线结构，即各部分通过一组公共信号线连接起来，这组信号线称为系统总线。

微机由主机（CPU、内存）及外设（外存、I/O 设备）组成。通常除鼠标、键盘、显示器等部件外，其他设备都封装在主机箱内。

1) 主机

主机的外观各种各样，但其基本功能与结构都一样，它主要包括以下几个部分：

（1）主板。微机的主板又称为母板或底板，是主机箱内一块比较大的电路板，它是微机主机的核心部件，含有 CPU，ROM，RAM 及一些扩展槽、各种接口、开关和跳线等。实际上，计算机通过主板将 CPU 等各种器件有机地结合起来，形成一套完整的系统，如图 1–6 所示。计算机运行时对 CPU、系统内存、存储设备和其他 I/O 设备的操控都必须通过主板来完成，因此计算机的整体运行速度和稳定性在相当程度上取决于主板的性能。

（2）CPU。CPU 是微机的核心部件，主要包括控制器和运算器。CPU 的运行速度通常用主频表示，以赫兹（Hz）作为计量单位。主频越高，微机的运行速度越快，性能越好。通常所说的 32 位机，是指 CPU 可同时处理 32 位的二进制数据。CPU 如图 1–7 所示。

图 1–6　主板结构

图 1–7　CPU

（3）内存储器。内存储器主要由 ROM，RAM 和高速缓冲存储器（cache）构成，其中 RAM 直接与 CPU 进行数据传递和交换，其参数包括主频、存取时间和存储容量。目前，微机的内存容量最大可达 64 GB。CPU 的速度越来越快，高速缓冲存储器是 CPU 与主存储器间的一个临时存储区域，用于存储未来可能用到的程序和数据。当 CPU 读取数据时，首先访问高速缓冲存储器，若其中有所需的数据，则直接从中读取；否则，再从内存中读取，并把与该数据相关的内容复制到高速缓冲存储器中，为下一次访问做好准备。

（4）总线（bus）。总线是连接微机各部件的一组公共信号线，分为数据总线、控制总线和地址总线。数据总线用来在 CPU 与内存或 I/O 设备之间传送数据信息（双向）；控制总线用来传送各种控制信号；而地址总线用来传送存储单元或输入输出接口的地址信息。

（5）扩展槽。扩展总线在主板上的接口称为扩展槽，主要用于插接各种功能板卡（如声卡、显卡等）。目前，常见的总线扩展槽规格有外设部件互连（peripheral component interconnect，PCI）扩展槽和 PCI-express（PCI-E）扩展槽。

（6）端口（port）。端口是系统单元和外部设备的连接槽。

① 串行口：主要用于连接鼠标、键盘、调制解调器（modem）等设备到系统单元。

② 并行口：用于连接需要在较短距离内高速收发信息的外部设备。

③ 通用串行总线（universal serial bus，USB）：USB 3.0 的最高传输速率是 5 Gbps。

④ IEEE 1394 总线：又称为“火线”口，最高传输速率是 400 Mbps。

2）外设

微机的外设主要包括外存、I/O 设备等。

（1）外存。外存用于长期保存数据。与内存相比，外存一般容量大、价格低、速度慢。CPU 不能直接访问外存中的数据，要将外存中的数据送入内存后才能使用。

（2）I/O 设备。微机最主要的输入设备是键盘和鼠标，其他常用的还有扫描仪、数字化仪、触摸屏、汉字书写板、条形码读入器、光笔和磁卡等。微机常用的输出设备有显示器、打印机和绘图仪等，其中显示器由监视器和显示控制适配器两部分组成，其作用是将电信号转换成可直接观察到的字符、图形或图像。打印机是信息输出的主要设备，常用的打印机有针式打印机、喷墨打印机和激光打印机。

（3）其他设备。随着计算机应用的不断发展，计算机外部设备越来越多，这里主要介绍声卡、调制解调器和路由器（router）。

① 声卡。声卡的主要功能是将语音功能加入微机环境，即对原声音进行采集、数字化、压缩、存储、解压和回放等处理，并提供各种声音设备的数字接口和集成功能。

② 调制解调器。调制解调器是实现计算机通信的一种外部设备。随着网络的普及，通过电话线传输数据已成为计算机通信的重要方式之一，通过电话线上网也是微机上网的主要方式之一。因为计算机数据是二进制码，而电话线传输的是连续变化的模拟信号，所以需要调制解调器进行转换。

③ 路由器。路由器是连接因特网中各局域网、广域网的设备，会根据信道的情况自动选择和设定路由，以最佳路径，按前后顺序发送信号。无线路由器是带有无线覆盖功能的路由器，它主要应用于用户上网和无线覆盖。无线路由器可以看作一个转发器，将家中接出的宽带网络信号通过天线转发给附近的无线网络设备，如笔记本计算机、支持 WiFi 的

手机等。

3) 微机的技术指标

微机的主要技术指标包括如下几种：

（1）字长。字长是指 CPU 能够同时处理的二进制数据的位数。字长代表机器的精度，字长越大，可以表示的有效位数就越多，运算的精度就越高，处理能力就越强。目前，微机的字长一般为 32 位或 64 位。

（2）主频。主频是指 CPU 的时钟频率，是 CPU 内核（整数和浮点数运算器）电路的实际运行频率，是 CPU 在单位时间（秒）内发出的脉冲数，一般称为 CPU 运算时的工作频率，简称主频。主频以吉赫兹（GHz）为单位，主频越高，计算机的运算速度越快。CPU 主频是决定计算机运算速度的关键指标，也是用户选购计算机的主要因素。

（3）运算速度。运算速度一般以计算机每秒执行加法运算的次数来表示，单位是百万条指令每秒（million instructions per second，MIPS）。运算速度是衡量机器的核心指标之一。计算机的运算速度不仅与 CPU 的主频有关，还与字长、内存、主板、硬盘等有关。

（4）内存容量。内存容量是指内存中能够存储信息的总字节数。

综上所述，对于不同品牌或型号的微机，其主要组成都差不多，因此它们的基本配置也差不多。我们可以从以下项目去了解微机配置：制造商、型号、机箱样式、CPU 型号、内存、主板、显卡、显示器、硬盘、光驱、声卡、网卡、鼠标、键盘等。表 1–2 所示为分体台式机的基本配置。

表 1–2　分体台式机的基本配置

序号	设备	数量	说明	序号	设备	数量	说明
1	CPU	1	必配	7	机箱	1	必配
2	主板	1	必配	8	键盘	1	必配
3	内存条	1	必配	9	电源	1	必配
4	独立显卡	1	必配	10	鼠标	1	必配
5	显示器	1	必配	11	音箱	1 对	选配
6	硬盘	1	必配	12	光驱	1	选配

一般情况下，我们购买微机可以选择购买品牌机或兼容机，而自己动手装机依然是最受用户欢迎的方式。选购微机首先要确定微机的配置方案，配置的基本原则是实用、够用、性能稳定、性价比高、配置均衡，还要注意微机硬件更新换代快，不宜盲目追高。

1.2.2　计算机软件系统

计算机软件系统是指为运行、维护、管理和应用计算机而编制的所有程序和数据的集合。

一般认为，硬件是计算机的“躯体”，软件则是计算机的“灵魂”。没有软件的计算机只是一台没有任何功能的机器，也称为裸机。

计算机软件系统按其功能可分为系统软件和应用软件两大类。一般来说，系统软件直接与硬件对接，而应用软件则要通过系统软件才能和硬件关联，处于系统软件和用户之间。

1. 系统软件

系统软件是指为计算机提供管理、控制、维护和服务等功能，充分发挥计算机效能及方便用户使用计算机的软件，如操作系统、语言处理程序（汇编和编译程序等）、连接装配程序、数据库管理系统、监控程序、诊断程序等。

2. 应用软件

应用软件是专门为解决某个应用领域的总体任务而编制的程序。应用软件一般由用户或相关公司、计算机厂家设计与提供，如 Microsoft Office，WPS Office，AutoCAD、各种杀毒软件等都是典型的应用软件。

3. 微机软件基本配置

（1）操作系统。操作系统是微机必须配置的系统软件，如 DOS，Windows 等。

（2）工具软件。配置必要的工具软件有利于系统管理，保障系统安全，方便传输交互。常见的工具软件有杀毒软件、压缩工具软件、网络应用软件等。

（3）办公软件。办公软件是应用最广泛的应用软件，可提供文字编辑、数据管理、多媒体编辑演示、工程制图、网络应用等多项功能，如 WPS Office，Microsoft Office 等。

（4）程序开发软件。程序开发软件主要指计算机程序设计语言，用于开发各种应用程序，如 C 语言、Visual Basic 语言、Java 语言、Python 语言等。

（5）多媒体编辑软件。多媒体编辑软件主要用于对音频、图像、动画、视频进行创作和加工，如 Photoshop，CorelDRAW，3ds Max，Flash，Premiere，Audition，After Effects 等。

（6）工程设计软件。工程设计软件主要用于机械设计、建筑设计、电路设计等多行业的设计工作，如 AutoCAD，Protel 等。

（7）其他软件。其他软件有教育软件、娱乐软件等。

4. 程序设计概述

1) 算法的概念

计算机的主要任务是解决问题，而解决问题需要使用相应的命令、执行相应的程序。计算机解决问题的过程就是执行程序的过程。

算法是人们解决问题的思想描述。要设计程序，首先要设计算法。那么，什么是算法？

例 1-1 设有 A 和 B 两个杯子，分别装有不同的液体，现要求将这两个杯子中的液体交换放置，应如何操作？

问题分析：这是现实生活中常见的问题。若简单地将两个杯子中的液体相互交换放置，则会把它们混合。所以应准备第 3 个杯子，用作中间过渡。

操作过程：

① 准备第 3 个杯子 C。

② 把杯子 A 中的液体倒入杯子 C 中，A→C。

③ 把杯子 B 中的液体倒入杯子 A 中，B→A。

④ 把杯子 C 中的液体倒入杯子 B 中，C→B。

⑤ 完成操作。

可见，解决问题的过程是由一定的规则、步骤组成的集合，这就是解决问题的算法。

算法（algorithm）是解决问题的一系列清晰指令。算法最初来自算术，是一个由已知推求未知的运算过程。"算法"在我国古代文献中被称为"术"或者"算术"，如唐代的《算法》、宋代的《杨辉算法》等关于算法论述的专著。后来人们把算法推及一般，把进行某项工作的方法和步骤称为算法，如菜谱是做菜的算法、歌谱是演奏一首歌的算法等。

计算机的算法是对用计算机解决一个实际问题的方法和步骤的描述。一个算法由若干操作步骤构成，并且这些操作步骤是按一定的控制结构所规定的次序执行的。如果一个算法有缺陷，或不适合于某个问题，那么将不能正确解决这个问题。

例 1–2　计算函数 $M(x)$ 的值。函数 $M(x)$ 为

$$M(x)=\begin{cases} bx+a^2, & x\leqslant a, \\ a(c-x)+c^3, & x>a, \end{cases}$$

其中 a，b，c 为常数。

问题分析：这是一个算术运算问题，根据提供的未知数 x 的取值，决定采用某个表达式计算函数 M 的值，其中涉及提供未知数 x、对 x 进行判断、计算函数 M 的值等过程。

算法设计：

① 提供 x 的值。

② 判断 $x\leqslant a$。若成立，则执行步骤③；否则，执行步骤④。

③ 求表达式 $bx+a^2$ 的值并存放到 M 中，然后执行步骤⑤。

④ 求表达式 $a(c-x)+c^3$ 的值并存放到 M 中，然后执行步骤⑤。

⑤ 得到 M 的值。

⑥ 结束算法。

2) 算法的表示

描述算法通常有自然语言、流程图、N-S 图、伪代码和程序设计语言等方法。这里主要介绍自然语言与流程图表示法。

（1）自然语言。自然语言就是人们日常生活中所使用的语言，如中文、英文等。用自然语言辅以操作序号描述算法，通俗易懂。以上两个例题的算法描述都是用自然语言。

（2）流程图。流程图是一种用规定的图框、流程线及文字说明来准确、直观地表示算法的图形，也称为程序流程图。流程图的基本符号如表 1–3 所示。

表 1–3　流程图的基本符号

流程图符号	名称	含义
	起、止框	表示一个算法的起始和结束
	输入、输出框	表示一个算法输入和输出的信息，可用在算法中任何需要输入和输出的位置
	判断框	判断某一条件是否成立，成立时在出口处标明"是"或"Y"；不成立时标明"否"或"N"
	处理框	赋值、计算，算法中处理数据需要的算式、公式等分别写在不同的用以处理数据的处理框内

续表

流程图符号	名称	含义
→ ↓	流程线	表示流程的方向

例1–2的算法流程如图1–8所示。

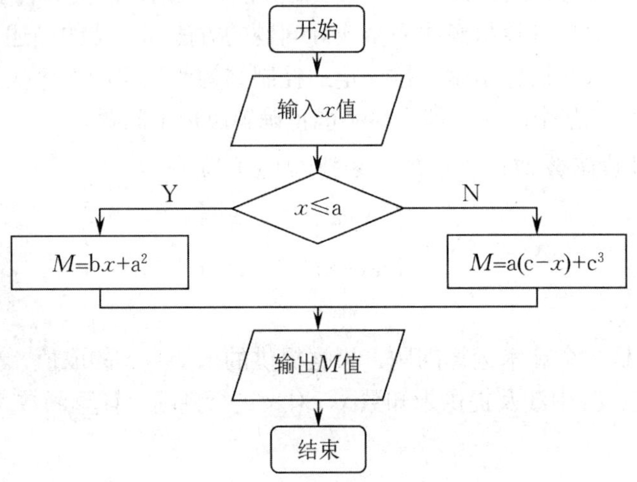

图1–8　例1–2的算法流程图

3）程序的概念

要计算机按人们设计的算法去解决问题，就要告知计算机如何操作。这需要解决两个问题：一个是算法设计问题；另一个是人机交流问题，即程序设计问题。

程序（program）是将解决问题的算法用计算机语言描述的命令序列的集合。也就是说，程序是由命令序列组成的，它告诉计算机如何完成一个具体的任务。

例1–3　输入一个圆的半径 R，计算圆的面积 S。

问题分析：

① 解决此问题，需要提供的数据是：圆半径 R。

② 处理数据，需要做的工作是：计算圆面积 S，$S=\pi R^2$。

③ 完成计算后需要输出的结果是：圆面积 S。

算法设计：

① 通过键盘输入圆的半径 R。

② 利用公式计算圆面积 S（$S=3.14\times R\times R$）。

③ 输出圆的面积 S。

④ 结束算法。

用C语言编写，程序代码如下：

```
#include〈stdio.h〉
main()
{
        float r,s;
```

```
        scanf("%f",&r);             /* 提供数据 */
        s=3.14*r*r;                 /* 处理数据 */
        printf(" 圆面积：s=%f",s);   /* 输出结果 */
}
```

4) 程序设计语言

自然语言是人与人交流的工具，计算机语言是人与计算机进行交流的工具。程序设计语言就是专门用于设计程序的计算机语言。

语言是人类的一种思维工具，人们通过计算机语言把思维成果或思维方法告诉计算机，使其也有了思维能力。计算机语言是计算机的思维工具。

程序设计语言是随着计算机的产生而产生的。目前，程序设计语言种类很多，有的用于编写系统软件，有的用于商业应用，有的用于教学等。从发展的角度来看，程序设计语言可分为机器语言、汇编语言和高级语言三类。

未来，程序设计语言将向自然语言方向发展，程序员只需要进行很少（甚至不需要）的程序设计训练，甚至直接编写或口述程序功能说明书即可，而与程序设计的结构和语法无关。同时，高级语言的另一个发展方向是面向应用，我们只需告诉程序要做什么，程序就能自动生成算法，自动进行处理，这就是非过程化的程序设计语言。

5) 程序设计过程

简单来说，编写程序的工作称为程序设计。设计是一种映射，程序设计过程是把实用知识映射为计算机知识。目前，要进行程序设计，必须掌握两个方面的知识：一方面是掌握设计解题的算法；另一方面是掌握一门程序设计语言的应用。

程序设计过程如下：

（1）分析问题。编写程序的目的就是要解决实际问题，所以编程首先要对问题进行分析，将它抽象成一个计算机可以处理的模型，即要弄清楚如下几个问题：

① 要解决问题的目标是什么？已知什么？未知什么？

② 问题的输入是什么？使用什么格式？

③ 问题的输出是什么？需要什么类型的报告、图表或信息？

④ 数据具体的处理过程和要求是什么？从给定的输入到期望的输出，必要的处理步骤是什么？

（2）设计算法。在分析问题阶段确定了解决问题的输入、处理与输出，但并没有具体说明处理的步骤。算法设计要对问题进一步细化，并选用适当的方法描述。如果问题较为复杂，那么还要将问题分解成一些较为容易解决的子问题，进行分块解决。

（3）编辑、编译和连接程序。有了具体的算法，就可选择合适的编程语言，编写相应的程序代码（源程序），然后通过会话的方式输入计算机。源程序是不能被计算机直接执行的，必须通过解释程序或编译程序处理。采用编译程序处理则先把源程序翻译成目标程序，目标程序也不能被直接执行，还需通过连接程序，将目标程序和程序中所需要的系统中固有的目标程序模块连接后生成可执行文件。

（4）测试程序。测试是以程序通过编译、没有语法和连接上的错误为前提的。在此基础上，通过让程序试运行一组数据，检查程序是否能得到预期的结果。为保证程序的正确性，必须先对其进行运行测试。测试程序的目的是找出程序中的错误。一个成功的测试是一种能暴露出尚未发现错误的测试。需要注意的是，测试只能证明程序有错，而不能保证程序正确。一个已通过测试的程序，也许还会包含尚未发现的错误。

（5）编写程序文档。对于多人合作开发的程序来说，文档是相当重要的，它相当于一个产品说明书，对后期程序的使用、维护和更新都很重要。

1.2.3 计算机工作原理

计算机本质上是一台由程序控制的二进制符号处理机器，它的工作是一个复杂的过程，其原理可从以下两个方面去了解。

1. 存储程序控制原理

冯·诺依曼提出的存储程序控制原理，奠定了现代计算机设计的基础。存储程序控制原理主要有以下三个基本点：

（1）计算机硬件系统由运算器、控制器、存储器、输入设备、输出设备五大部分组成。

（2）在计算机内部采用二进制。

（3）将程序和数据存储在存储器中，当程序运行时，从存储器中取出来执行。

2. 指令及其执行过程

1）指令的概念

指令是指能被计算机识别并执行的二进制代码。每一条指令都规定了计算机要完成的一种基本操作，所有指令的集合称为计算机的指令系统。指令的类型与数量由CPU决定。指令在内存中有序存放，什么时候执行由应用程序与操作系统决定，而如何执行则由CPU决定。一条机器指令通常由操作码与操作数（或地址码）两部分组成，如图1–9所示。

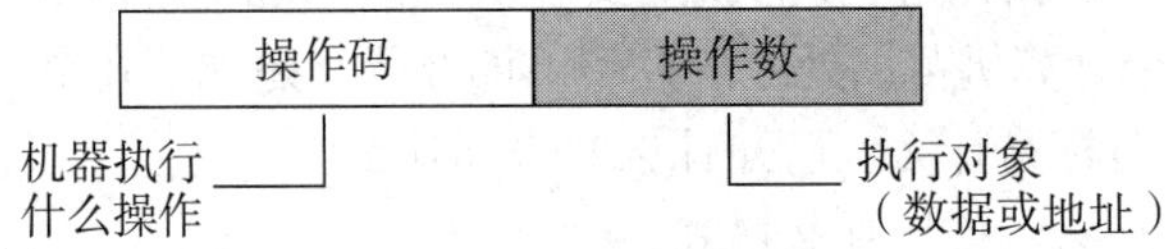

图1–9 机器指令格式

2）指令的执行

指令的执行过程一般有如下几个步骤：

① 取指令。控制器根据程序计数器的内容（存放指令的内存单元地址）从内存中取出指令，送到CPU的指令寄存器。

② 分析指令。控制器对指令寄存器中的指令进行分析和译码。

③ 执行指令。控制器根据分析和译码的结果，判断该指令要完成的操作，然后按照一定的时间顺序向各部件发出完成操作的控制信号，完成该指令的功能。

④ 执行指令的同时，程序计数器加1或将转移地址码送入程序计数器，然后回到第一步，为执行下一条指令做好准备。

程序就是指令的有序集合，执行程序的过程就是计算机的工作过程。

1.3 计 算 基 础

1.3.1 数制的概念

1. 数制的定义

进位计数制简称数制（number system），或称记数法，就是用一组统一规定的符号和规则来表示数，按进位的原则进行计数的方法。在日常生活中，除人们习惯使用的十进制外，还存在着多种数制。例如，计时采用六十进制，即 60 s 为 1 min，60 min 为 1 h 等。常用的数制如表 1-4 所示。

表 1-4　常用的数制

	二进制	八进制	十进制	十六进制
规则	逢二进一	逢八进一	逢十进一	逢十六进一
基数	R=2	R=8	R=10	R=16
数码	0，1	0～7	0～9	0～9 A～F
位权	2^i	8^i	10^i	16^i
表示形式	B	O	D	H

2. 数制的规律

数制包括基数和位权两个要素，其计数和运算都有共同的规律和特点。

（1）逢 N 进一。N 是指数制中所需要的数字字符（数码）的个数，称为基数。例如，十进制的数码有 0 ~ 9 共 10 个数码，因此十进制的基数为 10，表示逢十进一。

（2）位权表示法。位权是指一个数字在某个固定位置上所代表的值，简称权。实际上，每个数码所表示的数字等于该数码乘以一个与数码所在位置相关的常数，这个常数就是位权。位权的大小是以基数为底、数码所在位置的序号为指数的整数次幂。因此，用任何一种数制表示的数都可以写成按位权展开的多项式之和。

例如，十进制数 2008.5 可写成

$$(2008.5)_{10}=2\times10^3+0\times10^2+0\times10^1+8\times10^0+5\times10^{-1}。$$

3. 常用的数制

人们在解决实际问题中习惯使用十进制数，而计算机内部采用二进制数。二进制数与八进制数、十六进制数之间有倍数关系，如 2^3 等于 8，2^4 等于 16，所以在计算机应用中常根据需要使用八进制数或十六进制数。常用数制的对应关系如表 1-5 所示。

表 1-5　常用数制的对应关系

十进制	二进制	八进制	十六进制	十进制	二进制	八进制	十六进制
0	0	0	0	5	101	5	5
1	1	1	1	6	110	6	6
2	10	2	2	7	111	7	7
3	11	3	3	8	1000	10	8
4	100	4	4	9	1001	11	9

续表

十进制	二进制	八进制	十六进制	十进制	二进制	八进制	十六进制
10	1010	12	A	14	1110	16	E
11	1011	13	B	15	1111	17	F
12	1100	14	C	16	10000	20	10
13	1101	15	D	17	10001	21	11

1）十进制数

按“逢十进一”的原则进行计数，称为十进制数，即每位计满到 10 时，本位为 0，高 1 位加 1，即向高位进 1。对于任意一个十进制数，可用小数点把其分成整数部分和小数部分。

例如，十进制数 123.45 可写成

$$(123.45)_{10}=1\times10^2+2\times10^1+3\times10^0+4\times10^{-1}+5\times10^{-2}。$$

十进制数的性质：小数点向右移一位，数就扩大 10 倍；反之，小数点向左移一位，数就缩小 10 倍。

2）二进制数

按“逢二进一”的原则进行计数，称为二进制数，即每位计满到 2 时向高位进 1。

例如，二进制数 1001.101 可写成

$$(1001.101)_2=1\times2^3+0\times2^2+0\times2^1+1\times2^0+1\times2^{-1}+0\times2^{-2}+1\times2^{-3}。$$

二进制数的性质：小数点向右移一位，数就扩大 2 倍；反之，小数点向左移一位，数就缩小 2 倍。

【注意】二进制数中的“10”与十进制数中的“10”意义不同，$(10)_2=(2)_{10}$。

3）八进制数

按“逢八进一”的原则进行计数，称为八进制数，即每位计满到 8 时向高位进 1。

例如，八进制数 716 可写成

$$(716)_8=7\times8^2+1\times8^1+6\times8^0。$$

4）十六进制数

按“逢十六进一”的原则进行计数，称为十六进制数，即每位计满到 16 时向高位进 1。

例如，十六进制数 EA4 可写成

$$(EA4)_{16}=14\times16^2+10\times16^1+4\times16^0。$$

1.3.2 关于“0”和“1”的运算

在计算机中采用二进制数，原因如下：

（1）可行性。二进制表示的数的每一位只取 0 和 1，因而可以表示电子元件的两个不同的稳定状态，任何可以用来表示两种不同稳定状态的物理器件都可以用来表示二进制数的一位，如电容上电荷的有或无、开关的接通或断开、电压的高与低等。

（2）可靠性。若使用二进制数，则每位只有两个状态，数字的传输和处理不容易出错，工作的可靠性高。

（3）简易性。二进制数的运算法则比较简单，经数学推导证明，对基数为 N 的数制，其算术运算求和与求积的规则各有 N（N+1）/2 种。也就是说，对十进制各有 55 种求和与

求积的规则，而对二进制，则共只有 6 种。这大大简化了计算机的硬件结构。

（4）逻辑性。由于二进制只有 0 和 1 两个数码，可以代表逻辑代数中的“真”和“假”，这使计算机具有逻辑判断能力。

1. 二进制算术运算

（1）二进制求和法则。

0+0=0

0+1=1

1+0=1

1+1=10 （向高位进位）

（2）二进制求差法则。

0−0=0

0−1=1 （向高位借位）

1−0=1

1−1=0

（3）二进制求积法则。

0×0=0

0×1=0

1×0=0

1×1=1

（4）二进制求商法则。

0÷0=0

0÷1=0

1÷0 （无意义）

1÷1=1

例 1-4 求 11001101+10011。

解
```
   11001101
 +    10011
 ----------
   11100000
```

即运算的结果为 11001101+10011=11100000。

2. 二进制逻辑运算

逻辑是指“条件”与“结论”之间的关系；逻辑运算是针对“因果关系”进行分析的一种运算；逻辑运算结果不表示数值的大小，而是指条件成立与否，也称为逻辑量。

在计算机中用二进制的“0”和“1”表示“是”和“否”等逻辑量。逻辑运算按位进行，没有进位与借位，运算结果也是逻辑数据。

逻辑代数（也称为布尔代数）是实现逻辑运算的数学工具，有三种基本逻辑关系：与、或、非。任何复杂的逻辑关系都可由这三种关系组合而成。

1）逻辑“与”运算

做一件事情需要多个条件，只有当所有条件都成立时才能成功，这种因果关系称为逻辑“与”。“与”运算在不同软件中用不同的符号表示，如 AND，∧等。

“与”运算规则如下：

0 ∧ 0=0

0 ∧ 1=0

1 ∧ 0=0

1 ∧ 1=1

例 1-5 设 X=10111010，Y=11101011，求 X ∧ Y。

解
$$\begin{array}{r} 10111010 \\ \wedge\ 11101011 \\ \hline 10101010 \end{array}$$

即逻辑运算的结果为 X ∧ Y=10101010。

2）逻辑“或”运算

做一件事情取决于多个条件，其中只要有一个条件得到满足就能成功，这种因果关系称为逻辑“或”。“或”运算通常用符号 OR，∨等来表示。

“或”运算规则如下：

0 ∨ 0=0

0 ∨ 1=1

1 ∨ 0=1

1 ∨ 1=1

例 1-6 设 X=10111010，Y=11101011，求 X ∨ Y。

解
$$\begin{array}{r} 10111010 \\ \vee\ 11101011 \\ \hline 11111011 \end{array}$$

即逻辑运算的结果为 X ∨ Y=11111011。

3）逻辑“非”运算

逻辑“非”是对一个条件值实现逻辑否定，即“求反”运算。逻辑“非”可用在逻辑量的上面加一横线来表示，如 A 的“非”表示为 $\overline{A}$。对某二进制数进行“非”运算，实际上就是对它的各位按位求反。

“非”运算规则如下：

$\overline{1}$=0

$\overline{0}$=1

逻辑值又称为真值，包括“真（T）”和“假（F）”，或者用“1”和“0”来表示。三种逻辑运算真值如表 1-6 所示。

表 1-6　三种逻辑运算真值

a	b	$\overline{a}$	a ∧ b	a ∨ b
T	T	F	T	T
T	F	F	F	T
F	T	T	F	T
F	F	T	F	F

1.3.3　不同数制间的转换

将数由一种数制转换成另一种数制，称为数制间的转换。由于计算机采用二进制，因此当使用计算机进行数据处理时，需要把十进制数转换成二进制数；反之，计算机运行结束后，也需要把二进制数转换成十进制数。虽然转换过程现在由计算机系统完成，但掌握

数制间的转换方法是很有必要的。

1. 十进制数与非十进制数的转换

1) 十进制数转换为非十进制数

十进制数转换为二进制数、八进制数和十六进制数的方法是一致的，都是先分别把其整数与小数部分进行转换，再拼接起来即可。

例 1–7 将十进制数 55.35 转换成二进制数。

解 首先进行整数部分转换。整数部分的转换采用“除以基取余法”，即将十进制整数逐次除以基数 2，直到商为 0 止，然后将所得到的余数“自下向上”排列即可。简单来说，除以基取余，先余为低（位），后余为高（位）。

55÷2=27	余数为 1
27÷2=13	余数为 1
13÷2=6	余数为 1
6÷2=3	余数为 0
3÷2=1	余数为 1
1÷2=0	余数为 1

整数部分的转换结果为（55）$_{10}$=（110111）$_2$。

然后进行小数部分转换。小数部分的转换采用“乘以基取整法”，即将十进制小数逐次乘以基数 2，直到小数部分的当前值等于 0 或满足所要求的精度为止，然后将所得到乘积的整数“自上向下”排列。简单来说，乘以基取整，先整为高（位），后整为低（位）。

0.35×2=0.7	整数为 0
0.7×2=1.4	整数为 1
0.4×2=0.8	整数为 0
0.8×2=1.6	整数为 1
0.6×2=1.2	整数为 1
……	

小数部分的转换结果为（0.35）$_{10}$ ≈（01011）$_2$。

综上，转换结果为（55.35）$_{10}$ ≈（110111.01011）$_2$。

2) 非十进制数转换为十进制数

非十进制数转换为十进制数一般可以使用“按权展开求和”的方法进行，即把各非十进制数按权展开，然后求和。转换方式如下：

$$(F)_x=a_1\times x^{n-1}+a_2\times x^{n-2}+\cdots+a_{m-1}\times x^1+a_m\times x^0+a_{m+1}\times x^{-1}+\cdots,$$

其中 a_1，a_2，…，a_m 等为系数；x 为基数；n 为项数。

例 1–8 将二进制数 110.01 转换成十进制数。

解 $(110.01)_2=1\times2^2+1\times2^1+0\times2^0+0\times2^{-1}+1\times2^{-2}=4+2+0+0+0.25=(6.25)_{10}$。

例 1–9 将八进制数 1075 转换成十进制数。

解 $(1075)_8=1\times8^3+0\times8^2+7\times8^1+5\times8^0=512+0+56+5=(573)_{10}$。

2. 二进制数与八、十六进制数的转换

二进制数与八、十六进制数之间有倍数的关系，所以二进制数与八、十六进制数之间的转换可以用 3 位二进制数表示 1 位八进制数，4 位二进制数表示 1 位十六进制数；反之亦然。

例 1-10 将二进制数 101111010111.01111 转换成八进制数。

解 以小数点为中心，以 3 位二进制数为 1 组分别向左、右定位（不足 3 位用 0 补足），然后将各组二进制数分别转换成 1 位八进制数。

101 111 010 111.011 110
↓ ↓ ↓ ↓ ↓ ↓
5 7 2 7 . 3 6

故转换结果为 $(101111010111.01111)_2=(5727.36)_8$。

例 1-11 将十六进制数 E06D.6A6 转换成二进制数。

解 分别将每位十六进制数转换为 4 位二进制数。

E 0 6 D. 6 A 6
↓ ↓ ↓ ↓ ↓ ↓ ↓
1110 0000 0110 1101. 0110 1010 0110

故转换结果为 $(\text{E06D.6A6})_{16}=(1110\ 0000\ 0110\ 1101.\ 0110\ 1010\ 0110)_2$。

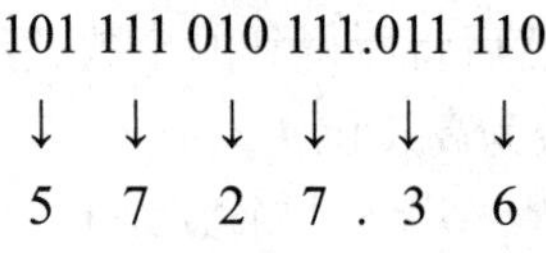

1.4 数据的存储

计算机处理的数据多种多样，而这些数据都是以二进制方式存储的，即用一串二进制数（编码）来表示数值、字符、汉字、图形或声音等。

1.4.1 数据存储的单位

1. 位

位（bit，b），又称为比特，是指计算机中的一个二进制数，它是计算机中最小的数据单位。每一位的状态只能是 0 或 1。多个二进制数连接在一起表示一个数据。

2. 字节

字节（byte，B）是计算机用于描述存储容量与传输容量的一种计量单位。8 个二进制位构成 1 个字节，即 1 B=8 b。例如，某台计算机的内存容量是 128 MB，表示该机的内存容量是 128 兆字节，即有 128 兆个存储单元。在计算机内部，数据的传送也按字节的倍数进行。

现实中的每个数据都需用 1 个或多个字节来存储。例如，1 个字节可以存储 1 个英文字母，2 个字节可以存储 1 个汉字，4 个字节可以存储 1 个实数等。

3. 字

字（word）由若干个字节构成，字的位数叫作字长。不同档次的机器的字长不一样，

表示其 CPU 在一个指令周期内一次处理的二进制的位数不一样。例如，一台 8 位机，它的 1 个字就等于 1 个字节，字长为 8 位；一台 32 位机，它的 1 个字就由 4 个字节构成，字长为 32 位，表示 CPU 一次可处理 4 个字节。字是计算机进行数据处理和运算的单位，处理和运算的字长越大，机器的速度越快。位、字节和字的关系如图 1-10 所示。

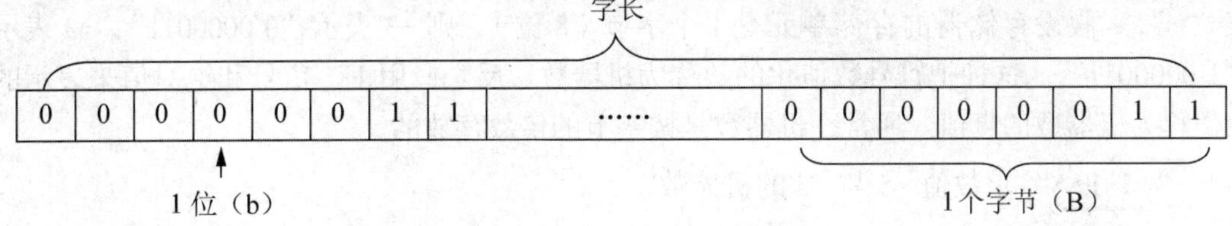

图 1-10　位、字节和字的关系

另外，一组单词、数值或汉字（如商品名称）可以形成一个域；一组相关的域，如某商品的名称、规格、价格等信息可以形成一条记录；一组同类的记录可以形成一个文件；一组相关的文件可以形成一个数据库。

4. 存储单元

在计算机中，当一个数据作为一个整体存入或取出时，这个数据存放在一个或几个字节组成的一个存储单元中。存储单元的特点是，只有往存储单元送新数据时，该存储单元的内容才被新值代替；否则，永远保持原有的值。

5. 存储容量

存储设备的最小单位是“位”，存储数据的单位是“字节”，即计算机按字节组织存放数据。存储容量是指某个存储设备所能容纳的二进制信息量的总和，是衡量计算机存储能力的重要指标，通常用字节（B）来表示，常用的单位有 B，千字节（kB），兆字节（MB），吉字节（GB），太字节（TB）等。

内存容量是指为计算机系统所配置的主存的总字节数，如 128 MB，1 GB 等。外存容量一般是指如硬盘、U 盘等外存设备所能容纳的信息量的总字节数。目前，微机的内存容量已发展到 GB，外存容量已发展到 TB。

1 kB=1 024 B，1 MB=1 024 kB，1 GB=1 024 MB，1 TB=1 024 GB。

6. 地址与编址

每个存储设备都是由一系列存储单元组成的，它需要操作系统对各存储单元进行编号，给每个存储单元分配“地址”，此编号过程称为“编址”。

地址也是用二进制编码，并以字节为单位表示，但为便于识别与应用，通常用十六进制表示，如 0001H，FFFFH 等。地址号与存储单元是一一对应的，CPU 通过单元地址访问存储单元中的数据。

1.4.2　数值的存储

数据可分为数值型数据与非数值型数据。数值型数据具有量的含义，有正数和负数之分，如 552，-123.55 等。非数值型数据指输入计算机中的非数值信息，没有量的含义，如字符、汉字、图形、图像等。

计算机是以层次结构组织数据的，该层次结构从位、字节开始，进而形成域、记录、文件和数据库。

1. 机器数与真值

对于数值型数据，在计算机中用一个二进制位作符号位，如用 0 代表“+”，用 1 代表“−”。假设存储器的存储单元是 1 个字节（8 位），则 +3 表示“0 0000011”，−3 表示“1 0000011”。这种把符号数值化的数称为机器数。反之，用正、负号和绝对值来表示的数值称为机器数的真值。通常，机器数是按字节的倍数存放的。

例 1-12 求数值 +5 与 −5 的机器数。

解 因为 $(5)_{10}=(101)_2$，假如用 1 个字节表示机器数，其格式如图 1-11 所示。

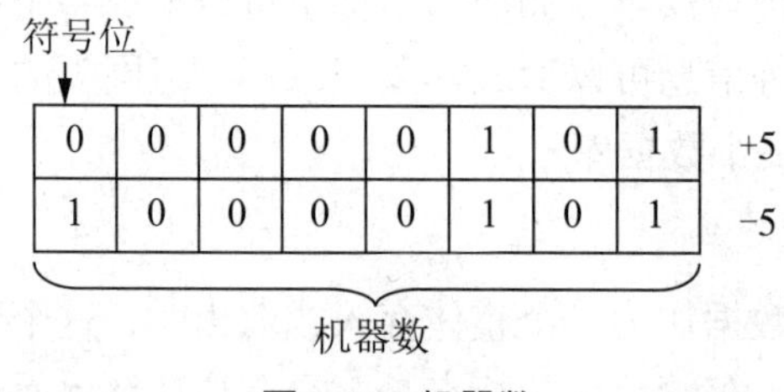

图 1-11 机器数

2. 数的原码、反码和补码

在计算机中，对有符号的机器数通常用原码、反码和补码三种方式表示，这主要是要解决减法运算的问题。任何正数的原码、反码和补码的形式完全相同，而负数则有不同的表示形式。

1) *原码*

正数的符号位用 0 表示，负数的符号位用 1 表示，有效值部分用二进制绝对值表示，这种表示称为原码表示。原码表示与机器数表示形式一致。

例 1-13 求 x=+77, y=−77 的原码。

解 因为 $(77)_{10}=(1001101)_2$，所以

$$(x)_{原}=0\ \ 1001101,$$

$$(y)_{原}=\underset{符号}{\underline{1}}\ \ \underset{数值}{\underline{1001101}}。$$

【注意】这种数的表示方法对 0 有两种表示，即正 0（00…00）与负 0（10…00）。

用原码表示一个数简单方便，但不能用它直接对两个同号数相减或两个异号数相加，这样会导致计算结果错误。

例如，将十进制数 +36 与−45 的两个原码直接相加，结果是−81，显然不正确。

为了解决此问题，在计算机中通常将减法运算转换为加法运算，即将减去一个数变成加上一个负数，由此引入反码与补码的概念。

2) *反码*

除负数的符号位外，将负数的各位取反，就是负数的反码。正数的反码是其本身；0

的反码有 +0 和−0 两种情况。

反码通常作为求补码的中间过程，通过反码可以比较简单地得到补码的表示形式。

可以验证，任何一个数的反码的反码即是原码本身。

例 1−14　求十进制数 +39 和−39 的反码。

解　$(39)_{10}=(100111)_2$。

若用 1 个字节表示，则 +39 和−39 的反码分别为

$$(+39)_{原}=00100111,\quad (+39)_{反}=00100111,$$
$$(-39)_{原}=10100111,\quad (-39)_{反}=11011000。$$

3）补码

如果现在时间是下午 5 点整，而钟表却指向了下午 9 点整，那么需要校准钟表时间。校准的方法有两种：一是将时针倒退（逆时针）4 个格；另一种是将时针前进（顺时针）8 个格。显然，倒退 4 个格（减 4）与前进 8 个格（加 8）是等价的，即 8 是−4 对 12 的补数。

可见，负数的反码加 1 就是其补码。“0”的补码只有一种形式，没有 +0 与−0 之分。

例 1−15　求十进制数−5 的补码。

解　$(5)_{10}=(101)_2$。

若用 1 个字节表示，则−5 的反码可由 $(-5)_{原}=10000101$ 知，$(-5)_{反}=11111010$。根据补码产生的方法，有

$$\begin{array}{r} 11111010 \\ +\qquad\quad 1 \\ \hline 11111011 \end{array}$$

所以 $(-5)_{补}=11111011$。

在计算机中，加、减法基本上都采用补码进行运算，可以解决直接对两个同号数相减或两个异号数相加而导致的计算错误问题。

1.4.3　信息编码

1. 认识编码

1）编码的概念

例如，我国的身份证号由 18 位编码组成。其中，第 15~17 位为顺序码，表示在同一地区内对同一出生日期的人的顺序号，顺序码的奇数分配给男性，偶数分配给女性；第 18 位为校验码，其值取决于校验结果，可以是“X”或“0~9”中的数，如图 1−12 所示。

图 1−12　居民身份证号码

又如，学生的学号、图书的编号等，这些用数字、字母、文字按规定的方法来代表特定的信息称为编码。

2) 计算机编码

计算机是以二进制方式组织、存放信息的，信息编码就是指对输入计算机中的各种数值型与非数值型数据用二进制数进行编码的方式。为了方便信息的表示、交换、存储或加工处理，在计算机系统中通常采用统一编码方式，制定统一的编码标准，如 BCD 码、ASCII 码、汉字编码、图形图像编码等。计算机使用这些编码在计算机内部与外部设备之间、计算机与计算机之间进行信息交换。

2. BCD 码

1) BCD 码的概念

对于十进制数值型数据，一般都采用 BCD 码。在计算机中，为了适应人们的习惯，采用十进制数对数值进行输入和输出。这样，就要将十进制数变换为二进制数，而将十进制数变换为二进制数的编码统称为 BCD（binary coded decimal）码。

2) BCD 编码规则

在 BCD 码中，最常用的一种是 8421 码。它是一种有权码，采用 4 位二进制码的组合代表 1 位十进制数（0 ~ 9）。在这 4 位二进制数中从高位到低位，各位的权分别是 2^3，2^2，2^1，2^0，即 8，4，2，1。对于多位十进制数，可以使用与十进制位数一样多的 4 位二进制数组来表示。

例 1-16 将十进制数 75.4 转换为 BCD 码。

解 转换过程如下：

十进制：　7　　5　.　4

BCD 码：0111　0101　.　0100

即 $(75.4)_{10}=(0111\ 0101.0100)_{BCD}$。

同理，可将 BCD 码转换为相应的十进制数，如 $(1000\ 0101.0101)_{BCD}=(85.5)_{10}$。

【提示】对于同一个 8 位二进制编码表示的数，当它分别表示二进制数和 BCD 码时，其数值是不相同的。例如，对于 00011000，当把它视为二进制数时，其值为 24，但作为 BCD 码时，其值为 18。又如，对于 00011100，当把它视为二进制数时，其值为 28，但不能把它当成 BCD 码，因为在 8421 码中，它是个非法编码。

3. 非数值信息的编码

目前，计算机处理的多是非数值信息，因此解决非数值信息的机内表示至关重要。

1) 字符编码(ASCII 码)

计算机在处理非数值信息时，要对其进行数字化处理，即用二进制编码来表示，这就是字符编码。西文字符最常用的编码方式是美国信息交换标准码（American standard code for information interchange，ASCII），它被国际标准化组织制定为国际标准，是目前微机中普遍采用的编码。ASCII 码中每个字符用 7 位二进制表示，排列次序为 $d_6d_5d_4d_3d_2d_1d_0$。由于 1 位二进制数可表示两种状态，因此 7 位二进制数共可表示 128 个字符编码。ASCII 码如表 1-7 所示。

表 1-7 ASCII 码表

$d_3d_2d_1d_0$	$d_6d_5d_4$							
	000	001	010	011	100	101	110	111
0000	NUL	DLE	(space)	0	@	P	`	p
0001	SOH	DC1	!	1	A	Q	a	q
0010	STX	DC2	"	2	B	R	b	r
0011	ETX	DC3	#	3	C	S	c	s
0100	EOT	DC4	$	4	D	T	d	t
0101	ENQ	NAK	%	5	E	U	e	u
0110	ACK	SYN	&	6	F	V	f	v
0111	BEL	ETB	'	7	G	W	g	w
1000	BS	CAN	(	8	H	X	h	x
1001	HT	EM	)	9	I	Y	i	y
1010	LF	SUB	*	:	J	Z	j	z
1011	VT	ESC	+	;	K	[	k	{
1100	FF	FS	,	<	L	\	l	|
1101	CR	GS	-	=	M	]	m	}
1110	SO	RS	.	>	N	^	n	~
1111	SI	US	/	?	O	_	o	DEL

通常，在计算机的存储单元中，1个字符的ASCII码占用1个字节，其最高位称为校验位，用作存放奇偶校验的值。

要确定某个字符的 ASCII 码，可根据列确定高位码 $d_6d_5d_4$，根据行确定低位码 $d_3d_2d_1d_0$，然后将高位码和低位码组合在一起，就是该字符的 ASCII 码。例如，字母“L”的 ASCII 码是 100 1100；符号“$”的 ASCII 码是 010 0100。

2) 汉字编码

西文是拼音文字，基本符号比较少，其编码相对比较容易，因此在计算机中输入、存储、处理和输出都可以使用同一代码，如 ASCII 码。汉字是象形文字，数量较多，其编码比拼音文字困难，因此在不同的应用中要使用不同的编码。

计算机在处理汉字信息时要解决汉字输入、存储及输出的编码问题。汉字有多种编码形式，主要可分为输入码、国标码、机内码和字形码四类。这里不赘述，有兴趣的读者可以参考相关资料。

1.5 计算机操作系统

1.5.1 操作系统概述

计算机软件系统由系统软件和应用软件组成，而操作系统是最重要的系统软件，没有它就不能正常使用计算机。

1. 操作系统的概念

操作系统（operating system，OS）是配置在计算机硬件平台上第一层最重要的系统软件，是计算机软、硬件资源的控制中心，是现代计算机最基本的必配软件。计算机系统的层次结构如图 1-13 所示。

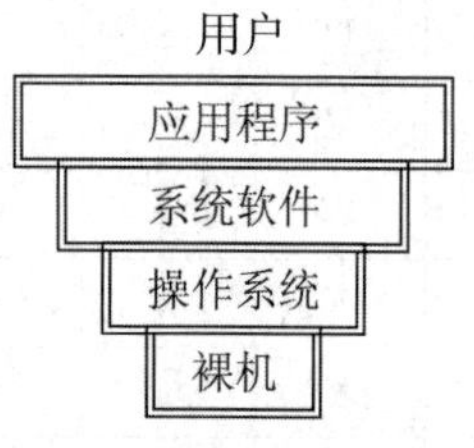

图 1-13 计算机系统的层次结构

操作系统从其自身功能来说，是用来控制和管理计算机系统的硬件与软件资源的；从使用的角度来说，是用户与计算机之间通信的桥梁，提供管理计算机资源的工作环境，人们可以使用它的各种命令和交互功能进行管理计算机的各种操作。

每个计算机程序都要通过操作系统获得必要的资源后才能运行。例如，程序运行前必须获得内存资源才能将程序装入内存；程序运行时要依靠处理器完成算术运算和逻辑运算；程序运行时需要调用子程序或者使用系统中的文件；程序运行过程中可能还要使用外部设备输入原始数据和输出计算结果。

2. 操作系统的产生与发展

操作系统与其所运行的计算机的体系结构联系非常密切，而电子元件的创新发展也推动了操作系统的飞速发展。

初期的计算机是没有操作系统的，用户既是程序员也是操作员，使用的语言是机器语言，计算机这时只能进行一些简单的数值计算。随着技术的发展与应用的需要，提高计算机的利用率、效率与速度等要求十分迫切，因此相继出现了批处理操作系统、多道批处理系统、分时操作系统与实时操作系统等。到 20 世纪 80 年代后期，计算机科学获得井喷式的发展，各种新的计算机和新的操作系统不断涌现和发展。这时期的操作系统主要有 DOS，Windows，UNIX，Linux 等。随着计算机网络的出现，又促使网络操作系统和分布式操作系统的产生。

3. 操作系统的分类

根据用户使用环境和功能特征的不同，操作系统一般可分为批处理操作系统、分时操作系统和实时操作系统三种基本类型。随着计算机体系结构的发展，又出现了嵌入式操作系统、个人计算机操作系统、网络操作系统和分布式操作系统等。

常见的操作系统如下：

（1）Windows 操作系统。Windows 操作系统是微软公司在 20 世纪 90 年代研制成功的图形化工作界面操作系统，俗称“视窗”。最新版是 2015 年发布的 Windows 10。

（2）UNIX 操作系统。UNIX 操作系统是一种通用型、交互型的分时操作系统，在 1969 年由美国电报电话公司贝尔实验室开发成功。UNIX 操作系统取得成功的重要原因是其系统的开放性，公开源代码可以方便地向 UNIX 操作系统逐步添加新功能和工具，使得其越来越完善。UNIX 操作系统是目前唯一可安装和运行在微机、工作站、大型机和巨型机上的操作系统。

（3）Linux 操作系统。Linux 操作系统是一个开放源代码、UNIX 类的操作系统，在 1991 年由当时还是大学生的芬兰科学家林纳斯 • 托瓦兹（Linux Torvalds）完成内核开发，然后把其放在因特网上，允许用户自由下载。后来许多人对 Linux 操作系统进行改进、扩充、完善，使其形成一个真正的多用户、多任务的通用操作系统。

Linux 除具有 UNIX 的优点外，还全面支持 TCP/IP，内置通信联网功能，并可方便地与 LAN Manager 等网络集成，让异种机方便地联网。此外，在 Linux 平台上开发软件的成本低廉，有利于发展各种特色的操作系统等。

（4）移动操作系统。随着移动通信技术的飞速发展以及手机的智能化，移动操作系统受到越来越多的关注。目前，主流的移动操作系统有谷歌公司的 Android 和苹果公司的 iOS。

4. 操作系统的启动

操作系统与其他应用软件都是安装在外存储器（如硬盘）上的，执行时需把它们加载到内存中。操作系统的加载是由固化在计算机硬盘设备上的程序来启动的，分别是基本输入 / 输出程序 BIOS 与引导程序 boot。其中 BIOS 保存在 ROM 中，boot 保存在硬盘的 0 面 0 道第一扇区（主引导扇区，是计算机硬件与操作系统的接头地点）中。操作系统的启动过程如图 1-14 所示。

实际上，计算机启动即自动进入操作系统操作界面后，其他应用程序的加载都由操作系统来完成。

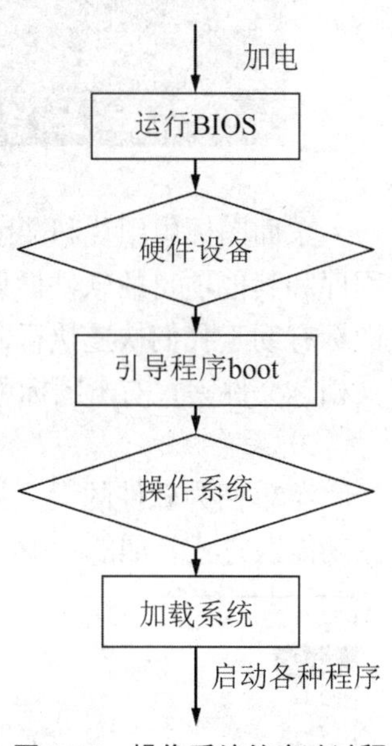

图 1-14　操作系统的启动过程

1.5.2　Windows 10 操作系统

Windows 10 在易用性和安全性方面较之前版本有了极大的提升，除针对云服务、智能移动设备、自然人机交互等新技术进行融合外，还对固态硬盘、生物识别、高分辨率屏幕等硬件进行了优化完善与支持。

1. 认识 Windows 10

1）桌面与桌面图标

桌面就是启动计算机登录到系统后看到的整个屏幕界面，主要由背景、常用图标和任务栏等几部分组成。Windows 10 的桌面如图 1–15 所示。

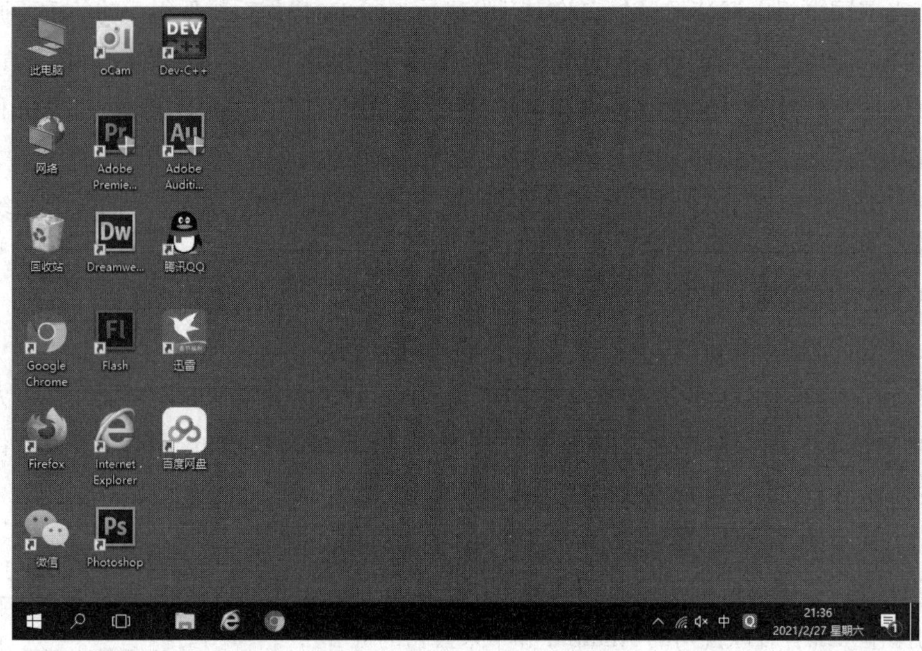

图 1–15　Windows 10 的桌面

桌面图标由图片和文字组成，文字描述图片所代表的对象。图标是代表文件、文件夹、程序和其他项目的软件标识，如桌面上的“回收站”“此电脑”及各种应用程序等图标。图标有助于我们快速执行命令和打开程序文件。双击图标可以启动对应的应用程序、打开文档、文件夹；右击图标可以打开对象的属性操作菜单（快捷菜单）。

2）菜单栏

菜单栏为软件的大多数功能提供功能入口，一些软件采用下拉式菜单方式，一些则采用功能区方式，如图 1–16 所示。

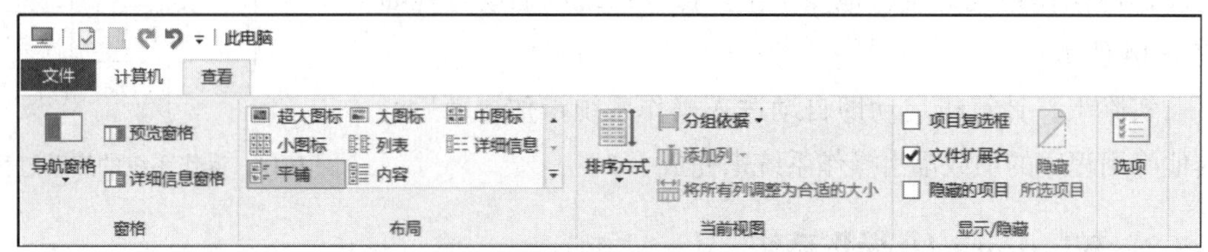

图 1–16　功能区方式的菜单栏

3）鼠标操作

“鼠标 + 菜单”是使用 Windows 及其所支撑的应用程序最重要的操作。鼠标操作主要有五种：指向、单击、右击、双击和拖动。

指向：将鼠标指针移到操作对象上，一般用于激活对象或显示工具提示信息。

单击：即单击鼠标左键，用于选择某个对象、按钮等。

右击：即单击鼠标右键，用于弹出对象快捷菜单或帮助提示。

双击：连续两次快速按下并释放鼠标左键，一般用于打开窗口或启动应用程序。

拖动：按下鼠标左键，移动鼠标到指定位置，再释放左键，一般用于滚动条操作、标尺滑动、复制和移动对象，以及选择连续对象等。

4) 任务栏

任务栏是指在桌面下方的一条水平长条，从左向右一般包括“开始”按钮、搜索框快速启动区（已打开的程序与文件图标）及一些系统控件，如图 1-17 所示。

图 1-17　任务栏

在任务栏的右键快捷菜单中选择“任务栏设置”命令，弹出如图 1-18 所示的任务栏的“设置”对话框，可在对话框中按照需求设置任务栏。

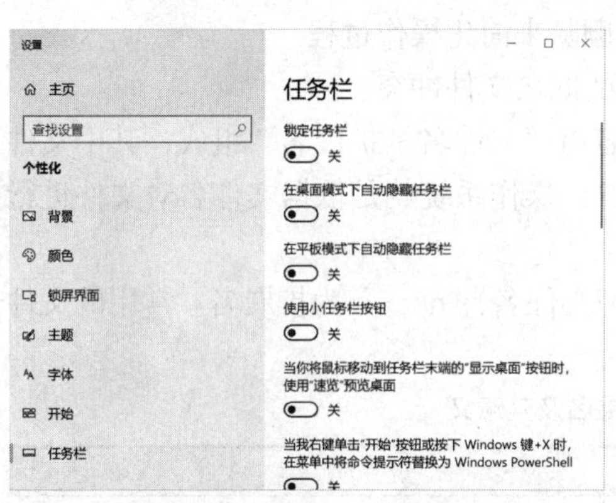

图 1-18　任务栏的“设置”对话框

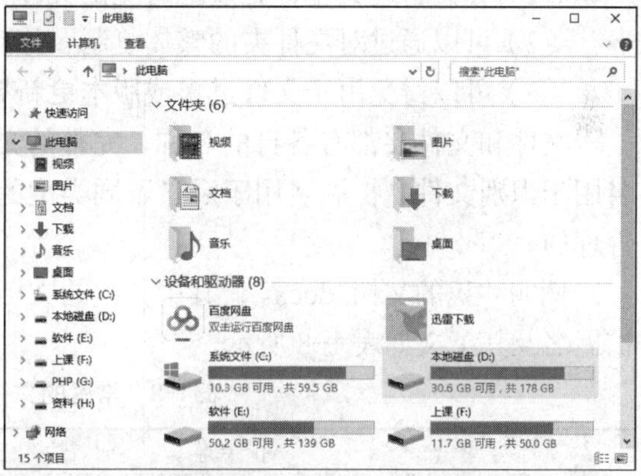

图 1-19　“此电脑”窗口

5) 窗口

Windows 10 是一个图形界面操作系统，其界面由不同的窗口组成，如图 1-19 所示为“此电脑”窗口。

窗口一般由快速访问工具栏、菜单栏、地址栏、搜索栏、导航窗格、内容窗格、状态栏等部分构成。窗口的基本操作一般有移动窗口、最小化 / 还原窗口、最大化 / 还原窗口、改变窗口尺寸、排列窗口、切换窗口和关闭窗口等。

6) 对话框

对话框是一种特殊窗口，用于用户与计算机系统之间进行信息交流。对话框比窗口更简洁、更直观、更侧重于与用户的交流。对话框提供了各种按钮和选项，供用户进行选择、设置。对话框一般不能改变大小。

2. Windows 10 的基本操作

1) 文件管理

文件管理是 Windows 10 的重要功能，也是计算机管理数据的基本方法。

文件就是用户赋予了名称，并存储在磁盘上的信息集合。文件可以是用户创建的文档，也可以是可运行的应用程序或一张图片、一段声音等。在计算机系统中，文件是最小的数据组织单位。

文件具有以下特点：

（1）文件可以存放字母、数字、图片和声音等各种信息。

（2）文件具有唯一性，即在同一个磁盘的同一文件夹（也称为目录）中，文件不能同名。

（3）文件可以复制、移动、删除。

（4）文件具有可修改性。

文件夹是系统组织和管理文件的一种形式，方便用户查找、维护和存储文件。在文件夹中，可存放所有类型的文件和下一级文件夹（或称为子目录）、磁盘驱动器及打印队列等内容。用户可以将文件分门别类地存放在不同的文件夹中。

使用文件夹管理文件的优点如下：

（1）分类管理文件，有效地避免由文件管理混乱而导致的错误。

（2）可以通过对文件夹的整体复制、移动和删除来简化操作过程。

（3）可以避免由于文件过多或版本更新导致的同名文件冲突。

文件和文件夹都有各自的名称。完整的文件名由“文件名 + 扩展名”组成，其中文件名用于识别文件，扩展名用于定义不同类型的文件。操作系统就是依据文件名对文件进行管理的。

例如“我的文档 .docx”，其中“我的文档”为文件名，“docx”为扩展名。常用的文件扩展名及其意义如表 1-8 所示。

表 1-8　常用的文件扩展名及其意义

文件类型	扩展名	说　明
可执行文件	exe，com	可执行文件
源程序文件	c，cpp，asm	分别是 C，C++ 和汇编语言的源程序文件
目标文件	obj	源程序文件经编译后产生的目标文件
批处理文件	bat	将一批系统操作命令存储在一起，可供用户连续执行
Office 文件	docx，xlsx，pptx	Office 中的 Word，Excel，PowerPoint 创建的文档
图像文件	bmp，jpg，gif	图像文件，不同的扩展名表示不同格式的图像文件
流媒体文件	wmv，rm，qt	能通过 Internet 播放的流媒体文件
压缩文件	xip，rar，zip	压缩文件
音频文件	wav，mp3，mid	声音文件，不同的扩展名表示不同格式的音频文件
网页文件	htm，asp	一般来说，htm 是静态的，asp 是动态的

2）文件路径

文件路径是存储文件时需要经过的子目录的名称。文件路径有绝对路径与相对路径。

绝对路径是指从根目录开始，依序到该文件之前的子目录的名称。例如，绝对路径 C:\Windows\System32 表示 C 盘下“Windows”文件夹中的“System32”文件夹，如图 1-20 所示。

图 1-20　绝对路径

相对路径是指从当前目录开始，到该文件之前的子目录的名称。例如，当前文件夹为 C:\Windows，若要表示“Windows”文件夹中“System32”文件夹中的“Com”文件夹，则相对路径可以表示为 System32\Com，而用绝对路径应写为 C:\Windows\System32\Com。

【注意】文件名和文件夹名不区分大小写，长度最多为 255 个字符；完整的路径长度不能超过 260 个字符。

3) 文件管理途径

对存储设备中的文件对象、文件的存储位置及文件如何组织等信息的了解，能够更好地使用和利用文件资源。“文件资源管理器”是 Windows 操作系统中重要的文件管理工具，能同时显示文件夹和文件列表，可以更方便地实现浏览、查看、移动和复制文件或文件夹等操作。

通过“开始”菜单的右键快捷菜单，打开“文件资源管理器”窗口，如图 1-21 所示。

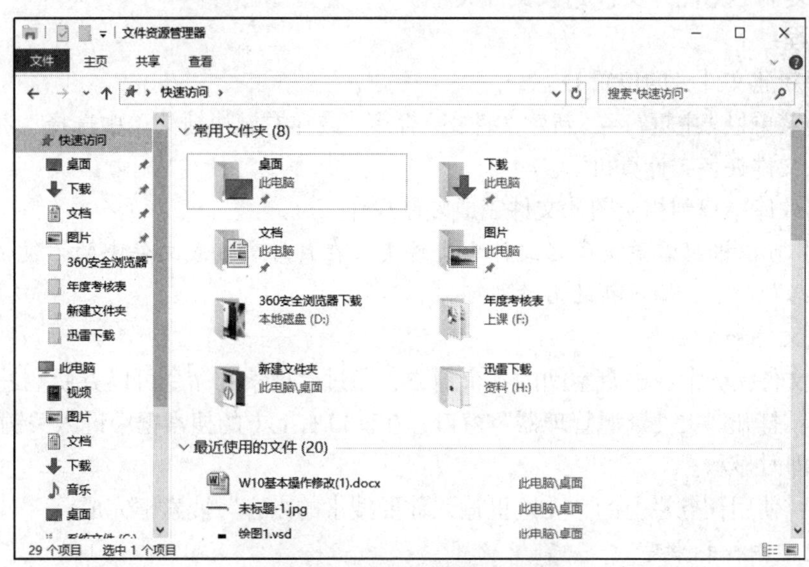

图 1-21　“文件资源管理器”窗口

打开“文件资源管理器”窗口，默认显示的是“快速访问”界面，在“快速访问”界面中可以看到常用的文件夹、最近使用的文件等信息。对于常用的文件夹，可以将其固定在左侧窗格的“快速访问”列表中。例如，将 F 盘下的“程序设计基础 C++”文件夹固定到“快速访问”列表中，具体操作是选中“F:\ 程序设计基础 C++”并右击，在弹出的快捷菜单中选择“固定到‘快速访问’”命令，如图 1–22 所示。

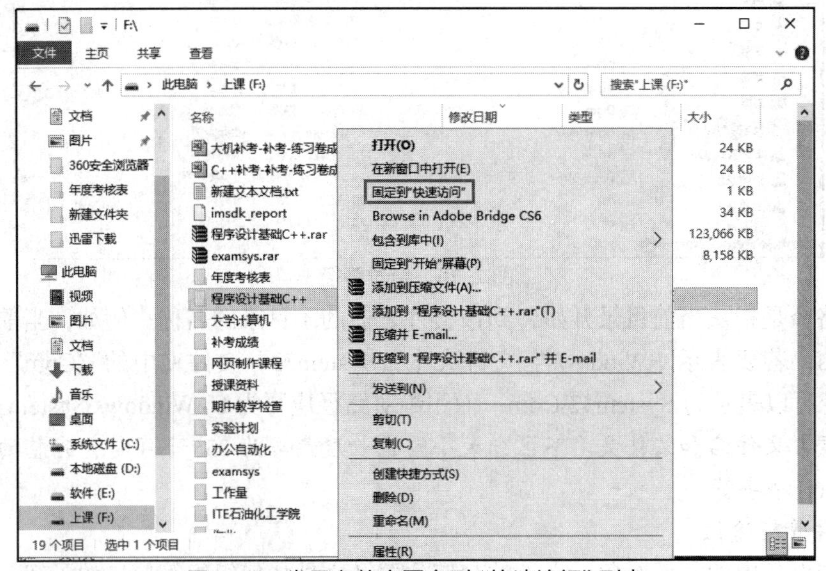

图 1–22　常用文件夹固定到“快速访问”列表

4) 新建文件和文件夹

对数据进行管理，要建立文件；对文件分类存放，则要建立文件夹。

例 1–17　利用“文件资源管理器”在 D 盘根文件夹下建立“计算机”文件夹，然后从图片库中复制一个图片文件到该文件夹中。

操作过程：

① 选择新建文件夹的位置 D 盘。

② 选择菜单栏“主页”→“新建文件夹”命令，或在右键快捷菜单中选择“新建”命令。

③ 输入文件夹名“计算机”。

④ 从图片库中找到相应图片文件完成复制操作。

【提示】可以根据需要重命名文件和文件夹：在目标文件或文件夹的右键快捷菜单中选择“重命名”命令，输入新的名称即可。

5) 查找文件和文件夹

文件或文件夹分散在磁盘空间的各个地方，通过“搜索”命令可以方便地进行搜索。

方法一：打开“文件资源管理器”窗口，在窗口右上方的搜索框中键入关键词（字），筛选内容将即时显示。

方法二：使用任务栏上的“在这里输入你要搜索的内容”搜索框完成。

6) 选定文件和文件夹

要对文件和文件夹进行操作，首先要选定它们。选定方法如下：

（1）单选：单击某个对象即可将其选中。

（2）全选：选择菜单栏“主页”→“全部选择”命令，或按 [Ctrl]+[A] 快捷键。

（3）不连续对象的选定：在按住 [Ctrl] 键的同时，单击要选定的每一个对象。

（4）连续对象的选定：首先单击需要选中的第 1 个对象，然后按住 [Shift] 键，并单击需要选中的最后一个对象。

（5）拖曳鼠标选定连续排列的对象：按住鼠标左键并拖动，就会形成一个矩形框，释放左键时，被这个框包围的文件和文件夹都会被选定。

如果要取消选定的文件和文件夹，那么在选定的文件和文件夹以外的空白处单击即可。

7) 移动、复制和删除文件和文件夹

剪贴板是 Windows 在内存中开辟的一块缓冲区域，用户可以将某一环境中的信息放到这一区域，也可以将此区域中的信息粘贴到新的环境中。被送入剪贴板的信息一直保留到有新信息送入或系统关闭。借助剪贴板，用户可以在不同的窗口、不同的应用程序之间进行信息的传递与交换。

对文件和文件夹进行移动、复制和删除操作有共同之处。

例 1-18　把 D 盘下“计算机”文件夹中的图片文件移动到桌面上。

操作过程：

① 打开 D 盘下“计算机”文件夹，选定图片文件。

② 选择菜单栏“主页”→“剪切”命令，或选择右键快捷菜单中的“剪切”命令。

③ 右击桌面空白处，在弹出的快捷菜单中选择“粘贴”命令，完成移动操作。

同理，可进行文件或文件夹的复制与删除操作。

【提示】复制文件和文件夹是指将文件和文件夹内容复制一份，放到其他地方。执行复制操作后，原位置和目标位置均有该文件和文件夹。移动文件和文件夹与复制文件和文件夹的主要区别是，移动后原位置上的文件和文件夹就不存在了。

8) 管理回收站

回收站是硬盘上的一个存储区域，为用户提供一个安全的删除文件和文件夹的解决方案。对从硬盘中删除的文件和文件夹，系统将其自动放入回收站中，可以通过回收站来还原或永久删除它们。

【注意】删除回收站中的文件和文件夹，意味着将该文件和文件夹从磁盘空间中彻底删除，无法再还原。若还原回收站中的文件和文件夹，则该文件和文件夹将在原来的位置重建。当回收站充满后，Windows 将自动清除回收站中的空间以存放最近删除的文件和文件夹。

3. Windows 10 的其他操作

1) 系统设置

Windows 10 是一个庞大的系统软件，可以根据需要进行个性化定制，如计算机显示设置、账户的设置、更新和安全等。Windows 设置的窗口如图 1-23 所示。

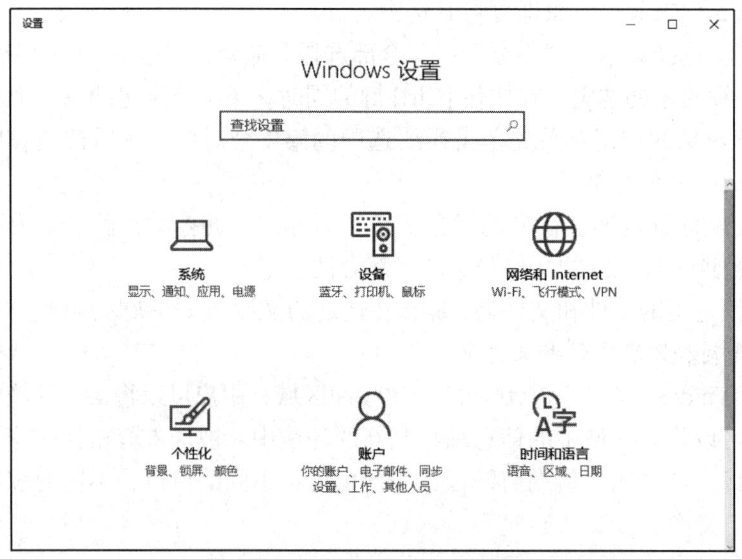

图 1–23　Windows 设置的窗口

在 Windows 10 中，增加了“夜间模式”和“专注助手”功能，其中“夜间模式”开启后可以像手机一样，减少蓝光，特别是在晚上或者光线特别暗的环境下，可一定程度减少用眼疲劳；“专注助手”类似于手机的免打扰模式，打开该模式后，会禁止所有通知，利于集中精力学习和工作。具体操作是按 [Windows]+[I] 快捷键，打开“设置”窗口，并在该窗口中单击“系统”图标，此时切换为“系统”的设置面板，在其中的“显示”及“专注助手”中完成相应设置，如图 1–24 所示。

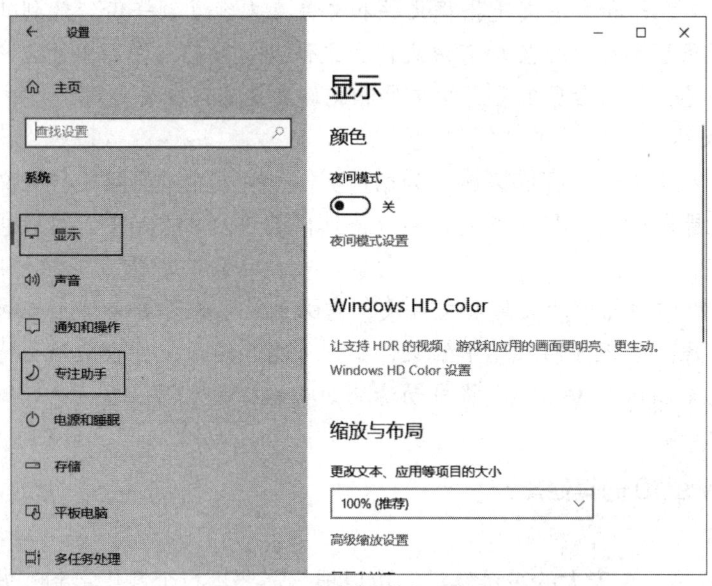

图 1–24　“系统”的设置面板

2）程序管理

操作系统安装完毕后，要更好地使用计算机还需要安装相应的其他软件，如浏览器软件、聊天社交软件、影音娱乐软件、办公自动化软件等。

（1）程序的安装：通常各种软件都是用打包的方式发行或放在网络上供用户下载使用的。对于开放使用的软件，我们可以先下载，然后释放打包的软件到本地计算机上，接着运行安装程序，应用程序安装后才可运行（有的安装程序会自动解包并安装）。

Windows 10 中“Microsoft Store”应用程序的功能类似于手机“应用商店”的功能，可以在“Microsoft Store”中获取程序安装包。单击“开始”菜单，在弹出的面板中，选择“Microsoft Store”，如图 1-25 所示。在打开的“Microsoft Store”的窗口中找到需要下载的应用程序进行下载。

图 1-25　“开始”菜单面板

（2）程序的卸载：安装的程序不再需要时，可以将其卸载以便腾出更多的空间来安装所需要的程序。

方法一：在 Windows 10 中可以使用“设置”窗口的“应用”面板完成程序的卸载，如图 1-26 所示。

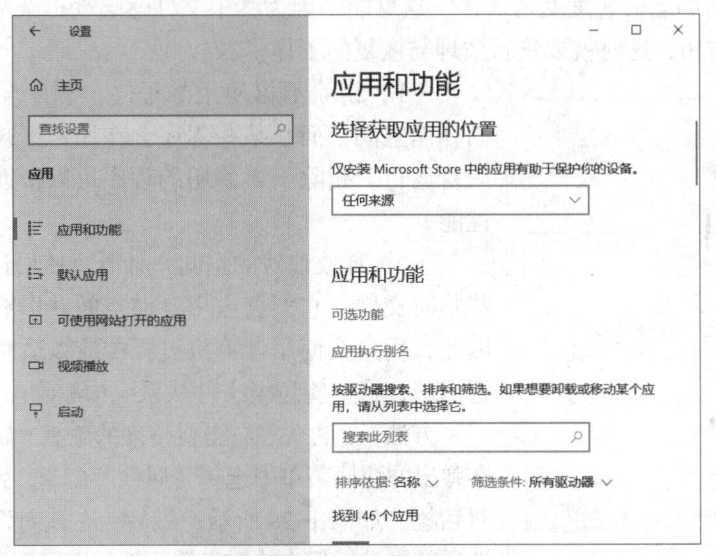

图 1-26　“应用”面板

方法二：单击“开始”菜单，在程序列表栏中右击要卸载的程序，在弹出的快捷菜单中选择“卸载”命令即可。

3) 设备管理

使用设备管理器，可以查看和更新计算机上安装的设备驱动程序，查看硬件是否正常工作，修改硬件设置等。对于连接到网络或计算机上的任何设备，如打印机、键盘、外置驱动器或其他外围设备，若需要它们在 Windows 下正常工作，则需要专门的驱动程序。

4）网络管理

在“设置”窗口的“网络和 Internet”面板中提供了有关网络的状态信息，用户可查看计算机是否连接到网络或 Internet、连接的类型以及用户对网络上其他计算机和设备的访问权限级别，如图 1–27 所示。

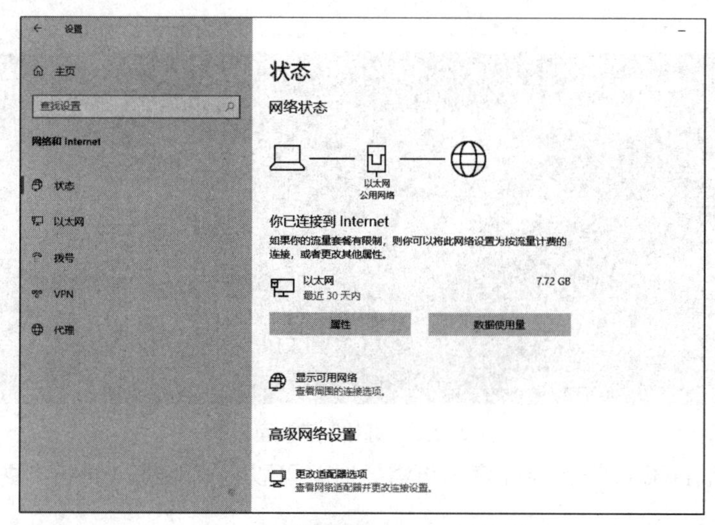

图 1–27 “网络和 Internet”面板

5）磁盘清理与维护

如果计算机的运行速度变得缓慢，这可能是因为其中文件逐渐变得杂乱无序，资源被不必要的软件占用，这时就要进行清理与恢复的工作了。

图 1–28 F 盘的属性对话框

（1）删除不再使用的程序：程序会在计算机中占用存储空间，而且某些程序会在用户不知情的情况下在后台运行。删除不再使用的程序可以帮助恢复计算机的性能。

（2）释放浪费的空间：计算机使用过程中会产生一些临时文件，它们会占用存储空间并影响系统的运行。因此，用户在使用计算机过程中应该适时对系统磁盘进行清理，将一些垃圾文件从系统中删除。

方法一：首先，右击要整理的磁盘（如 F 盘）；然后，在弹出的快捷菜单中选择“属性”命令，弹出 F 盘的属性对话框，如图 1–28 所示；最后，在该对话框的“常规”选项卡中进行相应的磁盘清理操作即可。

方法二：使用存储感知程序。存储感知功能是文件清理，开启该功能后，系统会删除不需要的文件，释放更多的空间，如临时文件、回收站中的内容、下载文件等。具体操作是按 [Windows]+[I] 快捷键，打开“设置”窗口，

然后单击“系统”图标，在切换的“系统”面板中选择“存储”命令，在右侧窗格中，将“存储感知”按钮设置为“开”，如图 1–29 所示。

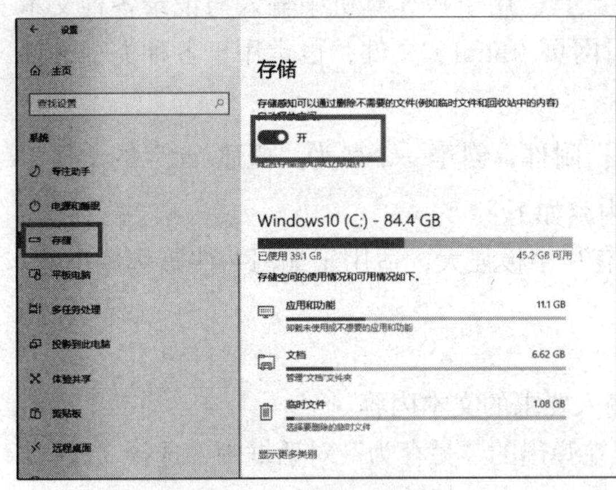

图 1–29　设置“存储感知”

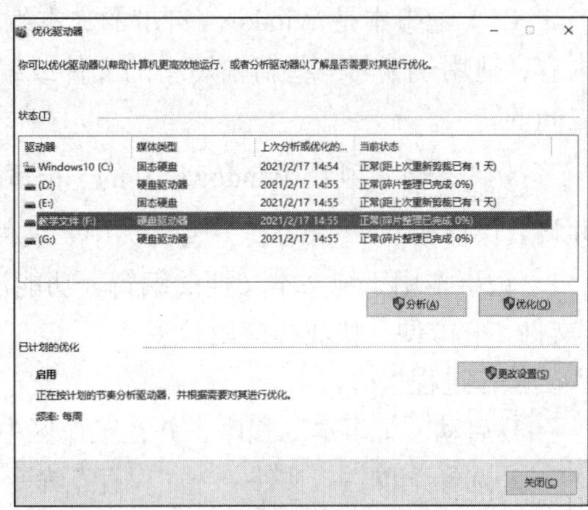

图 1–30　磁盘的“优化”处理

（3）整理磁盘碎片：在保存、更改或删除文件时，磁盘上会产生碎片。碎片整理程序是重新排列卷上的数据并重新合并碎片数据，有助于计算机更高效地运行。右击需要进行碎片整理的磁盘，在弹出的快捷菜单中选择“属性”命令，在弹出的对话框中选择“工具”选项，接着单击“优化”按钮，弹出如图 1–30 所示的“优化驱动器”窗口，按要求完成“分析”及“优化”处理即可。

6) 系统优化:禁用开机启动项

在计算机启动过程中，自动运行的程序叫作开机启动项。开机启动项会浪费大量的内存空间，并减慢系统启动速度。因此，可以根据需要禁用一部分开机启动项。右击任务栏，在弹出的快捷菜单中选择“任务管理器”命令，在“任务管理器”窗口中，选择“启动”选项卡，接着设置需要禁用的程序即可，如图 1–31 所示。

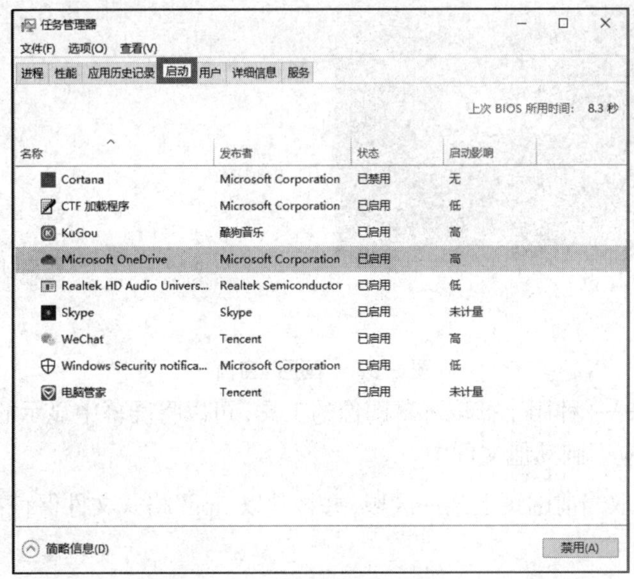

图 1–31　禁用开机启动项

4. Windows 10 附带工具的使用

1) 记事本与写字板

（1）记事本是 Windows 自带的文本编辑工具，用于在计算机中输入与记录各种文本内容，适用于编写一些篇幅短小的文件或编辑网页（html）文件，也常用于各种类型文件之间的转换。

例 1–19 利用 Windows 10 的“记事本”附件，创建一个名为“概述 .txt”的文件，并将其保存在“D:\ 计算机”文件夹中。文件内容如下：

记事本用于纯文本文档的编辑，功能没有写字板强大，适用于编写一些篇幅短小的文件，它方便、快捷，应用较多。

操作过程：

① 启动“记事本”程序，并在工作区中输入要求的文本内容。

② 选择菜单栏“文件”→“保存”命令，在弹出的“另存为”对话框中，选择“D:\ 计算机”，“文件名”为“概述”，“保存类型”为“文本文档（*.txt）”。

③ 单击“保存”按钮，完成操作。

（2）写字板是 Windows 10 自带的一个文字处理软件，除具有记事本的功能外，还可对文档的格式进行调整，从而编排出更加规范的文档。

2) 画图与截图工具

（1）画图是一个功能简单的位图编辑器，可以绘制出一些简单的图形，或对计算机中的图片进行简单处理，也可使用画图 3D 进行编辑及转换图片格式，如图 1–32 所示。

图 1–32 “画图”窗口

（2）截图工具是一种用于截取屏幕图像的工具，可以将屏幕中显示的内容截取为图片，保存为文件或粘贴应用到其他文件中。

例 1–20 截取当前网页上某一区域，并将其以“jpg”格式文件保存在 D 盘的“计算机”文件夹中。

操作过程：

① 打开相应网页，如 http://www.gdupt.edu.cn。

② 在“Windows 附件”中选择“截图工具”菜单项，在“模式”下拉菜单中选择“矩形截图”命令，如图 1-33 所示。

③ 框选网页中相应图形并保存文件，如图 1-34 所示。

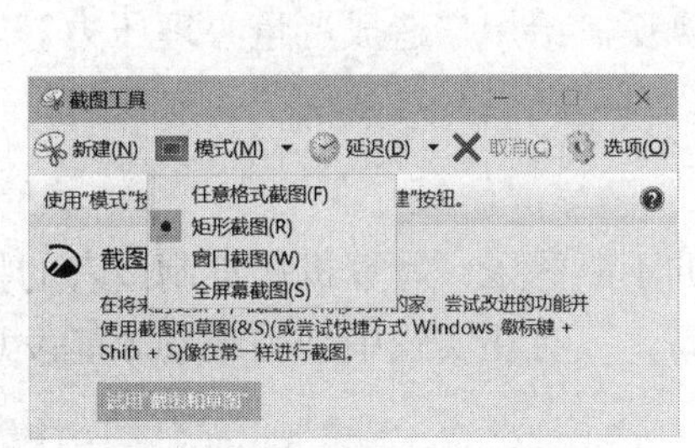

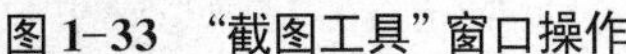
图 1-33　“截图工具”窗口操作

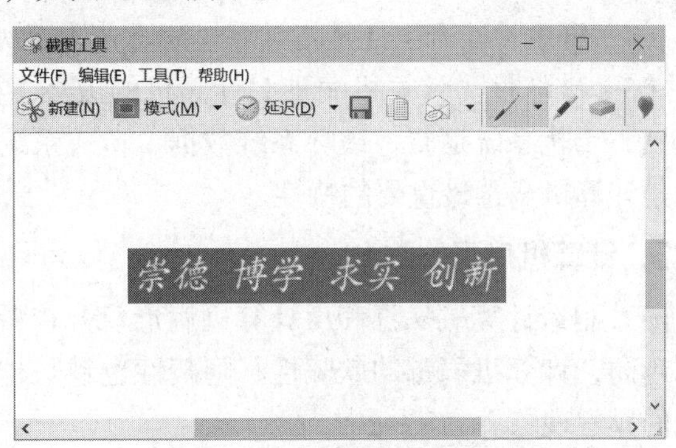

图 1-34　完成截图后的窗口

3) 其他工具

Windows 10 还为用户提供如计算器、步骤记录器等其他工具，它们的操作方法大同小异，这里不再赘述。

1.6　计算机系统维护

计算机系统维护是指为保证计算机系统能够正常运行而进行的定期检测、修理和优化。计算机系统维护分为硬件维护和软件维护两部分内容，硬件维护包括计算机主要部件的保养和升级；软件维护主要包括计算机操作系统的更新和杀毒。

1.6.1　计算机病毒的防治

1. 计算机病毒的概念

《中华人民共和国计算机信息系统安全保护条例》中明确定义，“计算机病毒，是指编制或者在计算机程序中插入的破坏计算机功能或者毁坏数据，影响计算机使用，并能自我复制的一组计算机指令或者程序代码。”从广义上讲，凡是能够引起计算机故障，破坏计算机数据的程序，统称为计算机病毒。

2. 计算机病毒的特点

计算机病毒有如下几个特点：

（1）传染性。传染性是指计算机病毒对其他文件或系统进行一系列非法操作，使其带有这种计算机病毒，并成为该计算机病毒的一个新的传染源。传染性是计算机病毒的基本特征。计算机病毒的传播途径主要有通过计算机硬件设备传播、通过移动存储设备传播、通过点对点通信系统和无线通道传播、通过计算机网络传播等。其中，通过计算机网络传播已经成为计算机病毒传播的主要途径。

（2）潜伏性。计算机病毒在条件不满足时，将长期潜伏在文件中，只有触发了特定条件（如到某一日期、某个时间）才会对计算机进行破坏。例如，CIH病毒只在每年的4月26日才发作。

（3）隐蔽性。隐蔽性是指计算机病毒的存在、传染和对数据的破坏过程不易被计算机用户发现，同时又难以预料。

（4）寄生性。寄生性是指计算机病毒依附于其他文件（如com，exe文件等）而存在。

（5）破坏性。计算机病毒对计算机的破坏主要表现在占用系统资源、影响计算机运行速度、干扰系统运行、破坏系统数据、造成系统瘫痪、给用户造成严重心理压力等。破坏性是计算机病毒最重要的特性。

3. 计算机病毒的防治

随着制造计算机病毒和反计算机病毒双方较量的不断深入，计算机病毒制造者的技术越来越高，计算机病毒的欺骗性、隐蔽性也越来越高，只有在实践中细心观察才能发现计算机的异常现象。

计算机感染了病毒的常见症状有如下几种：

（1）计算机的运行比平常迟钝。

（2）磁盘文件数目无故增多或存储器内有来路不明的常驻程序。

（3）磁盘可利用空间无故减少。

（4）系统内存空间无故明显变小。

（5）程序载入时间比平常久。

（6）计算机经常出现死机现象。

（7）系统出现异常的重新启动现象。

（8）显示器出现一些莫名其妙的信息或异常现象。

（9）文件名、扩展名、日期、属性被更改。

对待计算机病毒，总的原则是：预防为主，防治结合。计算机病毒的预防措施主要有：

（1）提高认识，注意到计算机随时有感染计算机病毒的可能。

（2）定期对计算机进行病毒检查，以便及时发现计算机病毒。

（3）养成备份数据的习惯，以便计算机被计算机病毒感染造成数据破坏后仍能复原。

（4）慎用网上下载的软件，不使用盗版软件。

（5）安装使用杀毒软件并开启实时防护功能，经常更新病毒库等。

1.6.2 计算机系统的日常维护

1. 基于使用环境的硬件维护

一般来说，计算机系统在正常使用过程中，其外界温度、湿度、灰尘、外接电源、摆放位置等因素都会对计算机系统是否能保持良好的工作状态产生很大的影响。因此，要从以下几方面加强对计算机系统的维护工作：

（1）控制外界温度。外界温度过高会使计算机部件特别是集成电路内部产生的巨大热量不易散发，从而加速部件的老化。集成电路还会因为过高的温度而产生电子迁移现象，

从而引发计算机故障。

（2）保持一定的空气湿度。计算机系统的外界空气湿度过高，计算机硬件之间的电气触点容易氧化、锈蚀，不仅会使其接触性能变差，而且还有可能引起电路短路，引发计算机故障。而空气湿度过低，容易产生静电干扰，损坏部件。外界环境的理想空气湿度应为 40%~70%。

（3）注意环境清洁。计算机外部环境不清洁会造成大量灰尘侵入计算机机箱，并逐渐积累在主板、显卡等板卡表面，日积月累，容易引发接口接触不良或短路等故障。

（4）远离电磁干扰。较强的磁场环境不仅有可能造成磁盘数据的损失，而且还会使计算机出现一些莫名其妙的故障，如显示器花屏、抖动，音箱出现噪声等。这种电磁干扰主要来源于无线通信设备、大功率电器及较大功率的变压器等，因此在使用计算机时应尽量使其远离这些干扰源。

（5）稳定的外部电源。电压的不稳定是造成计算机启动故障的一个重要原因。电压过低，计算机不仅不易启动，而且可能使计算机重复启动，而过高的电压则有可能损害计算机硬件。因此，当电压不稳时，最好考虑给计算机配备一个稳压电源或不间断电源（uninterruptible power supply，UPS）。

2. 计算机硬盘的保养

硬盘是用户存储数据文件的重要设备，使用时要注意：正确开、关主机电源，避免在硬盘工作过程中突然断电；避免在硬盘工作过程中移动硬盘；不能自行拆开硬盘盖；定期整理硬盘；备份有用数据，并对硬盘进行检测，及时更换硬盘。

3. 计算机软件系统的日常维护

计算机软件系统的日常维护工作主要包括以下几个方面：

（1）计算机病毒查杀。杀毒软件可以保护系统安全，是计算机安全必备的软件之一，能降低计算机系统受病毒和木马等的侵害。

（2）计算机速度的优化。对计算机速度进行优化是系统安全优化的一个方面，可以通过整理磁盘碎片、减少开机启动项、禁止不同的服务、更改系统性能设置等来实现。

（3）开启系统防火墙。防火墙可以是软件，也可以是硬件，能够检查来自网络的信息，根据防火墙设置阻止或允许这些信息进入计算机系统。

（4）修复系统漏洞。系统漏洞是指 Windows 在逻辑设计上的缺陷或在编写时产生的错误。这些缺陷或错误可能会被不法者或者电脑黑客利用，通过植入木马、病毒等方式来攻击或控制整个计算机，从而窃取计算机中的重要信息，甚至破坏计算机系统。目前，网络上存在多种软件能对系统漏洞进行修复，如 360 安全卫士等。

1.6.3 计算机系统故障及检测

1. 故障的类型

在使用计算机的过程中，引起故障的因素相互交错，故障类型多种多样。整体上看，故障可以分为软故障和硬故障两种类型。

1）软故障

软故障一般是指在使用计算机软件时由于操作不当而引起的故障以及因系统或系统参数的设置不当而出现的故障。软故障一般是可以恢复的，但一定要注意，某些情况下的软故障也可以转化为硬故障。

常见的软故障有以下一些表现：

（1）当软件的版本与运行环境的配置不兼容时，造成软件不能运行、系统死机、文件丢失或被改动。

（2）两种或多种软件程序的运行环境、存取区域或工作地址等发生冲突，造成系统工作混乱等。

（3）由于误操作而运行了具有破坏性的程序、不正确或不兼容的程序、磁盘操作程序、性能测试程序等，使文件丢失、磁盘格式化等。

（4）计算机病毒引起的故障。

（5）基本的互补金属氧化物半导体（complementary metal-oxide-semiconductor，CMOS）芯片设置、系统引导过程配置和系统命令配置的参数设置不正确或者没有设置，计算机也会产生操作故障。

2）硬故障

硬故障是由计算机硬件引起的故障，涉及计算机主机内的各种板卡、存储器、显示器、电源等。

常见的硬故障有以下一些表现：

（1）电源故障，导致系统和部件没有供电或只有部分供电。

（2）部件工作故障，即计算机中的主要部件如显示器、键盘、磁盘驱动器、鼠标等硬件产生的故障，造成系统工作不正常。

（3）部件或芯片松动、接触不良、脱落，或者因温度过热而不能正常运行。

（4）计算机外部和计算机内部的各部件间的连接电缆或连接插头（座）松动，甚至松脱或者错误连接。

（5）系统与各个部件及印刷电路的跳线连接脱落、连接错误，或开关设置错误，而构成非正常的系统配置。

2. 故障检测的基本方法

1）清洁法

对于使用环境较差或使用较长时间的计算机，应首先进行清洁。可用毛刷轻轻刷去主板、外设上的灰尘。如果灰尘已清除或无灰尘，就进行下一步检查。另外，由于板卡上一些插卡或芯片采用插脚形式，所以振动、灰尘等其他原因常会造成引脚氧化和接触不良。可用橡皮擦擦去表面的氧化层，重新插接好后，开机检查故障是否已被排除。

2）直接观察法

直接观察法主要包括看、听、闻、摸。

（1）看。观察系统板卡的插头、插座是否歪斜，电阻、电容引脚是否相碰，表面是否烧焦，芯片表面是否开裂，主板上的铜箔是否烧断等；还要查看是否有异物掉进主板

的元器件之间（造成短路），也应查看板卡上是否有烧焦变色的地方，印刷电路板上的走线（铜箔）是否断裂等。

（2）听。监听散热风扇、软硬盘电机或寻道机构、显示器变压器等设备的工作声音是否正常。另外，系统发生短路故障时常常伴随着异常声响。监听可以及时发现一些故障隐患，帮助用户在故障发生时及时采取措施。

（3）闻。辨别主机、板卡中是否有烧焦的气味，便于发现故障和确定短路所在处。

（4）摸。用手按压管座的活动芯片，查看芯片是否松动或接触不良。另外，在系统运行时，用手触摸或靠近 CPU、显示器、硬盘等设备的外壳，根据其温度可以判断设备运行是否正常。用手触摸一些芯片的表面，若发烫，则该芯片已损坏。

3) 拔插法

产生计算机故障的原因很多，主板自身故障、I/O 总线故障、各种插卡故障均可导致系统运行不正常。采用拔插法是确定主板或 I/O 设备故障的简捷方法。该方法的具体操作是关机，将插件板逐块拔出，每拔出一块插件板就开机观察系统运行状态。若拔出某块插件板后主板运行正常，则说明该插件板有故障或相应 I/O 总线插槽及负载有故障。若拔出所有插件板后，系统启动仍不正常，则故障很可能就在主板上。

拔插法的另一含义是，一些芯片、板卡与插槽接触不良，将这些芯片、板卡拔出后再重新正确插入，便可解决因安装接触不良引起的计算机部件故障。

4) 交换法

将同型号插件板与总线方式一致、功能相同的插件板或同型号芯片相互交换，根据故障现象的变化情况，判断故障所在处。若内存自检出错，则可交换相同的内存芯片或内存条来判断故障部位。无故障芯片之间进行交换，故障现象依旧，若交换后故障现象变化，则说明交换的芯片中有一块是坏的，可进一步通过逐块交换而确定部位。若能找到相同型号的计算机部件或外设，则使用交换法可以快速判定是否是部件本身的质量问题。

交换法也可以用于没有相同型号的计算机部件或外设但有相同类型的计算机主机，可以把计算机部件或外设插接到该同型号的主机上判断其是否正常。

5) 比较法

运行两台或多台相同或相类似的计算机，根据正常计算机与故障计算机在执行相同操作时的不同表现，可以初步判断故障发生的部位。

6) 振动敲击法

用手指轻轻敲击机箱外壳，有可能发现因接触不良或虚焊造成的故障问题。然后，可进一步检查故障点的位置并排除故障。

7) 升温降温法

人为升高计算机运行环境的温度，可以检验计算机各部件（尤其是 CPU）的耐高温情况，从而及早发现故障隐患；人为降低计算机运行环境的温度，若计算机的故障出现率大大减少，则说明故障出在高温或不能耐高温的部件中。使用该方法可缩小故障诊断范围。

事实上，升温降温法采用的是故障促发原理，以制造故障出现的条件来促使故障频繁出现，从而观察和判断故障所在的位置。

8）程序测试法

程序测试法的原理是用软件发送数据、命令，通过读线路状态及某个芯片（如寄存器）状态来识别故障部位。此法往往用于检查各种接口电路及具有地址参数的各种电路的故障。但此法应用的前提是 CPU 及总线基本运行正常，能够运行有关诊断软件，能够运行安装在 I/O 总线插槽上的诊断卡等。编写的诊断程序应严格、全面、有针对性，能够让某些关键部位出现有规律的信号，能够对偶发故障进行反复测试及能显示和记录出错情况。

程序测试法要求具备熟练编程技巧，熟悉各种诊断程序与诊断工具（如 Debug 等），掌握各种地址参数（如各种 I/O 地址）及电路组成原理等。掌握各种接口单元正常状态的各种诊断参考值是有效运用程序测试法的前提和基础。

本章小结

计算机科学的发展与应用已经渗透到社会生活每一个细微的方面，并逐渐形成了一种文化现象。学习与掌握计算机文化是信息社会公民的基本要求。

本章主要介绍计算机的基本知识与基本操作。重点了解计算机发展的基本概况，知道计算机能为用户做些什么，了解计算机系统的基本组成及软硬件的基本功能、工作原理等，了解最新微机系统的基本配置与性能指标；掌握计算机日常使用的常识、常见故障检测与系统维护，掌握购买或组装一台适合自己的微机的方法；清楚操作系统是计算机中最重要的系统软件，是进行计算机操作的基础，能够管理好计算机系统的软硬件资源及文件资源。

思考与练习

一、选择题

1. 世界上第一台通用电子计算机诞生于（　　）年。

A. 1944　　B. 1945　　C. 1946　　D. 1947

2. 存储程序控制原理的核心是（　　）。

A. 事先编好程序　　B. 把程序存储在计算机内存中

C. 事后编好程序　　D. 将程序从存储位置自动取出并逐条执行

3. 一个完整的计算机系统由（　　）组成。

A. 主机、键盘和显示器　　B. 主机及外部设备

C. 计算机硬件系统和计算机软件系统　　D. 操作系统及应用软件

4. 通常所说的主机是指（　　）。

A. CPU　　B. CPU 和内存

C. CPU、内存与外存　　D. CPU、内存与硬盘

5. 微机可以从不同角度进行分类，但一般不按（　　）进行分类。

A. 微机生产厂家及微机型号　　B. 微机所用处理器芯片

C. 外形和使用特点　　D. 微机所用的内存数

6. 系统软件中最重要的是（　　）。

A. 操作系统　　B. 语言处理程序

C. 数据库管理系统　　D. 工具软件

7. 在微机中，运算器的主要功能是（　）。

A. 控制计算机的运行　B. 进行算术运算与逻辑运算

C. 分析指令并执行　D. 负责存取数据

8. CPU 包括（　）。

A. 内存和控制器　B. 控制器、运算器和内存

C. 高速缓存和运算器　D. 控制器和运算器

9. 计算机内存的作用是（　）。

A. 存放正在执行的程序和当前使用的数据，它具有一定的运算能力

B. 存放正在执行的程序和当前使用的数据，它本身并无运算能力

C. 存放正在执行的程序，它有一定的运算能力

D. 存放当前使用的数据文件，它本身并无运算能力

10. 在计算机术语中，RAM 表示（　）。

A. 随机存储器　B. 只读存储器

C. 可编程只读存储器　D. 动态随机存储器

11. 计算机在运行中突然断电，下列存储器中存储信息会全部丢失的是（　）。

A. 硬盘　B. 软盘　C. ROM　D. RAM

12. 鼠标属于（　）。

A. 输出设备　B. 输入设备　C. 存储设备　D. 显示设备

13. 用于管理、操作和维护计算机各种资源并使其正常高效运行的系统软件是（　）。

A. 操作系统　B. 语言处理程序　C. 数据库管理系统　D. 工具软件

14. 下列设备中属于输入设备的是（　）。

A. 打印机　B. 显示器　C. 鼠标　D. 绘图仪

15. 显示器的分辨率常用点距表示（显示器上最小像素的直径），点距越小，（　）。

A. 显示器体积就越大　B. 显示器体积就越小

C. 显示器分辨率就越高　D. 显示器分辨率就越低

16. 计算机系统的外部设备包括（　）。

A. 输入 / 输出设备　B. 外存和输入 / 输出设备

C. CPU 和输入 / 输出设备　D. 内存和输入 / 输出设备

17. 计算机的软件系统分为（　）。

A. 程序与数据　B. 程序、数据与文档

C. 系统软件与应用软件　D. 操作系统与语言处理程序

18. 应用软件是指（　）。

A. 所有能够使用的软件　B. 所有微机上都应该使用的软件

C. 被应用部门采用的软件　D. 专门为某一应用目的而设计的软件

19. 一条指令通常由（　）和操作数组成。

A. 程序　B. 操作码　C. 机器码　D. 二进制数

20. 要打开“开始”菜单，可以单击“开始”按钮，也可以使用（　）快捷键。

A. [Alt] + [Shift]　B. [Ctrl] + [Alt]　C. [Ctrl] + [Esc]　D. [Tab] + [Shift]

21.（　）操作系统允许在一台主机上同时连接多台终端，用户可以通过各自的终端同时交互地使用主机。

A. 网络　B. 分布式　C. 分时　D. 实时

22. 下列对操作系统功能的描述中，不正确的是（　　）。

A. CPU 控制与管理　　B. 内存分配与管理

C. 文件控制与管理　　D. 对病毒的防治

23. 通过快捷方式可以直接访问某个对象，建立快捷方式的对象包括（　　）。

A. 文件　　B. 文件夹　　C. 应用程序　　D. 都可以

24. 要直接删除文件，而不是放入回收站中，可在把文件拖到回收站时按住（　　）键。

A. [Shift]　　B. [Alt]　　C. [Ctrl]　　D. [Delete]

25. “剪切”和“复制”两个命令的区别是（　　）。

A. “剪切”命令把数据放入剪贴板而“复制”命令没有

B. “复制”命令把数据放入剪贴板而“剪切”命令没有

C. “剪切”命令把原来的数据删除而“复制”命令没有

D. “复制”命令把原来的数据删除而“剪切”命令没有

26. 下列有关剪贴板的叙述中，错误的是（　　）。

A. 退出 Windows 后剪贴板中的内容将消失

B. 利用剪贴板“剪切”的数据只可以是文字而不能是图形

C. 剪贴板中的内容可以粘贴到多个不同的文档中

D. 剪贴板内始终只保存最后一次剪切或复制的内容

27. 文件系统的多级目录结构是一种（　　）。

A. 存储结构　　B. 树形结构　　C. 环状结构　　D. 网状结构

28. 下列不属于操作系统功能的是（　　）。

A. CPU 管理　　B. 文件管理　　C. 编写程序　　D. 设备管理

29. “文件资源管理器”窗口分为左窗格和右窗格，其中右窗格用于（　　）。

A. 显示文件夹或驱动器等系统资源

B. 显示内存空间的使用情况

C. 显示 CPU 的使用情况

D. 显示当前选定的文件夹或驱动器的内容

30. 复制文件的第 1 步工作是选定要复制的文件，然后在右键快捷菜单中（　　），最后选择要存放的目标位置，并在右键快捷菜单中（　　）。

A. 选择“复制”命令　　B. 选择“剪切”命令

C. 选择“粘贴”命令　　D. 选择“清除”命令

31. 删除 Windows 桌面上的某个应用程序图标，意味着（　　）。

A. 该应用程序一同被删除　　B. 应用程序仍保留

C. 只删除应用程序，图标被隐藏　　D. 应用程序与图标一同被隐藏

32. 采用虚拟存储器的目的是（　　）。

A. 提高主存的速度　　B. 扩大外存容量

C. 扩大内存的寻址空间　　D. 提高外存速度

33. 若要更改文件或文件夹的名称，则先选定要改名的文件或文件夹，然后在右键快捷菜单中选择（　　）命令并输入新名称即可。

A. “打开”　　B. “新建”　　C. “发送到”　　D. “重命名”

34. 若要删除文件或文件夹，则先选定要删除的文件或文件夹，然后在右键快捷菜单中选择（　　）命令即可。

A. “打开”　　B. “新建”　　C. “发送到”　　D. “删除”

35. 退出没有响应的应用程序的方法是，先按 [Ctrl] + [Shift] + [Esc] 快捷键，然后在“任务管理器”窗口中单击没有响应的程序，最后单击 (　　) 按钮。

A. “退出任务”　　B. “结束任务”　　C. “关闭系统”　　D. “退出系统”

36. 删除快捷图标的简单方法是直接将快捷图标拖到 (　　) 图标上，或单击要删除的快捷图标后，按 [Delete] 键。

A. “此电脑”　　B. “回收站”　　C. “Administrator”　　D. “网络”

37. 在“画图”窗口中，选择菜单栏“主页”→“复制”命令，选定的对象将被复制到 (　　) 中。

A. 我的文档　　B. 桌面　　C. 剪贴板　　D. 其他的图画

38. 在 Windows 中，回收站是 (　　)。

A. 软盘中的一块区域　　B. 硬盘中的一块区域

C. 内存中的一块区域　　D. 外存中的一块区域

39. 下列操作中，启动应用程序的是 (　　)。

A. 双击应用程序图标　　B. 最小化应用程序图标

C. 还原应用程序图标　　D. 指向应用程序图标

40. 在 Windows 环境下，单击当前应用程序窗口中的“关闭”按钮，其功能是 (　　)。

A. 将应用程序转为后台　　B. 退出 Windows 后关机

C. 退出 Windows 后重新启动计算机　　D. 终止应用程序运行

41. Windows 将整个计算机显示屏幕看作 (　　)。

A. 桌面　　B. 背景　　C. 工作台　　D. 窗口

42. 当一个应用程序窗口被最小化后，该应用程序将 (　　)。

A. 被终止执行　　B. 被删除　　C. 被暂停执行　　D. 被转入后台执行

43. 操作系统是计算机系统的 (　　)。

A. 硬件资源　　B. 软件资源　　C. 网络资源　　D. 软件和硬件资源

44. 二进制数 11111110 转换成的十进制数是 (　　)。

A. 251　　B. 252　　C. 253　　D. 254

45. 如果 F 的 ASCII 码值是 1000110，那么 f 的 ASCII 码值是 (　　)。

A. 1000111　　B. 1000011　　C. 1100110　　D. 0000110

46. 下列每组的三个数依次是二进制、八进制和十六进制，符合要求的是 (　　)。

A. 11，78，19　　B. 12，77，10　　C. 12，80，10　　D. 11，77，19

47. ASCII 码是一种 (　　) 位码，可以为 128 个字符编码。

A. 5　　B. 6　　C. 7　　D. 8

48. 计算机的存储容量往往以 kB，MB，GB 为单位，其中 1 kB 等于 (　　)。

A. 1 000 B　　B. 1 024 B　　C. 1 000 × 1 000 B　　D. 1 024 × 1 024 B

二、填空题

1. 世界上第一台通用电子计算机诞生于________，它的名字叫________。

2. CAD，CAM，CAI 分别是指________、________和________。

3. ________是微机中各种部件之间共享的一组公共数据传输线路。

4. 计算机硬件的五大部分是________、________、________、________和输出设备。

5. CPU 是计算机的核心，它由________和________两部分组成。

6. 在微机中，控制器的基本功能是________。

7. 内存可分为________和________两种。

8. 目前，使用较普遍的打印机有________、________和________三类。

9. 为解决某一特定问题而设计的指令序列称为________。

10. 云计算是一种基于资源________化的方式，为用户提供方便快捷的服务。

11. 到目前为止，计算机发展共经历了四个阶段（代），它们都基于一个共同的思想，这个思想是由________提出的，其主要特点是________工作原理。

12. 文件或文件夹被误删除后可以通过________来恢复。

13. 要改变 Windows 窗口的排列方式，只要右击________的空白处后完成操作。

14. 要删除选定的文件或文件夹，可按________键。

15. 要删除一个应用程序，可打开________窗口，然后使用其中的“应用”命令中的功能完成。

16. 可以通过________浏览计算机中所有的文件和文件夹。

17. 如果鼠标指针的形状是“⤡”，则表明鼠标正处于________。

18. 在清空回收站前，放在那里的文件________从硬盘上删除。

19. 所谓快捷方式，并不是将对象从原位置复制到目的位置，而是将彼此作虚拟________。

20. $(98)_{10}$ 的 BCD 码是________。

21. −6 的机器数是________，补码是________。

22. $(16)_{10}$ 转换成二进制数是________（提示：用 8 个二进制位表示）。

23. $(11010101)_2$=(________)$_{10}$=(________)$_8$=(________)$_{16}$。

24. 5 GB=________MB=________kB=________B。

25. 10110 ∨ 11101=________，10110 ∧ 11101=________。

三、简答题

1. 计算机发展经历了哪几个阶段?

2. 操作系统的基本功能有哪些?

3. 简述冯·诺依曼提出的计算机基本工作原理。

4. 你所了解的微机硬件的主要技术指标有哪些?

5. 如何利用控制面板中的“程序和功能”删除系统中不再使用的应用程序?

6. 如何修改计算机的分辨率和刷新频率?

四、操作题

1. 微机装配。

（1）观察微机的配置及各部件电源线和信号线的连接，了解微机的硬件系统，画出冯·诺依曼计算机的硬件结构图。

（2）掌握组装或选购计算机的方法，描述组装或选购计算机的方法及注意事项，进行装机实验。

【操作提示】

（1）微机外部与内部组织结构如图 1-35 所示。

（2）进入“太平洋电脑网”（https://www.pconline.com.cn）网站，了解电脑的品牌及各部件参数，如图 1-36 所示。

图 1-35　微机外部与内部组织结构

图 1-36　仿真装机实验

2. 掌握键盘与鼠标的布局和基本操作。

（1）观察键盘，找出功能键区、主键盘区、编辑控制键区、小键盘区和状态指示灯区。注意键位分布，找出基准键的键位。

（2）熟练掌握微机键盘与鼠标的基本操作。

（3）利用“写字板”进行输入练习。

【操作提示】

（1）104 键标准键盘的布局如图 1-37 所示。

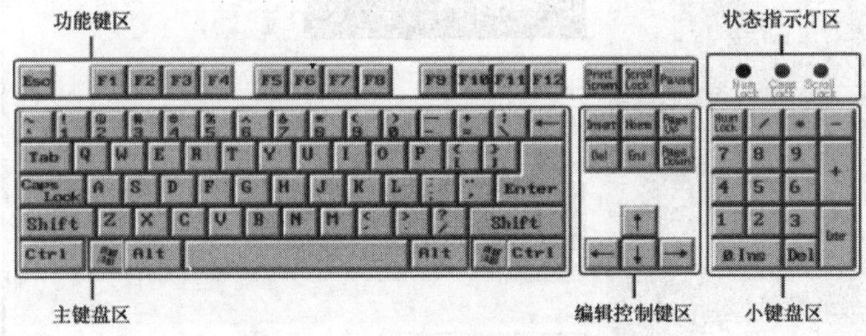

图 1-37　104 键标准键盘的布局

（2）分别进行鼠标的指向、单击、右击、双击、拖动等操作，总结其操作特点。

（3）选择“开始”→“Windows 附件”→“写字板”命令，打开“写字板”窗口，如图 1-38 所示。

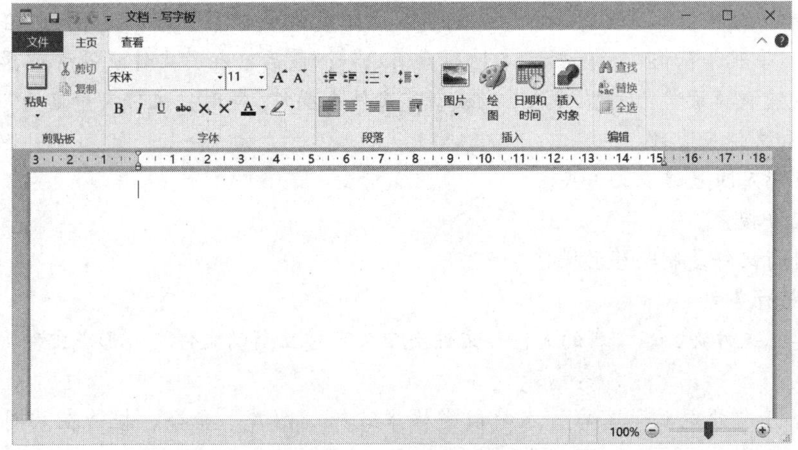

图 1-38　“写字板”窗口

（4）在“写字板”窗口中输入本教材“内容简介”的全部内容。在输入过程中注意中、英文输入法之间的切换以及中、英文标点符号的不同等。

（5）完成输入后进行保存，文件命名为“内容简介”。

3. Windows 10 基本操作。

（1）显示设置。

（2）设置个性化桌面。

（3）利用“文件资源管理器”建立新的文件夹。

【操作提示】

（1）调整系统的分辨率。首先，右击桌面空白处，在弹出的快捷菜单中选择“显示设置”命令；然后，在“显示”的设置面板上根据实际完成设置即可。

（2）设置桌面背景。Windows 允许用户将计算机中任意图片文件设置为桌面背景，以添加用户个性特色。首先，右击桌面空白处，在弹出的快捷菜单中选择“个性化”命令，打开“个性化”的设置面板，如图 1-39 所示；然后，在左侧“背景”窗格中浏览、选择合适的图片，并在“选择契合度”下拉列表框中选择排列方式即可。

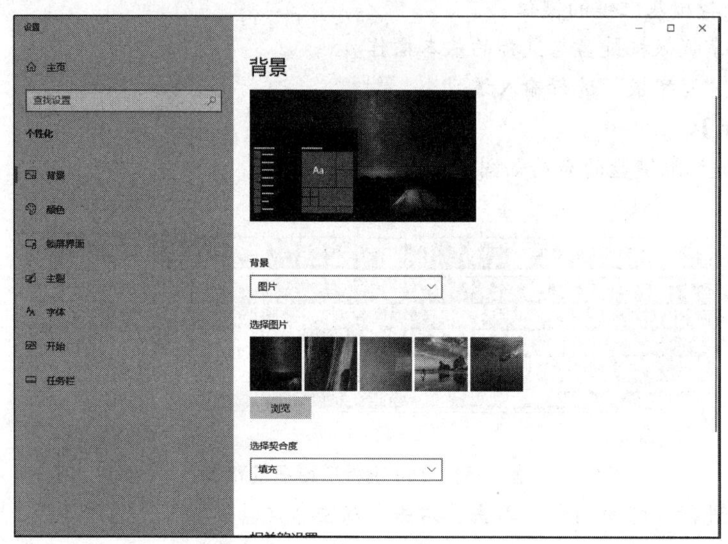

图 1-39　“个性化”的设置面板

（3）利用“文件资源管理器”创建新的文件夹。首先，右击“开始”菜单，在弹出的快捷菜单中选择“文件资源管理器”命令，打开“文件资源管理器”窗口；然后，在“文件资源管理器”的“导航”窗格中，选择“本地磁盘 (D:)”；最后，在“文件资源管理器”的内容窗格中，通过右键快捷菜单“新建”命令，完成新建文件夹操作，同时把文件夹命名为“我的文件”。

4. 文件和文件夹管理。

（1）在指定位置建立文件夹。

（2）文件搜索。

（3）进行文件复制与移动操作。

【操作提示】

（1）建立文件夹，在“我的文件”文件夹中又可建立新的文件夹，形成文件存储组织的层次结构。

（2）打开“此电脑”窗口，在导航窗格中选择“图片”命令，接着在“图片”内容窗

格的“搜索栏”中输入“*.jpg”，如图 1-40 所示，即可开始搜索操作。

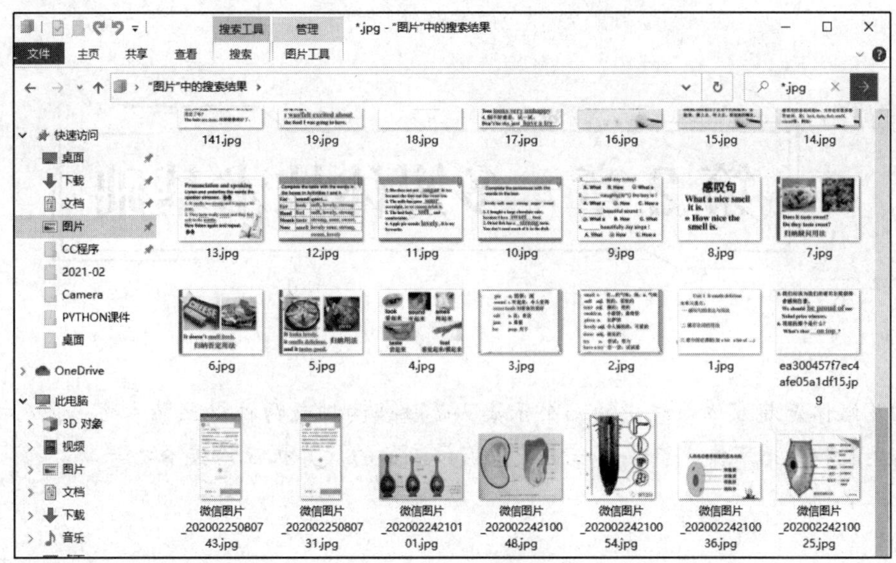

图 1-40　文件搜索

通过“搜索栏”进行搜索时，需要进入相应的搜索范围窗口。例如，打开“此电脑”窗口直接进行搜索，那么搜索范围为所有磁盘；若进入 D 盘窗口进行搜索，则搜索范围为整个 D 盘。

（3）复制文件操作：在图 1-40 中，首先选择若干图片文件，单击“主页”选项卡，在功能区中选择“复制”命令，或在右键快捷菜单中选择“复制”命令；然后回到“我的文件”文件夹，单击“主页”选项卡，在功能区中选择“粘贴”命令，完成文件复制操作。
移动文件操作可参照复制文件操作方法完成。

5. 利用“画图”程序绘图。

（1）熟悉“画图”窗口，掌握工具箱中各种工具的使用，绘制如图 1-41 所示的图画。

图 1-41　图画示例

（2）把所绘制的图画保存到“我的文件”文件夹。

【操作提示】

（1）通过“开始”菜单打开“画图”窗口。

（2）在窗口工具箱中选择“椭圆”工具，在绘图工作区中拖动鼠标绘制头部的轮廓。

（3）分别使用“铅笔”“椭圆”“用颜色填充”等工具，绘制其他部分，完成绘图。

（4）单击“保存”按钮，保存结果到“我的文件”文件夹中，命名为“三毛头像”。

6. 其他操作。

（1）设置锁屏界面为“Windows 聚焦”。

（2）查找 C 盘中文件扩展名为“bmp”的文件。

（3）按“修改日期”排列桌面图标。

（4）“存储感知”的开启和使用。

（5）使用“截图工具”程序截取桌面上某区域，进行图片文件的编辑与保存等操作。

（6）“Microsoft Store”的应用。

（7）禁用开机启动项。

第 2 章　多媒体技术基础

多媒体是超媒体系统中的一个子集，是融合两种或两种以上媒体的一种人机交互式信息交流和传播媒体。多媒体技术是目前最流行的计算机应用技术之一。

2.1　多媒体技术概述

多媒体技术是 20 世纪 80 年代发展起来的一门综合技术，美国麻省理工学院多媒体实验室最早开始这方面的研究。多媒体技术的发展历史虽然不长，但它加速了计算机应用普及的进程，给人们的工作、生活和学习方式带来了深刻的变革。多媒体技术给传统的计算机系统、音频、视频设备带来了革命性的变化，对大众传媒、信息传播产生了深远的影响。多媒体计算机是继印刷术、无线电、电视技术等之后的又一个新技术革命，是信息处理和传播技术的第四次飞跃。在多媒体系统中，声、影、图、文并茂，形象生动，可使用户多方位、多层次地获得信息，提高生活质量和工作效率。

2.1.1　多媒体技术的概念

1. 媒体

媒体就是信息的载体，又称为媒介、媒质。媒体在计算机领域有两种含义：一是指存储信息的各种实体，如硬盘、光盘、U 盘等；二是指传递信息的载体，如数字、文字、声音、图形和图像等。多媒体技术中的媒体通常是指后者。

2. 多媒体与多媒体技术

多媒体指的是信息表示媒体的多样化，然而这是狭义上的多媒体。现在人们普遍认为：多媒体是指能够同时获取、处理、编辑、存储和展示两个以上不同类型信息媒体的技术，这些信息媒体包括文字、声音、图像、动画、视频等。从这个意义可以看到，我们常说的“多媒体”最终被归结为处理和应用它的一整套“技术”，而不是指多媒体本身。在不会发生混淆的情况下，人们通常又将多媒体技术简称为多媒体。

因此，可以将多媒体定义为：多媒体是利用计算机将文字、声音、图像、动画、视频等多种媒体进行综合处理，使多种信息建立逻辑连接，集成为一个具有交互性的系统。

从以上的定义，可以看出：

（1）多媒体是信息交流和传播的工具，在这一点上，多媒体和报纸、杂志、广播、电视等媒体的功能相同。

（2）多媒体是一种人机交互式媒体，这里的“机”主要是指计算机或由微处理器控制的其他终端设备。计算机具有良好的交互性，它能够容易地实现人机交互功能，从这个意义上说，多媒体和目前的模拟电视、报纸、广播等媒体存在区别。

（3）多媒体信息以数字信号形式而不是以模拟信号形式进行存储、处理。

（4）传播信息的多媒体类型很多，文字、声音、图像、动画、视频等都是信息交换和传播的媒体。融合其中两种以上的媒体就可以称为多媒体，但通常认为多媒体中的连续媒体（声音和视频）是人与机器交互的最自然的媒体，所以多媒体必须包含声音与视频。

（5）要对文字、声音、图像、动画、视频等感觉媒体进行输入与输出，就必须对这些媒体进行采样、量化、编码等处理，这时需要处理的数据量就非常大。因此，在多媒体技术研究中，目前最主要的问题是表示媒体，即数据的编码、压缩与解压缩。

3. 流媒体

多媒体文件可分为静态多媒体文件和流媒体文件，静态多媒体文件无法提供网络在线播放功能。例如，用户要观看网上的某部电影，必须先将该电影的视频文件下载到本机，然后才能观看。这种方式的缺点是用户下载时占用了有限的网络宽带，无法实现网络资源的优化利用。目前，影音文件在网络上的传输已经成为阻碍网络多媒体技术发展的主要瓶颈。

流媒体又叫作流式媒体，是边传边播的媒体，是多媒体的一种。流媒体是指采用流式传输的方式在因特网上播放的媒体格式。流媒体在播放前不需要下载整个文件，只需要将影音文件开始部分的内容存入本地计算机内存，然后一边播放一边传输，仅是在开始时有些延迟。实现流媒体的关键技术是数据的流式传输，流式传输的定义很广泛，现在主要指通过网络传送媒体（如视频、音频）的技术总称，其特定含义为通过因特网或局域网将影视节目传送到计算机。

4. 超媒体

超媒体（hypermedia）一词由超文本（hypertext）引申而来，将超文本链接的含义扩张为包含多媒体对象，如音频、视频以及虚拟现实。超媒体可以提供比超文本链接层次更高的用户与网络的双向交流，是超文本和多媒体在信息浏览环境下的结合。因此，超媒体是以 Web 系统为基础的通过超链接组织在一起的全球多媒体信息系统。

2.1.2　多媒体技术的特征

（1）多样性。传统的信息传播媒体只能传播文字、声音、图像等一种或两种媒体信息，给人的感官刺激是单一的。而多媒体综合利用了视频处理技术、音频处理技术、图形处理技术、图像处理技术、网络通信技术，扩大了人类处理信息的自由度。多媒体作品表现形式多样化，带给人的感官刺激是多维的。

（2）集成性。集成性是指将不同的媒体信息有机地组合在一起，形成一个完整的整体。在过去，计算机中的信息往往是孤立存在的，在加工处理时，很少会出现相互之间关联的情况。但是，对于多媒体信息而言，不同媒体之间可能存在着某种紧密的联系。例如，播放一段视频时，需要在某一个时刻同步播放一段音频，并显示一段字幕作为内容的解释，这就需要按照要求将这几种信息集成起来。实际上，多媒体技术研究的集成性还包含计算机硬件设备的集成和软件系统的集成。

（3）交互性。人们在与传统的信息传播媒体打交道时，总是处于被动状态。多媒体是以计算机为中心的，它具有很强的交互性。借助于键盘、鼠标、声音、触摸屏等，通过计算机程序，人们就可以控制各种媒体的播放。因此，在信息处理和应用过程中，人具有很大的主动性，这样可以增强人对信息的理解力和注意力，延长信息在人脑中的保留时间，并从根本上改变了以往人类所处的被动状态。电视系统不是多媒体系统，因为人们在观看电视时，只能被动地接收，不能主动地控制，即不具有交互性。

（4）实时性。实时性是指在多媒体系统中，声音媒体和视频媒体是与时间因子密切相关的，多媒体系统在处理这些信息时有着严格的时序要求和很高的速度（包括数据存取速度、解压缩速度及播放速度）要求。

（5）数字化。与传统的信息传播媒体相比，多媒体系统对各种媒体信息的处理、存储过程是全数字化的。数字技术的优越性使多媒体系统可以高质量地实现图像与声音的再现、编辑和特技处理，使真实的图像和声音、三维动画及特技处理实现完美的结合。

2.1.3 多媒体技术的应用

1）教育培训

多媒体教育培训是指在教学过程中，根据教学目标和教学对象的特点，通过教学设计，合理选择文字、声音、图像、动画、视频等多种媒体信息要素，并利用多媒体计算机对它们进行综合处理和控制，通过多种方式的人机交互作用，呈现多媒体教学内容，完成教学过程。

多媒体教育培训源于计算机辅助教学。多媒体技术对教育的影响远比对其他领域产生的影响要深远得多。有调查显示，在多媒体技术的应用中，教育培训应用大约占 40%。

多媒体技术能够为学生创造出图文并茂、生动活泼的教学情景，能够很好地激发学生的学习积极性和主动性，提高学习效率和学习质量，改善教学效果。多媒体技术提供的交互性，有利于因材施教，有利于个别化教学。多媒体技术还可以弥补不同学校、不同地区之间教学资源、教学质量的差异，促进全社会教育的公平性。

2）商业展示

多媒体技术和触摸屏技术的结合为商业展示、销售和信息咨询提供了新的手段，现已广泛应用于交通、商场、饭店、宾馆、邮电、旅游、娱乐等公共场所，如医院管理系统、宾馆查询系统、商场导购信息查询系统等。

多媒体技术为商家展示他们的产品提供了一个新的途径，因此商家可以将产品性能、功能及其特色表现得淋漓尽致，客户也可更形象直观地了解产品。

3）电子出版

电子出版物是指以数字方式将图、文、声等信息存储在磁、光、电介质上，通过计算机或类似设备阅读使用，并可复制、发行的大众传播媒体。多媒体技术的发展正在改变传统的出版业，只读光盘（compact disc-read-only memory，CD-ROM）大容量、低成本等特

点加速了电子出版物的发展。

电子出版物可分为电子图书、辞书手册、文档资料、报纸杂志、宣传广告等。其中，电子图书是以互联网为流通渠道、以数字内容为流通介质、以网上支付为主要交换方式的一种崭新的信息传播方式，是网络时代的新生产物，是网络出版的主流方式。相对于传统出版物，电子图书具备无可比拟的优越性。在资源利用上，它不需要纸张、不需要油墨等，是一种纯粹的绿色环保产品；在发行方式上，它不需要运输、不需要库存，而且库存量永远充足。另外，电子图书的更正、修订、改版等都十分方便，不需要重新出片、打样、输出、装订等烦琐的过程。同时，对于短版、几乎绝版的图书，电子图书的出版、发行方式显得更加实用、可行。电子图书的诞生，预示着无纸化时代的来临，它将在阅读方式、阅读习惯，甚至阅读文化上引发人们沟通方式、信息传播的一次新变革。

4) 娱乐、游戏

影视作品和游戏产品制作是计算机应用的一个重要领域。多媒体技术的出现给影视作品和游戏产品制作带来了革命性变化。多媒体的声、文、图、像一体化技术，使人机交互界面更加自然、逼真和简单。同时，多媒体技术也使计算机具有了文字、声音、动画、图像等功能。多媒体微机可以提供声像一体的交互式教育功能、游戏功能、电视和音响功能、卡拉 OK 功能等。多媒体产品作为娱乐性消费产品已被各阶层的用户所接受。

多媒体技术使娱乐产品立体感强，人物逼真，交互性强，界面友好。例如，计算机游戏，由于多媒体技术的介入使游戏者有身临其境的感觉，找到前所未有的刺激，从而推动了计算机游戏流行，并成为一个新兴的产业。另外，伴随多媒体技术的发展，数码照相机、数码摄像机、数字通用光碟（digital versatile disc，DVD）等技术和产品在市场上逐渐普及，人类的娱乐生活进入一个新的时代。

5) 多媒体通信

多媒体通信是指多媒体计算机技术在通信工程中的应用，如可视电话、视频会议系统等。

随着多媒体通信和视频图像传输数字化技术的发展、计算机技术和通信网络技术的结合，视频会议系统成为一个最受关注的应用领域，视频会议系统能够传输实时图像，使分布在不同地点的与会者具有身临其境的感觉。可视电话也是一种典型的产品，它能够使人们在通话中看到对方的影像，不仅适用于家庭生活，而且可以广泛应用于各项商务活动、远程教学、保密监控、医院护理、医疗诊断、科学考察等不同行业的多个领域，因此有着极为广阔的市场前景。

6) 视频点播

视频点播包括音乐点播，用户可按照自己的意愿，从数字化的影像和音乐资料库里任意点播自己所希望播放的视频和音乐节目。

2.1.4　多媒体技术的发展

多媒体技术的发展已经成为一个国家技术水平和经济实力的重要象征。

当前，多媒体技术正向两个方向发展：一是网络化发展趋势，与宽带网络通信等技术相互结合，使多媒体技术进入科研设计、企业管理、办公自动化、远程教育、远程医疗、检索咨询，文化娱乐、自动测控等领域；二是多媒体终端的部件化、智能化和嵌入化，提高计算机系统本身的多媒体性能，开发智能化家电。

从长远来看，进一步提高多媒体计算机系统的智能性是不变的主题，发展智能多媒体技术包括很多方面，如文字识别和输入、语音识别和输入、自然语言的理解和机器翻译、知识工程和人工智能等。

2.1.5 多媒体信息

1. 多媒体信息分类

1）文本媒体

文本可区分为英文文本和中文文本。前者由 ASCII 码值表示，每个字符占用 1 个字节；后者由符合中国国标的双字节编码表示，每个字符占用 2 个字节。

计算机文本信息主要靠键盘输入，也可以使用扫描仪、光学字符识别器、阅读器、手写板等设备输入。

2）声音媒体

声音包括音乐与语音。频率范围在 20 Hz ～ 20 kHz、人耳可以听到的声音称为音频。连续的模拟音频信号须转换为离散的数字信号，组成数字音频后，才能被计算机存储和处理。这个过程就是模拟音频的数字化，包括采样、量化和编码三个环节。

在多媒体系统中，用来存储数字音频信息的常用文件有 wav，mid 和 mp3 等多种格式。

3）图形与图像

图形是指从点、线、面到三维空间的黑白或彩色几何图形，也称为矢量图形。图形文件有二维与三维之分，二维为平面图形，三维为立体图形。

图像以像素作为最小元素，用灰度或色彩来显示图像的黑白或颜色。图像可以通过扫描仪输入计算机，或者用数码照相机拍摄后输入计算机。

4）动画与视频

人眼有视觉暂留的生理现象，利用这一现象让一系列逐渐变化的画面以足够的速率连续出现，就可以感觉到画面上的物体在连续运动。

动画通常是人工创造的连续画面，典型的帧速率范围是 24~30 帧 / 秒。画面可以逐帧绘制，也可以根据设定的场景，用计算机和图形加速卡等硬件实时计算出下一帧的画面。动画也有二维与三维之分。

视频也是借助于视觉暂留原理来实现的。每一帧视频图像都是一幅静态图像。在视频技术中，除继续采用 JPEG（joint photographic experts group）压缩标准缩小每帧图像所占用的空间外，还采用 MPEG（motion picture experts group）动态压缩标准。常用的视频文件主要有 avi，mpeg，asf 等格式。

2. 多媒体数据文件

在多媒体系统中，一切多媒体信息均可用数据文件来存储。有些文件只包含一种媒体类型，也有些可包含多种媒体类型。文件的格式不仅随所描述的媒体有区别，也随着使用它的公司或软件而不同。

多媒体文件通常需要占用较大的存储空间。例如，使用 44.1 kHz 的采样频率进行采样，

样本值用 16 位的精度存储，则录制 1 min 的声音，在 wav 文件中所需的存储空间为 5.05 MB，即

采样频率 (Hz)× 样本位数 /8× 时间 (s)=44 100(Hz)×16/8×60(s)=5 292 000(B)。

显而易见，对声音和图像的质量要求越高，所需的存储空间也越大。同样的内容，如果选择不同的存储格式，文件的大小也会有差异。

为了方便多媒体文件的制作，许多公司研制了各种工具软件供用户选择使用，如素材制作工具、集成创作工具等。

2.1.6　多媒体计算机系统

1. 硬件系统

多媒体个人计算机（multimedia personal computer，MPC）的硬件系统除常规的 CPU、内存、硬盘驱动器、网卡、键盘、鼠标外，还要有视频显示卡的高分辨率彩色显示器、带有视频图像采集功能的显卡、高质量的声卡和音箱等音频设备、大容量的光盘存储设备及其他输入 / 输出设备。

典型的多媒体个人计算机的硬件系统的组成如图 2-1 所示。

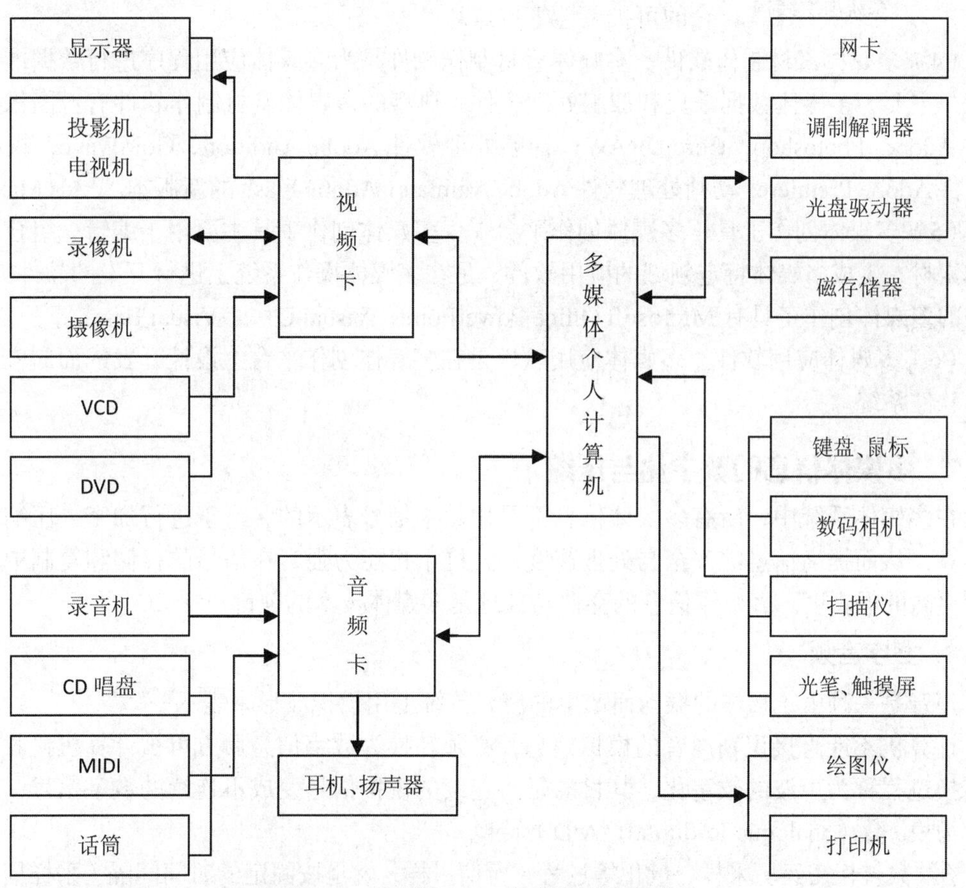

图 2-1　典型的 MPC 的硬件系统组成

2. 软件系统

MPC 的软件系统是多媒体系统的核心，各种多媒体软件要运行于多媒体操作系统平台上（如 Windows）。多媒体计算机的软件系统层次结构如图 2-2 所示。

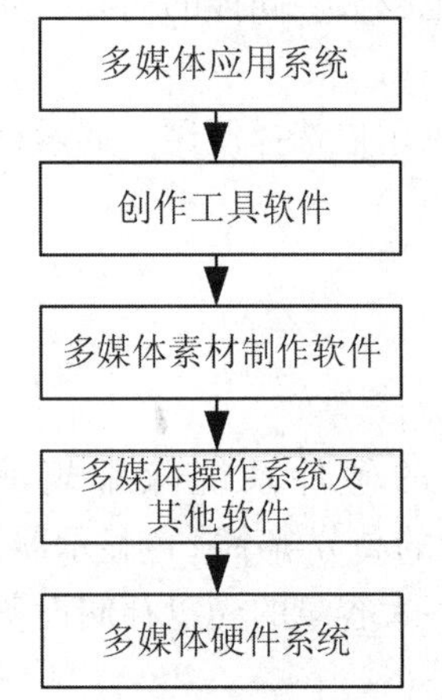

图 2-2　多媒体计算机的软件系统层次结构

多媒体计算机系统的主要软件有以下六种：

（1）多媒体驱动程序。多媒体驱动程序是最底层硬件的软件支撑环境，直接与计算机硬件相关，完成设备初始化、设备的打开和关闭、基于硬件的压缩和解压缩、图像快速变换及功能调用等操作。通常，多媒体驱动程序有视频子系统、音频子系统、视频和音频信号获取子系统。

（2）驱动器接口程序。驱动器接口程序是高层软件与多媒体驱动程序之间的接口软件，为高层软件建立虚拟设备。

（3）多媒体操作系统。多媒体操作系统能实现多媒体环境下多任务调度，保证音频、视频同步控制及信息处理的实时性，提供多媒体信息的各种基本操作和管理，具有对设备的相对独立性和可操作性。操作系统还具有独立于硬件设备和较强的可扩展性等特点。

（4）多媒体素材制作软件。多媒体素材制作软件是为多媒体应用程序进行数据准备的软件，主要为多媒体数据采集和加工处理软件。典型的多媒体素材制作软件有：图像处理软件 Adobe Photoshop，CorelDRAW；音频处理软件 Adobe Audition，GoldWave；视频处理软件 Adobe Premiere；动画处理软件 Adobe Animate（Adobe Flash 的新版本），3ds Max 等。

（5）多媒体创作工具（多媒体创作平台）。多媒体创作工具主要用于编辑、组合多种媒体素材，生成多媒体特定领域的应用软件，是在多媒体操作系统上进行开发的软件工具。典型的多媒体创作工具有 Microsoft Office PowerPoint，Visual C++，Visual Basic 等。

（6）多媒体应用软件。多媒体应用软件是在多媒体创作平台上设计开发的面向应用领域的软件系统。

2.1.7　多媒体信息的数字化与压缩

在多媒体系统中，所有多媒体信息都是用数字信号表示的，易于进行加密、压缩等数值运算，从而提高信息的安全与处理速度，且抗干扰能力强，在信号的存储和复制中能够达到更高的保真度。多媒体信息的存储与处理是多媒体技术的关键。

1. 数字音频

声音是一种由于物体的振动而产生的波，传统上用模拟波形来表示。

计算机不能直接识别声音的模拟信息，必须转换为数字信息后方可被计算机接收，这个转换过程称为声波的数字化，其目的是将连续的模拟信号变成不连续的数字信号，所以也称为模 / 数（analogue-to-digital，A/D）转换。

模 / 数转换需经历采样、量化等过程。所谓采样，就是按固定的时间间隔（采样周期）对模拟波形的振幅值进行取样。影响采样质量的因素包括采样频率、采样精度及声道或信道的个数。

在多媒体计算机中，常用的音频数字信号包括以下三种：

（1）光盘（compact disc，CD）音频。CD 音频存储采用了音轨的形式，又叫作“红皮书”格式，记录的是波形流，是一种近似无损的格式，其扩展名为“cda”，该类文件存储的声音质量是最好的。

（2）波形音频。波形音频是指直接从连续的声音波形中采样获得，并且用扩展名为“wav”或“voc”的波形文件来存储的数字化音频信号。它既可表示语音，也可用来表示音乐。

（3）乐器数字接口（music instrument digital interface，MIDI）音频。MIDI 音频是指使用 MIDI 合成技术生成的音乐信号，通常用扩展名为“mid”的 MIDI 文件来存储。在 MIDI 文件中存储的是一些指令，把这些指令发送给声卡，由声卡按照指令将声音合成出来。由于 MIDI 文件仅记录音乐中的音符信息，并不记录声音本身，所以文件大小远小于波形文件，十分适用于播放长时间伴音的场合，但不能用来描述语音。

2. 数字图像

图形与图像是既有联系、又有区别的一对术语。在计算机制图中，图形是用直线、矩形、圆、圆弧和任意曲线绘制出来的画面，如工程图、美术字或其他线型图等，通常用矢量图文件来存储；而图像则是现实世界中客观景物的映像，如照片、绘画等，它们可用图像设备（如数码照相机、数码摄像机、扫描仪等）来捕捉，然后用位图文件存储。

图形和图像均可用专用的软件来处理。前者称为 Draw 类程序，用于产生和编辑矢量图，可对图形实施移动、缩放、旋转、扭曲等变换；后者称为 Paint 类程序，用于生成和编辑位图图像，能描述与修改组成图像的各个像素的颜色和强度等。

3. 数字视频

从应用的角度看，视频就是活动的图像。电视是早期视频应用的实例。目前，各国使用的彩色电视制式有三种：National Television System Committee system（NTSC 制），每秒 30 帧，每帧 525 行；Phase Alternation Line system（PAL 制），每秒 25 帧，每帧 625 行；Sequential Color and Memory system（SECAM 制），每秒 25 帧，每帧 625 行。

传统的电视机、摄像机和录像机均采用模拟信号，要让计算机能显示和处理这类视频信号，必须进行视频数字化处理。与音频数字化相似，视频数字化也要经历采样、量化等过程，进行 A/D 转换。

在多媒体文件中，视频文件的数据量最大，因此视频压缩也是视频处理中需要解决的关键问题。

4. 数据压缩技术

音频、视频文件的大数据量引发了对大容量存储器的要求。压缩和解压缩是减小存储容量和所需数据传输率的有效手段，也是实现对音频、视频信息实时处理的关键技术。

在声音和图像数据中，都存在着冗余的数据，这为数据压缩提供了可能性。常见的数据冗余种类有空间冗余、时间冗余和感觉冗余等。

数据压缩算法可分为无损压缩和有损压缩两种。前者能在解压缩后还原为原始信号，压缩比一般为 2 ～ 4 倍；后者为不可逆压缩，还原后可能会丢失部分信息，但一般人不会察觉它与原始声音、图像之间的区别，而压缩比则可大大提高，达到 10 ～ 100 倍。

在压缩与解压缩算法中包含了大量运算，为了获得快速的运算与处理速度，常常采用专用芯片，也可以用软件来实现，只是速度比硬件实现慢一些。

2.2 图像处理

2.2.1 Photoshop 简介

目前，Photoshop 还是比较优秀的图形图像处理工具，其基本功能包括图像编辑、图像合成、校色调色及特效制作等，广泛应用于平面设计、图片处理、Web 页面设计等领域。

（1）平面设计。平面设计是 Photoshop 应用最为广泛的领域，无论是人们平时阅读的图书的封面，还是大街上看到的招贴、海报，这些具有丰富图像的平面印刷品，基本上都需要利用 Photoshop 对图像进行处理。

（2）修复照片。利用 Photoshop 强大的图像修饰功能，可以快速修复一张破损的老照片，也可以修复人脸上的斑点等缺陷。

（3）影像创意。影像创意是 Photoshop 的特长，通过 Photoshop 的处理可以将原本风马牛不相及的对象组合在一起，也可以使用"狸猫换太子"的手段使图像发生面目全非的巨大变化。

（4）艺术文字。利用 Photoshop 可以使文字发生各种各样的变化，并利用这些艺术化处理后的文字为图像增加效果。

（5）网页图片制作。Photoshop 是制作网页必不可少的网页图片处理软件。开发人员可以使用 Photoshop 设计网页效果图等网页图片，并可以使用切片工具将图片切割成适于网页的小图片。

（6）建筑效果图制作。在建筑和装潢设计的效果图中，人物与配景常常需要在 Photoshop 中增加并调整，如图 2-3 所示。

图 2-3　建筑效果图

图 2-4　绘画

（7）绘画。由于 Photoshop 具有良好的绘画与调色功能，许多插画设计制作者往往使用铅笔绘制草稿，或用绘图板设备进行绘制线稿，然后用 Photoshop 填色的方法来绘制插画。除此之外，近年流行的像素画很多也是设计师使用 Photoshop 创作的作品，如图 2-4 所示。

2.2.2　Photoshop 基本操作

1. Photoshop 的操作界面

本书使用 Photoshop CS5，Photoshop CS5 的工作界面如图 2-5 所示。

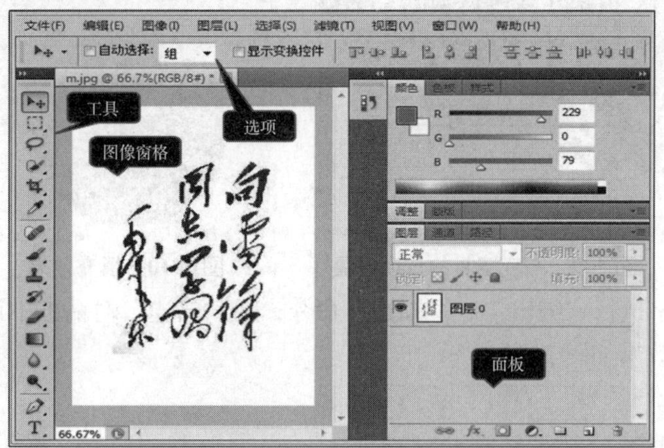

图 2-5　Photoshop CS5 的工作界面

工具箱中共有选择、绘画等七大类几十种不同的工具，Photoshop 大部分图像编辑操作都可以通过工具箱中的工具来完成。

2. Photoshop 的基本操作

例 2-1　使用 Photoshop 制作如图 2-6 所示的光盘。

图 2-6　光盘

问题分析：本例中的光盘可由一个盘片复制、变换生成，因此只需画出一个光盘即可。光盘的绘制可以通过椭圆选框工具画出选区，然后使用渐变填充、描边等方法实现。

操作过程：

① 新建文件。设定画布宽度为 454 像素，高度为 340 像素，如图 2-7 所示。

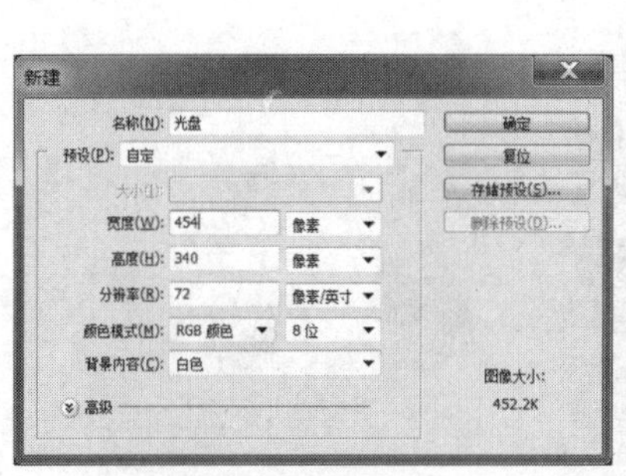

图 2-7　设置画布

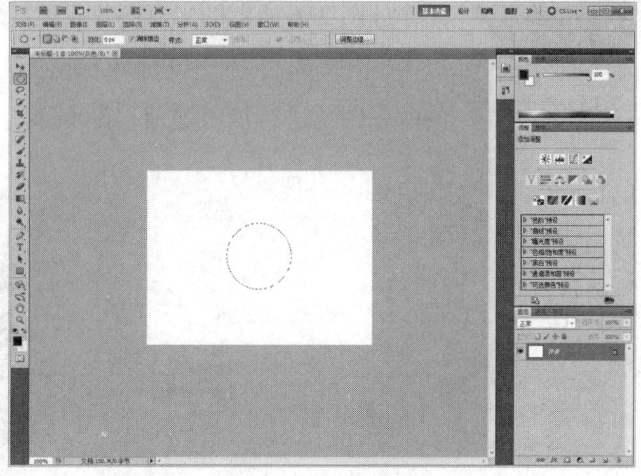

图 2-8　画正圆

② 画圆。选定椭圆选框工具，选择中心点，按住 [Shift]+[Alt] 快捷键，单击并拖动鼠标，在画布上画出正圆，如图 2-8 所示。

③ 设定渐变。选定渐变工具，在选项工具栏中设定预设渐变色“色谱”，并将渐变方式设置为“角度渐变”，如图 2-9 所示。

④ 填充圆。在圆的中心点处单击并拖动到圆周处松开按键即可，效果如图 2-10 所示。

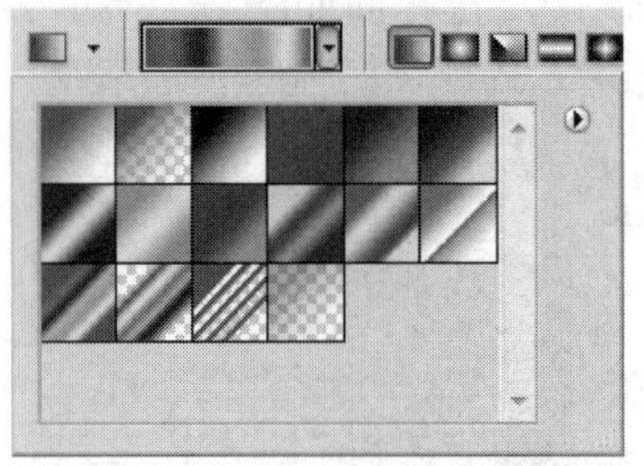

图 2-9　渐变工具的选项设置

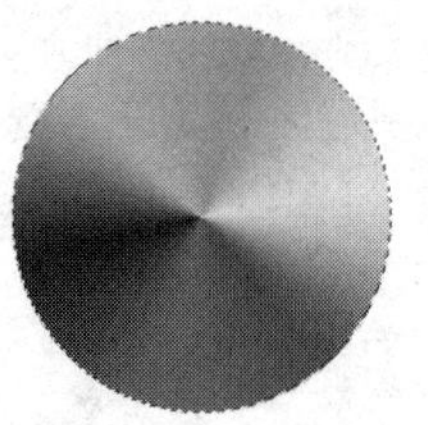

图 2-10　填充效果

⑤ 设置边框。执行“编辑”→“描边”命令，在“描边”对话框中设置宽度和颜色，如图 2-11 所示。效果如图 2-12 所示。

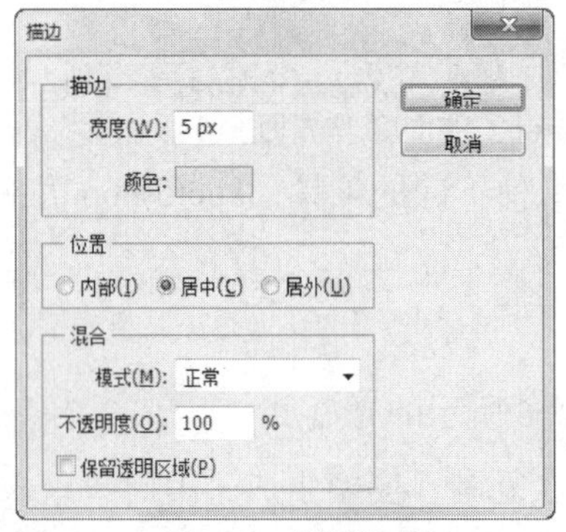

图 2-11　设置边框

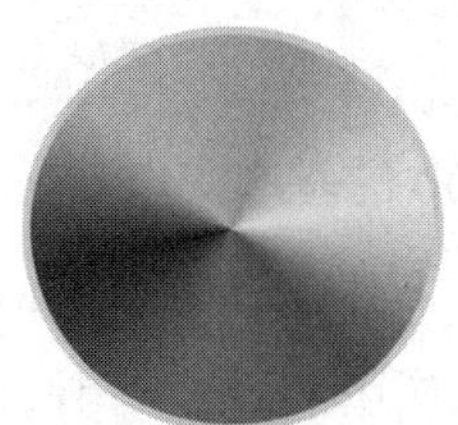

图 2-12　描边效果

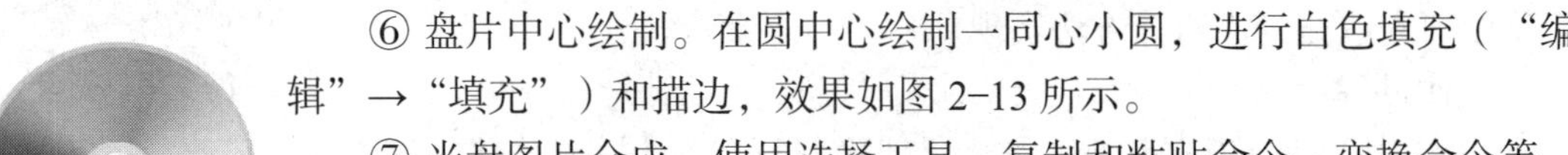

⑥ 盘片中心绘制。在圆中心绘制一同心小圆，进行白色填充（“编辑”→“填充”）和描边，效果如图 2-13 所示。

⑦ 光盘图片合成。使用选择工具、复制和粘贴命令、变换命令等，制作如图 2-6 所示的光盘图片。

图 2-13　光盘效果

例 2-2　使用 Photoshop，对如图 2-14 (a) 和图 2-14 (b) 所示的两张图片进行加工处理，得出如图 2-14 (c) 所示的新图片。

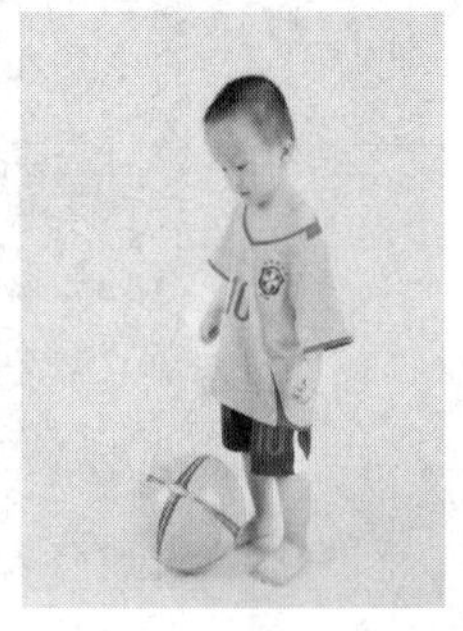

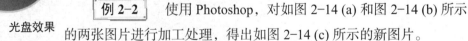

(a) 原图 1

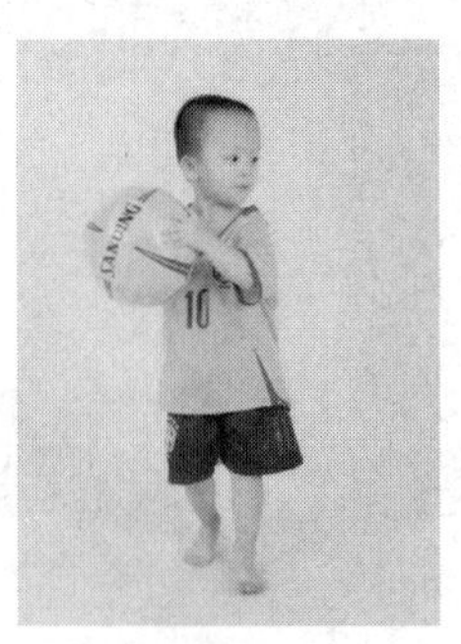

(b) 原图 2

(c) 合成

图 2-14　图像合成与文字效果

问题分析：本例任务主要是进行图像合成与文字效果设置，使用 Photoshop 提供的图像选取工具及文字工具可完成任务。

操作过程：

① 在 Photoshop 中打开两个素材文件。

② 新建文件。设定画布宽度为 600 像素、高度为 550 像素。

③ 使用选取工具，选中图 2-14 (a) 中的小孩区域，执行“编辑”→“复制”命令，在新文件的画布上进行粘贴操作。同样，完成图 2-14 (b) 中的小孩的复制。

④ 在新文件的图层面板上选择相应图层，调整新图层中小孩的位置，即可完成图像合成操作。

⑤ 选择文字工具，在画面上输入文字，并进行属性设置。最后为文字图层添加图层样式，即可得到如图 2-14 (c) 所示的效果。

例 2-3　创意图片制作。使用 Photoshop 将如图 2-15 (a) 和图 2-15 (b) 所示的两张图片进行合成，得出如图 2-15 (c) 所示的效果。

(a) 原图 1

(b) 原图 2

(c) 合成

图 2-15　创意图片制作

问题分析：本例任务主要是进行图像合成，使用 Photoshop 中的“自由变换”命令及魔棒工具可完成任务。

操作过程：

① 在 Photoshop 中打开两个素材文件。

② 双击“女孩”图片的背景图层，新建“图层 0”，单击“确定”按钮。用魔棒工具单击白色背景区域，按 [Delete] 键删除白色背景像素，按 [Ctrl]+[D] 快捷键去掉选区。

③ 用移动工具拖动“女孩”到“男孩”图片的文档中，形成新的图层并位于最上层。

④ 对“女孩”进行变形，按 [Ctrl]+[T] 快捷键，对其进行缩放和旋转，调节图片位置。用橡皮擦工具擦除“女孩”图片中不要的区域即可。

2.3 动画制作

2.3.1 Flash 简介

1. 动画的视觉原理

人眼有视觉暂留特性，利用这一特性使一系列逐渐变化的画面以足够的速率连续出现，就可以感觉到画面上的物体在连续运动。动画或电影的画面刷新率为 24 帧 / 秒左右。

Flash 动画具有制作简单、存储容量小（适于网络传输和播放）、缩放时不失真、交互性强等特点。

2. Flash 的工作环境

本书使用 Flash CS6，Flash CS6 的工作场景如图 2-16 所示。

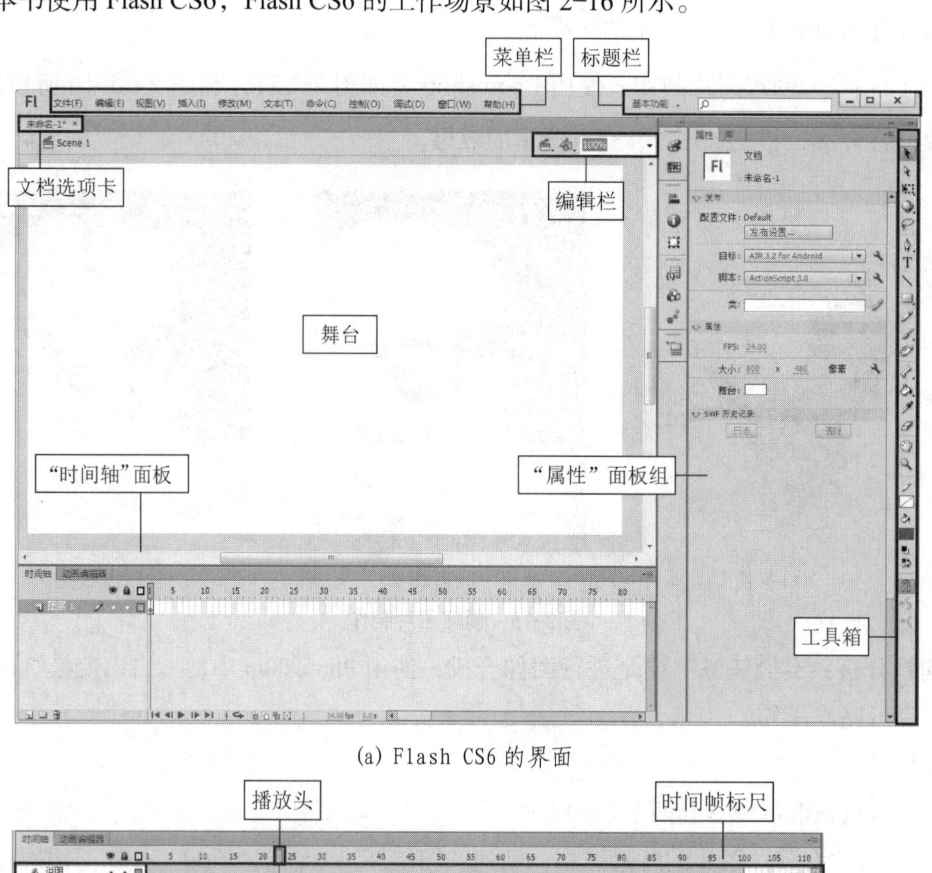

(a) Flash CS6 的界面

(b)“时间轴”面板

图 2-16　Flash CS6 的工作场景

2.3.2　Flash 的基本操作

1. 创建 Flash 文档

常规的文件在默认情况下是以 ActionScript 3.0 发布设置的。“新建文档”对话框如图 2-17 所示。

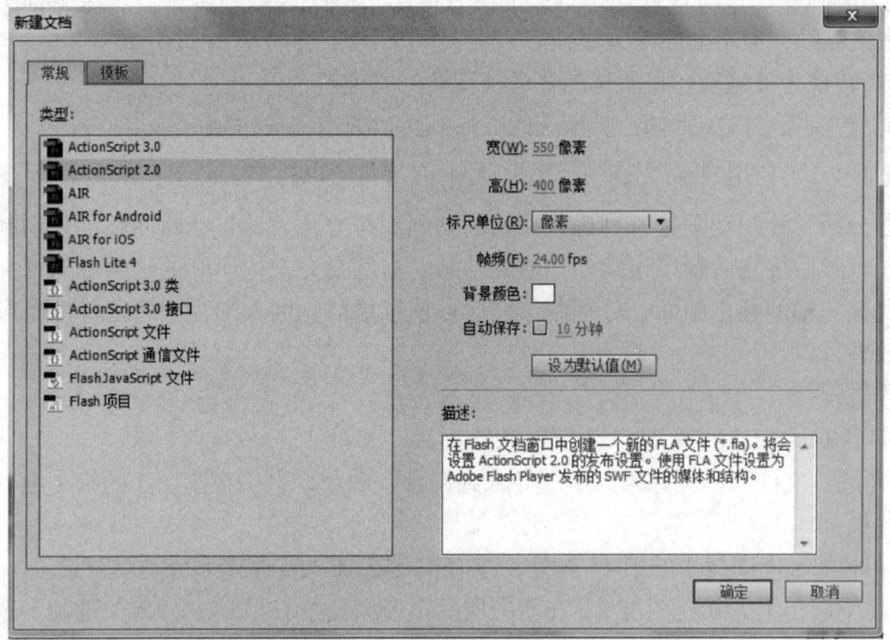

图 2-17　“新建文档”对话框

在 Flash 中，源文件格式为 fla，源文件经编译后生成 swf 格式的文件。swf 文件是动画的成品文件，可通过执行“文件”→“导出”→“导出影片”命令生成。swf 文件可使用 Flash 播放器播放，也可以在安装有 Flash 播放插件的浏览器中放映。

2. 制作逐帧动画

1) 帧的类型

帧的类型（见图 2-18）可分为以下两种：

（1）关键帧：是用来定义动画变化的帧。没有内容的关键帧称为空白关键帧。

（2）普通帧：其作用是延伸关键帧上的内容。普通帧上的内容不能直接编辑，只能通过编辑其前面的关键帧，或将普通帧转换为关键帧来进行修改。

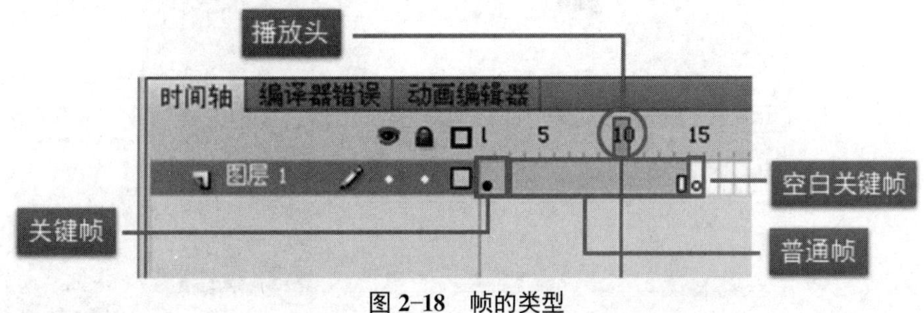

图 2-18　帧的类型

2）帧的操作

帧的操作可分为以下几种：

（1）删除帧：将所选帧连同其在舞台上的内容一起删除。

（2）清除关键帧：将所选的关键帧转换为普通帧。

（3）清除帧：将所选帧在舞台上的内容清除。对于关键帧来说，该操作将使关键帧变为空白关键帧，但不会删除关键帧。

（4）转换为关键帧：将所选的普通帧转换为关键帧。

（5）转换为空白关键帧：将所选的普通帧转换为空白关键帧。

例 2-4　使用Flash创建一个逐帧动画，在屏幕上以打字机效果显示文字"足球小将"。

问题分析：逐帧动画是一种比较原始的动画制作方式。首先在时间轴上分别制作每一个关键帧，然后按先后顺序连续动作形成动画。本例要先把构思好的动画中的每一个动作分解为一幅一幅的静止画面，分别制作完后再连续播放，因人的视觉暂留特性而形成连续的动画效果。

操作过程：

① 打开 Flash CS6，新建一个空白文档。

② 通过"文件"→"导入"→"导入到舞台"命令，直接在图层 1 的第 1 帧处导入图片作为背景。

③ 在时间轴上图层 1 的第 45 帧处，按 [F5] 键，插入普通帧形成动画背景。

④ 在图层 1 上方新建图层 2，在新图层的第 5 帧处按 [F6] 键，插入关键帧。选择文字工具，输入文字"足球小将"，并通过属性面板进行设置。

⑤ 在图层 2 的第 15、第 25、第 35、第 45 帧处分别按 [F6] 键，形成多个关键帧。逐个编辑关键帧上的文字，使第 5 帧只剩下"足"字，第 15 帧剩下"足球"两个字……如图 2-19 所示。

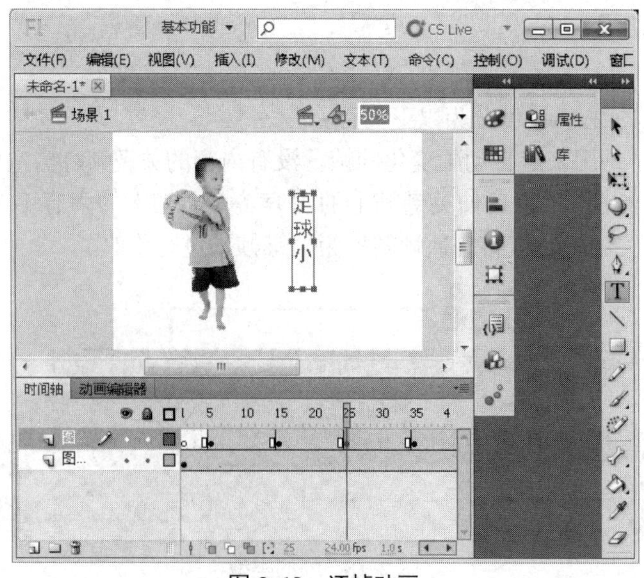

图 2-19　逐帧动画

⑥ 按 [Ctrl]+[Enter] 快捷键测试影片，即可看到文字动态出现的效果。

⑦ 保存动画文件。

⑧ 将动画文件导出到影片文件。选择“文件”→“导出”→“导出影片”命令，屏幕上显示“导出影片”对话框，在对话框的“文件名”文本框中输入文件名，在“保存类型”下拉列表框中选择导出文件类型为“.swf”，单击“保存”按钮，保存影片文件。

例 2–5　使用 Flash 制作“心跳”动画，如图 2–20 所示。

问题分析：本例任务主要是制作逐帧动画，通过建立两个关键帧来实现本例效果。

图 2–20　“心跳”动画

操作步骤：

① 新建大小为 550×400 像素的文档。

② 选择铅笔工具，铅笔模式设为“平滑”，颜色设为红色，在舞台上绘制一个“心”的闭合轮廓。用颜料桶工具将“心”内部填充为红色。

③ 复制该关键帧，将所复制的第二个关键帧中的“心”用任意变形工具将其变小。

④ 调节以上两个关键帧在舞台上的帧长，调节舞台属性“帧频（FPS）”，播放并预览动画效果。

⑤ 保存该动画文件。

例 2–6　使用 Flash 制作“跳动的心”动画。

问题分析：本例任务主要是通过制作元件和传统补间动画来实现动画效果。

【提示】 传统补间动画是指在同一图层的前、后两个关键帧中放置同一元件实例，用户只需对这两个关键帧中元件实例的位置、角度、大小、色调和透明度等进行设置，然后由 Flash 自动生成中间各帧上的对象所形成的动画。

操作步骤：

① 打开例 2–5 中的心跳动画 Flash 文档，复制舞台时间轴上的所有帧。

② 执行“插入”→“新建元件”命令，选择元件类型为“图形”，元件名为“心”，进入该元件，把之前复制的帧粘贴在元件内部。

③ 回到舞台，删除舞台原有的所有帧，新建空白关键帧，将元件“心”拖放到舞台左侧。

④ 在第 30 帧处插入关键帧，将“心”拖放到舞台右侧。

⑤ 右击两个关键帧中间的灰色区域，在快捷键菜单中选择“创建传统补间”命令，补间处形成蓝色填充的箭头。

⑥ 播放并预览动画效果。

⑦ 保存动画文件。

2.4 影音制作

2.4.1 音频处理

1. Audition 简介

Audition 是专门用于音频处理的工具软件，具有声音编辑、播放、录制、合成、特效处理、声音格式转换等功能。本书使用 Audition 3，其界面如图 2-21 所示。

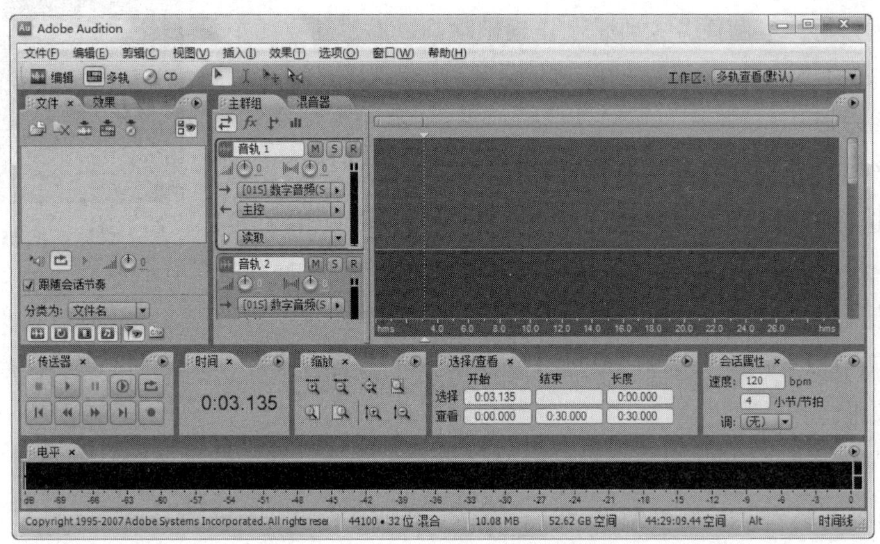

图 2-21　Audition 3 的界面

2. Audition 的基本操作

1) 录音

首先，单击工具栏上的“编辑”按钮，切换到编辑视图。

然后，单击传送器中的“录音”按钮，弹出如图 2-22 所示的“新建波形”对话框。

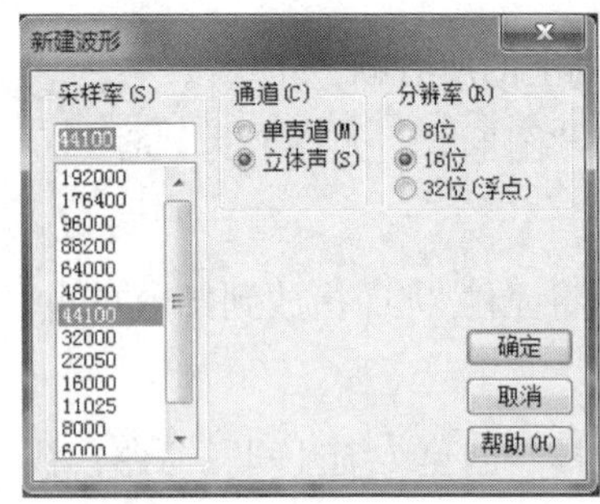

图 2-22　“新建波形”对话框

在该对话框中设置采样率、通道和分辨率后单击“确定”按钮，开始录音。

最后，单击传送器中的“停止”按钮，可停止当次录音。停止录音后，选择“文件”→“另存为”命令，保存当次录音文件。

2) 混音与特效

切换到多轨视图，在不同的音轨上插入不同的声音源文件，即可实现混音。

Audition 带有大量的特效。例如，在编辑视图中选中要编辑的波形，然后在“效果”菜单中选择相应的子菜单命令进行设置。“效果”菜单如图 2-23 所示。

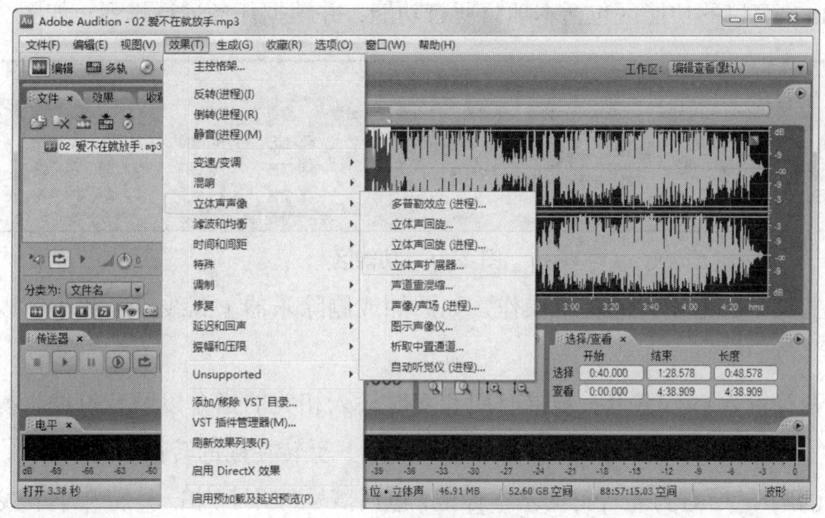

图 2-23　“效果”菜单

2.4.2　乐谱制作[①]

乐谱制作软件也称为打谱软件，一般具备作曲、输入歌词、智能伴奏、虚拟乐器、打印等功能。目前应用较广的打谱软件有 Overture，Sibelius，Finale，TT 作曲家等。

以 Sibelius 7.0 为例制作乐谱主要包括以下几个步骤。

1. 新建乐谱

启动 Sibelius 后，弹出“快速启动”对话框。在“新建乐谱”选项卡中，根据需要选择乐谱的类型，如高音谱表、钢琴、空白等，如图 2-24 所示。

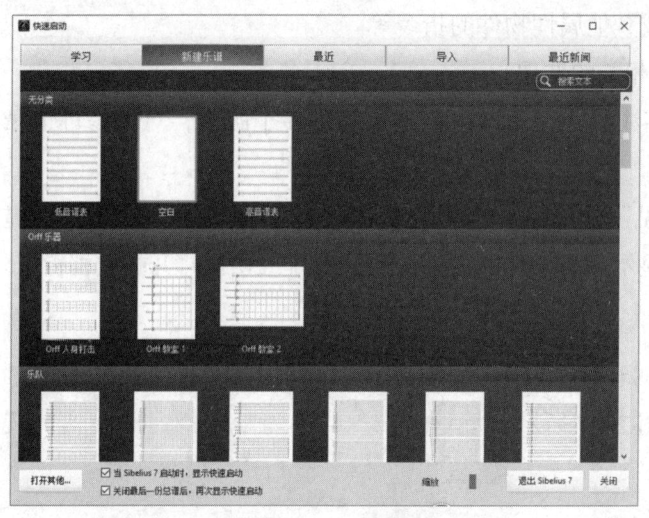

图 2-24　新建乐谱

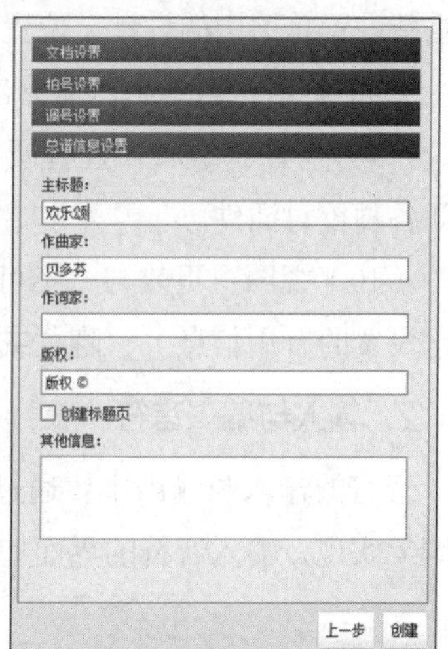

图 2-25　设置相关信息

接着对乐谱的拍号、调号等信息进行设置，如图 2-25 所示。单击“创建”按钮，即进入乐谱编辑主界面。

①本部分内容主要面向艺术类专业。

Sibelius 主窗口的功能区包括本项目所有功能，并根据任务进行排列，如图 2–26 所示。

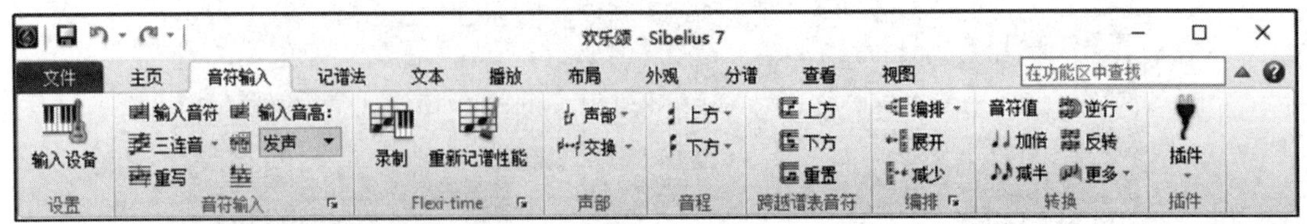

图 2–26　功能区

（1）主页：总谱设置的基本操作，如添加或删除乐器（五线谱）和小节以及关键编辑操作。

（2）音符输入：与字母、步进时间和实时输入相关的指令以及音符编辑操作（包括切换声部）、作曲工具（如分离 / 缩小和包括后退、反转在内的转换等）。

（3）记谱法：所有为非音符的基本标记，包括谱号、调号、拍号、特殊小节线、乐谱线、符号、符头类型等。

（4）文本：字体样式和大小控制、文本风格选择、歌词、和弦符号、排练标记以及小节和页码编号选项等。

（5）播放：播放配置选择、走带控制、现场速度、现场回放以及 Sibelius 软件在播放时应该如何演奏总谱中的标记的选项等。

（6）布局：文档设置选项，如页面和乐谱大小、乐谱间距、隐藏五线谱、磁性布局选项及格式控键等。

（7）外观：影响总谱视觉外观的选项，包括出版风格选择、音符间距、乐器名称以及重新设置总谱中的设计、位置或其他属性物件的指令等。

（8）分谱：与单独乐器分谱相关的选项。

（9）查看：添加并查看便签注释，在总谱中创建和管理多个版本，对比修订记录，访问各种校对插件。

（10）视图：更改与“不可见”外观相关的设置（无须打印的有用标记，但其可提供总谱设置的有用信息），隐藏或显示高级操作的额外面板，安排或切换打开的文档窗口。

2. 输入与编辑音符

音符的输入与输出主要通过“音符输入”功能区按钮、“小键盘”面板、鼠标及键盘按键等实现，输入音符的界面如图 2–27 所示。

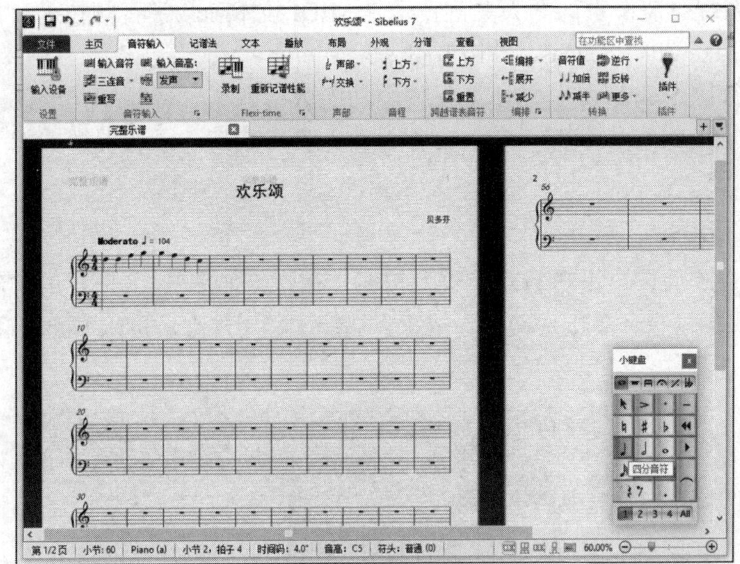

图 2-27　输入音符的界面

（1）音符输入：单击“音符输入”功能区中的“输入音符”按钮，进入输入音符状态，可以直接通过鼠标在谱面上输入音符。可在“小键盘”面板中变换音符类型或输入其他符号。

（2）音符修改：鼠标指针指向需要修改音符的符头，单击并拖动即可修改音符。再次单击“输入音符”按钮，退出输入音符状态。单击音符，符头以蓝色显示，表示该音符被选中。此时可通过键盘的左、右方向键切换选择的音符，然后通过上、下方向键修改音符。

（3）音符删除：选中音符后，按 [Delete] 键可删除音符。

（4）小节复制：鼠标指针指向小节中空白位置，单击即可选中该小节，可结合 [Ctrl] 或 [Shift] 键选择多个小节，然后执行“复制”命令，转到目标小节，执行“粘贴”命令即可完成小节的复制。

（5）小节删除：选中要删除的小节中的任一音符，执行“主页”功能区中的“小节删除”命令可删除小节。

3. 添加文本及其他符号

可通过“记谱法”“文本”功能区中的按钮添加其他符号和文本。

4. 播放

可通过“播放”功能区中的按钮执行与播放有关的操作。

5. 保存与导出

可通过“文件”菜单执行保存及导出等相关的操作。

2.4.3　音乐制作[①]

随着多媒体计算机技术的发展，基于计算机系统进行音乐制作已经非常普遍。促使计

①本部分内容主要面向艺术类专业。

算机音乐制作系统飞速发展的两大关键技术是 MIDI 技术和数字音频技术。常见的专业音乐制作软件有 Cakewalk，Cubase，Pro Tools 等。

Cubase 是德国 Steinberg 公司所开发的全功能数字音乐、音频制作软件。它是一个集音频处理功能、MIDI 录制编辑功能、虚拟设备的良好支持、录音混音功能于一身的音乐工作站软件系统。

1. 新建 Cubase 工程

启动 Cubase 5 后，单击“新建工程”按钮，在弹出如图 2–28 所示的“新建工程”对话框中选择所需的模板，单击“确定”按钮并选择工程文件夹后进入 Cubase 的主界面，如图 2–29 所示。

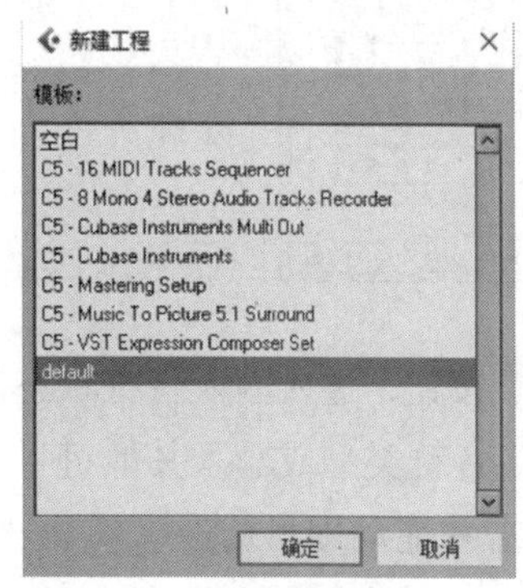

图 2–28　“新建工程”对话框

图 2–29　Cubase 的主界面

2. 设置音频设备

执行菜单“设备”→“设备设置”命令操作，在出现的窗口左边选择“VST 音频系统”，再在右边的“ASIO 驱动程序”下拉列表框中选择“ASIO4ALL v2”，单击“确定”按钮设置完毕，如图 2–30 所示。

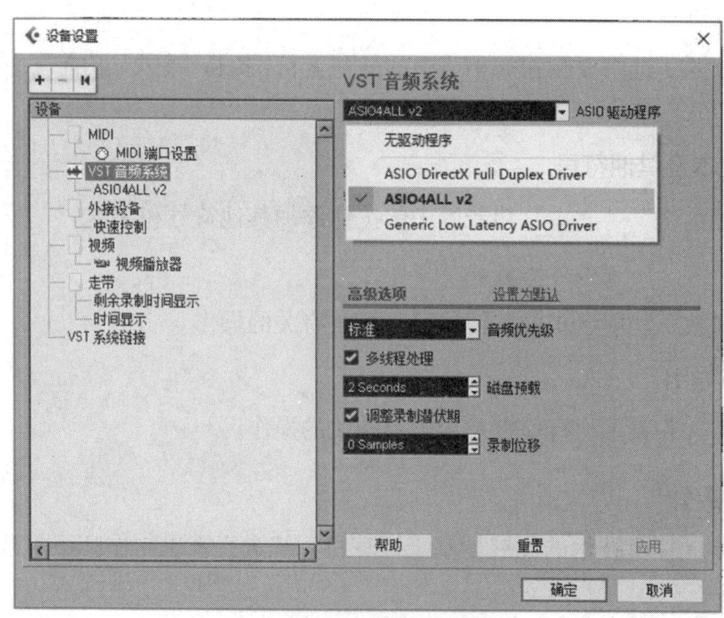

图 2–30　音频驱动系统设置

3. 录制

右击主界面“轨道区”，在弹出的快捷菜单中选择“添加 乐器 轨道”命令，如图 2-31 所示，弹出“添加乐器轨道”对话框，在此对话框中设置轨道数量和 VST 乐器，如图 2-32 所示，单击“确定”按钮可完成乐器轨道的添加。根据此方法可添加其他轨道。

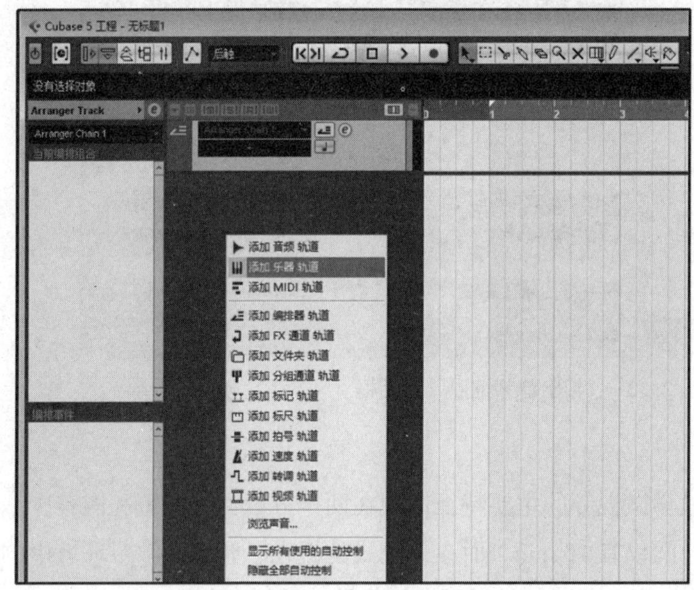

图 2-31　添加轨道

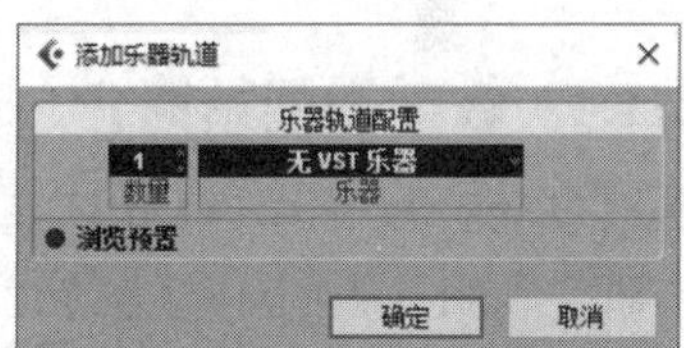

图 2-32　乐器轨道配置

若没有接入 MIDI 物理设备，则可按 [Alt]+[K] 快捷键打开虚拟键盘，使用虚拟键盘录入音序。选择新添加的轨道，单击“走带”面板或工具栏上的“录制”按钮，进入录制状态。这时可通过 MIDI 设备或虚拟键盘进行演奏录制，单击“停止”按钮，停止录制；单击“播放”按钮可进行播放。

按此方法，可在其他轨道上录制各种声音。当然，也可在轨道上导入现有的音频文件和 MIDI 文件。

4. 编辑

可通过编辑工具对轨道上的声音文件进行位置调整、拆分、粘连、擦除等编辑操作；双击轨道上的声音文件可进入编辑状态，可对 MIDI 序列进行调整，对音频效果等进行编辑。

5. 导出文件

执行“文件”→“导出”→“MIDI 文件”命令，可导出 MIDI 文件。

执行“文件”→“导出”→“音频缩混”命令，打开“导出音频缩混”对话框，设置好文件名、文件路径、文件格式等信息，单击“导出”按钮，可导出缩混音频文件，如图 2-33 所示。

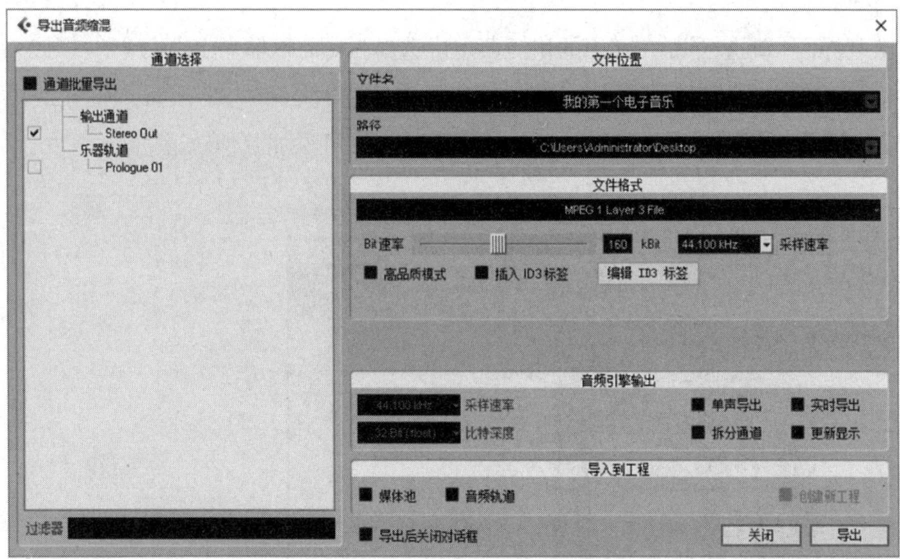

图 2-33 “导出音频缩混”对话框

2.4.4 教学微视频简介

与一般的影视作品相比，教学微视频的主要特征体现在两个方面：时间短和内容少。有研究表明，人的注意力持续时间仅有 10 min。而在非正式的泛在、开放的学习环境中的学生的注意力，则更易受到干扰。因此，对于教学用视频作品，时长应在 3~5 min。

时间的限制必然制约内容的选择，每个微视频都聚焦于某个知识片段，知识内容要尽量做到精练、重点突出、难点明确。通过重复、放慢等形式强调关键信息，并综合运用文字、图片、声音、动画等形式来帮助学生理解，保证所有内容都能够清楚地展现，学习目标明确。

在微视频制作过程中，首先根据专题进行知识分类与解析，获得相对独立的“知识碎片”；同时，为保证知识的连贯性，要注重“知识碎片”间的关系；然后，选择适当的“知识碎片”为核心进行微视频的制作，不同微视频间以知识之间的关系为纽带，具有密切联系，且微视频间的这种联系可以由系统根据知识之间的关系自动推理生成。因此，所制作的微视频相对独立且又具有智能关联，从而处理好了微视频内容的片段性与教学内容的整体性关系以及微视频学习目标与整体教学目标的关系。

优质教学微视频的标准如表 2-1 所示。

表 2-1 优质教学微视频的标准

一级指标	二级指标	主要说明
目标设计	选题聚焦	选择一个小知识点，集中阐述。小知识点可以是一个原理、一个操作技巧、一组习题、一个实验分析等
	设计合理	教学内容与教学目标紧密结合。选题对应的设计思路与实际讲述思路一致，突出重、难点

续表

一级指标	二级指标	主要说明
内容呈现	科学准确	要求视频无知识性错误。知识性错误包括不准确的概念解析、不当的举例与不规范的书写等
	容量适中	简明扼要，深入浅出地阐述知识点最基础的部分。并非一堂课的压缩，时间控制在 10 min 左右
	逐步推出	基于建构主义学习理论，从学生的角度出发，展开知识点的讲解，教师边讲解边呈现知识点
	思路清晰	知识内容之间有明确的逻辑关系，教师在讲解的过程中展示思维方法，引导学生分析、比较、判断
技术运用	媒介恰当	所使用的图、文、声、像等媒介与知识内容紧密结合，为教学服务，具有悦读性，没有产生预期外的干扰
	录制适当	所选择的录制方式与学科特点、学科内容特点紧密结合，使知识内容最优化呈现
	版面协调	整体版面协调，所突出的内容与教师正在讲解的内容保持一致
	制作精良	视觉效果好，界面清晰、简洁、友好，与学生的年龄特点和心理特点相符；无杂音干扰
语言表达	亲切生动	语言表达力求生动活泼，具有亲和力。营造一种与学生“面对面聊天式”的氛围，使教师的讲解具有怡听性
	节奏恰当	尽量放慢语速，在重、难点问题上有意识地做短暂停留，给学生思考的时间

教学微视频的制作有多种方法，可以分为四大类：自由拍摄式、录屏软件录制式、合成式、混合式。每一种制作方法都有其适用的范围，各有优势与局限。教师根据知识内容的特点进行选择，才能使知识点得到最好的呈现，从而制作出高质量的教学微视频。

1) 自由拍摄式

自由拍摄式主要有两种表现形式：“摄像机 + 白板”和“手机 + 白纸”。需要准备的设备与工具分别有摄像机、白板 / 黑板、粉笔、其他教具等和智能手机、不同颜色的笔、白纸等。基本操作是将教师的讲解完整地录制下来。这种方法比较简单，教师容易掌握相关技巧，并着手录制。它可以将知识点的讲解清晰、准确地呈现出来，比较适合需要进行推演运算的知识内容。但是这种方法也有缺陷，它还是给学生一种在课堂听课的感觉，不利于复杂知识内容的形象化呈现。还有一种“现场拍摄”的形式，即使用摄像机、手机、iPad 等工具，将教师的演示和讲解拍摄下来，适合需要展示操作技巧、方法的课程，如美术 / 书法的画法 / 写法、体育运动技能的展示、实验操作的演示等，教师可以对操作步骤进行分解，做精细呈现。

2) 录屏软件录制式

从学生学习的视角来看微视频的录制，对于语、数、英、理、化、生等学术性学科的内容，使用录屏软件录制式来录制教学内容，不出现教师个人的形象，是比较理想的选择。这种方式有三种表现形式：“录屏软件 +PPT”“录屏软件 +PPT+ 手写板”和“录屏软件 + 手写板”。主要的录屏软件有 Camtasia Studio，Screencast-O-Matic 和屏幕录像专家，硬件设备有麦克风、手写板等，教学材料有脚本、PPT 课件和其他相关辅助资源等。基本

操作是通过 PPT 或者手写板讲解知识内容，并使用录屏软件录制下来。

“录屏软件 +PPT”的形式运用比率较高，因教师平时惯用 PPT 教学，在熟悉录屏软件基本操作方法的基础上就可以展开录制。借助于 PPT 本身强大的作图与动画功能以及与其他多媒体资源的融合，可以使教学内容生动、形象化地呈现，以动态的展示来取代枯燥的讲解。但是，这种形式也有局限，例如大部分教师仅仅是将原有的 PPT 内容“读”出来，并没有结合微视频制作要求进行重新设计。这种将知识传授照搬到屏幕上的做法，其实是一种“变相的课堂”，并没有发挥 PPT 应有的优势。

当一些重难点内容需要做出进一步阐释时，可以采用“录屏软件 +PPT+ 手写板”的形式，在手写板上做突出显示与讲解，可以使学生聚焦思维，并对重难点内容有深入理解。

“录屏软件 + 手写板”的形式则比较适合数、理、化等学科中需要对思维过程进行详细展示的内容，教师使用手写板一步一步地展开解题思路，学生跟着教师的讲解和解题思路的展开来学习，效果较好。

3）合成式

合成式录制方式是将从网络上截取的一些和教学内容相关的视频或动画（如相关新闻报道、专题纪录片等）与已有的文本进行组合，组成教学所需视频。它比较适合讲述故事、呈现情境和分析案例等，可以作为视频的导入内容，或者在视频内容讲解过程中穿插出现，若微视频中知识内容的讲解完全以这种形式呈现，则并不适合。但对于历史、政治、音乐等人文学科的教学，相对于传统的教师讲授和文字阅读，这样的视频教学对于学生视听有较大的冲击，更易引起学生的关注和思考。

4）混合式

根据教学需要，灵活地使用上述几种录制方式制作教学微视频即为混合式制作。这种录制方式需要教师对学科内容呈现的各个环节做精心设计，耗费时间长，技术要求高。例如，物理、化学学科中的实验演示部分的内容，需要用拍摄式制作，而知识点讲解部分的内容可以采用录屏式，将这两者有机地结合起来，可以使知识内容精彩呈现，利于学生学习。

本章小结

本章首先介绍了多媒体的基本概念、多媒体系统的硬件组成，然后介绍了常用多媒体创作工具的基本使用方法。

结合工作、学习与生活需要，学习最新的计算机知识，掌握最新、最实用、最流行的计算机应用技术，是一件愉快的事情。

因篇幅所限，这里只简单介绍一些多媒体的常用制作方法与工具软件的使用，如需进一步学习，请参考其他相关资料。

一、选择题

1. 在多媒体技术中，所谓媒体指的是（　　）。

A. 表示和传播信息的载体　　　　B. 各种信息的编码

C. 计算机的输入、输出信息　　D. 计算机屏幕显示的信息

2. 多媒体数据具有（　　）特点。

A. 数据量大和数据类型多

B. 数据类型间区别大和数据类型少

C. 数据量大，数据类型多，数据类型间区别小，输入和输出不复杂

D. 数据量大，数据类型多，数据类型间区别大，输入和输出复杂

3. 多媒体技术的主要特性有（　　）。

（1）多样性　（2）集成性　（3）交互性　（4）实时性

A.（1）　B.（1）（2）　C.（1）（2）（3）　D. 全部

4. 适合制作三维动画的工具软件是（　　）。

A. Authorware　B. Photoshop　C. AutoCAD　D. 3ds Max

5. 下列设备中（　　）不是多媒体素材采集设备。

A. 扫描仪　B. 数码照相机　C. 显示器　D. 图像采集卡

6. 要将录音带上的模拟信号节目存入计算机，使用的设备是（　　）。

A. 显卡　B. 声卡　C. 网卡　D. 光驱

7. 在动画制作中，一般帧速选择为（　　）。

A. 25 fps　B. 60 fps　C. 120 fps　D. 90 fps

8. 下列属于多媒体技术发展方向的是（　　）。

（1）高分辨率，提高显示质量　（2）高速度化，缩短处理时间

（3）简单化，便于操作　（4）智能化，提高信息识别能力

A.（1）（2）（3）　B.（1）（2）（4）

C.（1）（3）（4）　D. 全部

9. 在 Flash 中，如果希望制作一个三角形变为矩形的 Flash 动画，应该采用（　　）动画技术。

A. 形状补间　B. 移动补间　C. 补间　D. 逐帧

10. 在 Photoshop 中，如果前景色为红色，背景色为蓝色，直接按 [D] 键，然后按 [X] 键，前景色与背景色将分别是（　　）。

A. 蓝色与红色　B. 红色与蓝色

C. 白色与黑色　D. 黑色与白色

11. 多媒体计算机系统的两大组成部分是（　　）。

A. 多媒体功能卡和多媒体主机

B. 多媒体通信软件和多媒体开发工具

C. 多媒体输入设备和多媒体输出设备

D. 多媒体计算机硬件系统和多媒体计算机软件系统

12. 下列论述中，正确的是（　　）。

A. 音频卡的分类主要根据采样的频率来分，频率越高，音质越好

B. 音频卡的分类主要根据采样信息的压缩比来分，压缩比越大，音质越好

C. 音频卡的分类主要根据接口功能来分，接口功能越多，音质越好

D. 音频卡的分类主要根据采样量化的位数，位数越高，量化精度越高，音质越好

13. 在数字音频信息获取与处理过程中，下述顺序中，正确的是（　　）。

A. A/D 转换、采样、压缩、存储、解压缩、D/A 转换

B. 采样、压缩、A/D 转换、存储、解压缩、D/A 转换

C. 采样、A/D 转换、压缩、存储、解压缩、D/A 转换

D. 采样、D/A 转换、压缩、存储、解压缩、A/D 转换

14. 下列不属于存储媒体的是（　　）。

A. 光盘　　B. ROM　　C. 硬盘　　D. 扫描仪

15. 计算机通过话筒收到的是（　　）。

A. 音频数字信号　　B. 音频模拟信号

C. 采样信号　　D. 音频数字信号和采样信号

二、填空题

1. 多媒体技术的主要特征有________、________、________、________。

2. 文本、声音、________、________和________等信息的载体中的两个或多个的组合称为多媒体。

3. 多媒体技术中的媒体有两种含义：一是指________；二是指________。

4. 模拟信号需要经过________、________和________过程转化为数字声音信号。

5. MIDI 音乐合成方式一般有________和________两种。

6. 常见的图像文件格式有________、________、________和________等。

7. 计算机动画可分为________和________两大类。

三、操作题

1. 图像制作。创建一幅大小为 600×300 像素的图片，素材及效果图如图 2-34 所示。

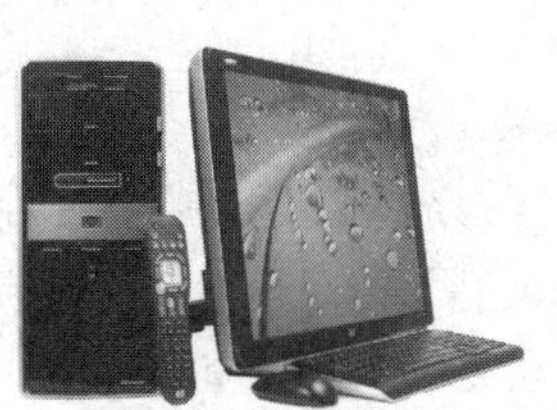

(a) 原图 1

(b) 原图 2

(c) 合成

图 2-34　素材及效果图

【操作提示】先创建一个新的图像，然后将图 2-34（b）复制到新图上，再从图 2-34（a）中选取计算机区域复制到新图上，调整图层的透明度及图层样式，添加文本及设置图层样式。

具体操作过程如下：

（1）新建图像文件，如图 2-35 所示。

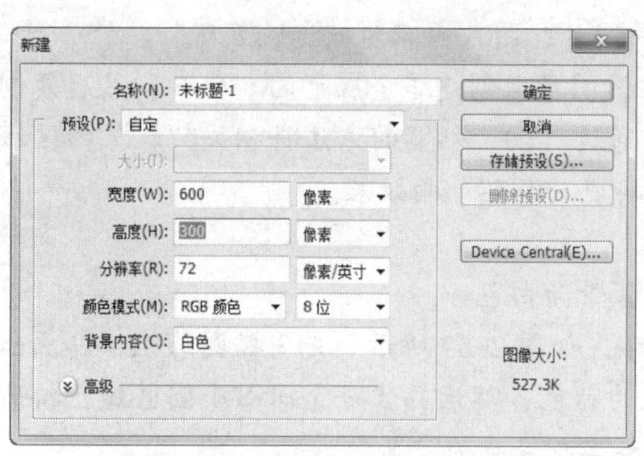

图 2-35　新建图像文件

图 2-36　全选素材图

（2）打开图 2-34 (b)，全选，复制到新图上，如图 2-36 所示。

（3）打开图 2-34 (a)，选择计算机图像，复制到新图上，并设置图层的不透明度及图层效果。通过单击图层面板下的“fx”按钮进行设置，如图 2-37 所示。

图 2-37　效果设置

（4）添加文本，设置图层样式。单击工具箱中的工具，通过选项栏设置字体、大小、颜色等，然后输入文本；再在图层处设置文字图层效果，如图 2-38 所示。

图 2-38　设置文字效果

（5）保存文件，完成设计。

【提示】关于字体，如果系统中没有所需字体，可以在网上搜索下载相关字体。然后将该字体文件（一般为 ttf 格式的文件）复制到系统的字体文件夹中完成安装。安装后即可在 Photoshop 中使用新字体。如果需要书法名家的字体，那么可以从“书法字典（www.sfzd.cn）”等网站上进行查询，并将相应文字图片直接复制到 Photoshop 中使用。

2. 图形制作。创建一幅大小为 454×340 像素的图片，图片内容为“奥运五环”。

【操作提示】在背景图层上新建一个图层，在该图层上创建 1 个颜色的“环”，然后复制该图层，形成其余 4 个颜色的“环”的图层。然后通过剪切、粘贴的方法将相关“环”的区域单独放在一个新的图层上，调整图层的次序，可以实现“套环”的效果。

具体操作过程如下：

（1）新建图像文件，大小为 454×340 像素，背景为白色。

（2）新建图层，在该图层上画出一个蓝色的环，如图 2–39 所示。先用椭圆选框工具画出一个正圆区域，接着使用油漆桶工具将该区域填充为蓝色，然后画出一个同心小圆区域，按删除键将该区域删除，则形成一个蓝色的圆环。将图层名称修改为“蓝”。

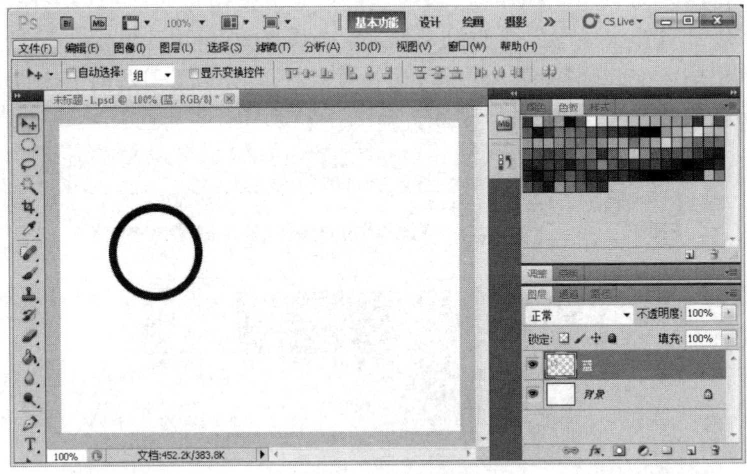

图 2–39　绘制环

（3）复制该图层，形成“黑”“红”“黄”“绿”四个图层，并重新填充相应颜色，调整好各环的位置，如图 2–40 所示。

图 2–40　复制环操作

（4）选中蓝环图层，用矩形选框工具将黄蓝交叉的地方选中，如图 2–41（a）所示。然后执行“编辑”→“剪切”命令，选中黄环图层，执行“编辑”→“选择性粘贴”→“原位粘贴”命令，效果如图 2–41（b）所示。同理，将其余各交叠部分处理后，最后效果如图 2–41（c）所示。

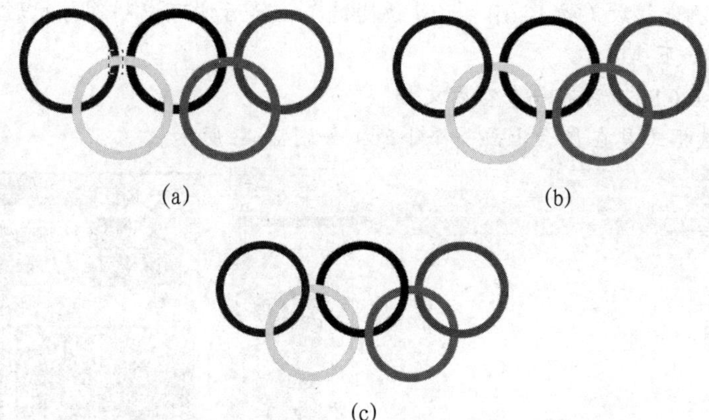

(a)　(b)

(c)

图 2–41　制作五环

【提示】在作图时，可执行“视图”→“显示”→“网格”等命令，将网格和其他参考线显示出来，起到辅助作图的作用。图层可以看作一层一层叠起来透明的纸，每个图层上可以有不同的内容。上层的图像会遮盖下层的图像。

3. 创建补间动画。逐帧动画和补间动画是 Flash 中实现动画的基本方法，使用这些方法可制作复杂的动画。要求在屏幕上显示一个移动小球，如图 2–42 所示。

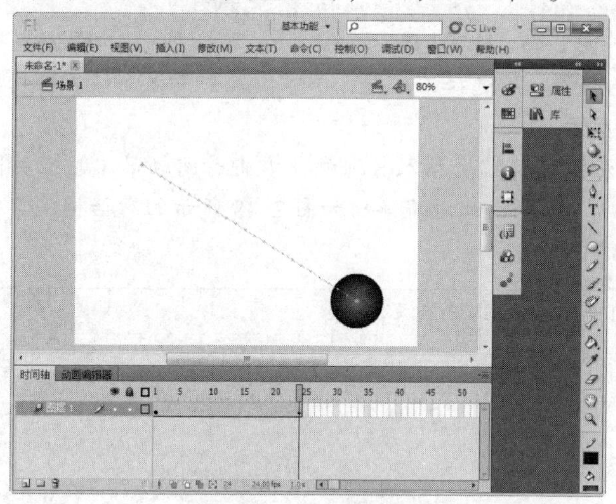

图 2–42　补间动画

【操作提示】Flash CS6 补间动画的类型包括补间动画、补间形状。

补间动画是指在 Flash 的时间轴面板上，在一个关键帧上放置一个元件，创建补间动画后在补间范围内的其他帧内改变这个元件的大小、颜色、位置、透明度等，Flash 自动根据两个属性关键帧的属性值创建动画。补间动画建立后，时间轴的背景色变为淡蓝色。构成动作补间动画的元素是元件，包括影片剪辑、图形元件、按钮、文字、位图、组合等，但不能是形状，只有把形状组合（按 [Ctrl] + [G] 快捷键）或者转换成元件后才可以制作补间动画。

补间形状是在 Flash 的时间轴面板的一个关键帧上绘制一个形状，然后在另一个关键帧上更改该形状或绘制另一个形状等，Flash 自动根据两者之间的帧的值或形状来创建的动画。补间形状可以实现两个图形之间颜色、形状、大小、位置的相互变化。补间形状动画建立后，时间轴的背景色变为淡绿色，在起始帧和结束帧之间有一个长长的箭头。构成补间形状动画的元素多为用鼠标或压感笔绘制出的形状，而不能是图形元件、按钮、文字等，如果要使用图形元件、按钮、文字，则必须先打散（按 [Ctrl] + [B] 快捷键），然后才可以制作补间形状动画。

具体操作过程如下：

（1）打开 Flash CS6，新建一个空白文档。

（2）用椭圆选框工具在舞台上画一个小球，如图 2-43 所示。

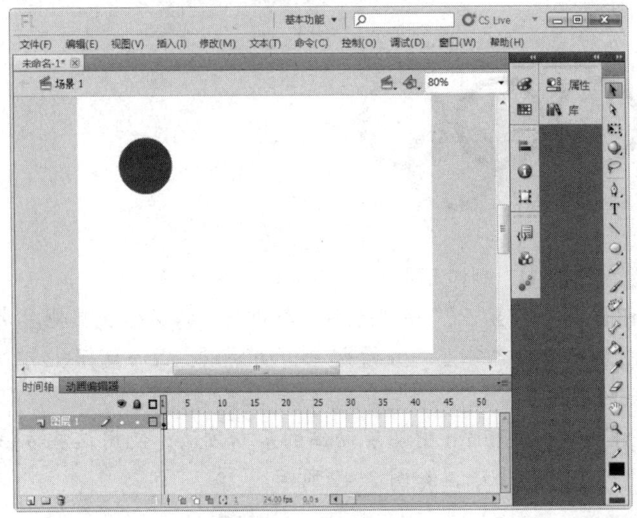

图 2-43　绘制小球

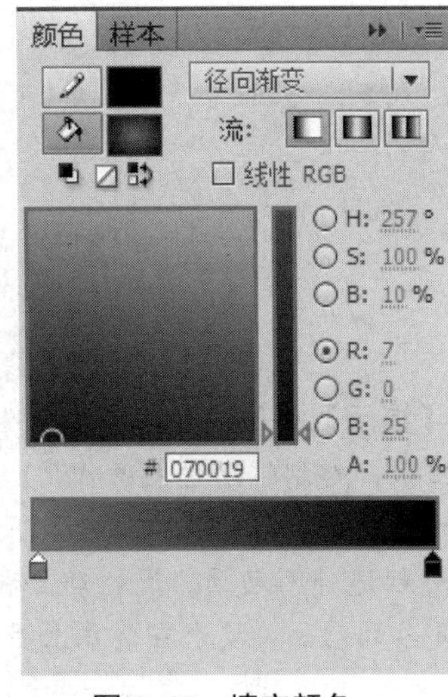

图 2-44　填充颜色

（3）为小球填充颜色。用选择工具选择小球，单击属性面板上的填充颜色按钮，填充相应的颜色，如图 2-44 所示。

（4）在第 30 帧处按 [F5] 键，插入普通帧。右击时间轴第 1 帧（关键帧），从快捷菜单中选择“创建补间动画”命令，此时将弹出如图 2-45 所示的对话框，单击“确定”按钮，将小球转换成元件并创建补间动画。

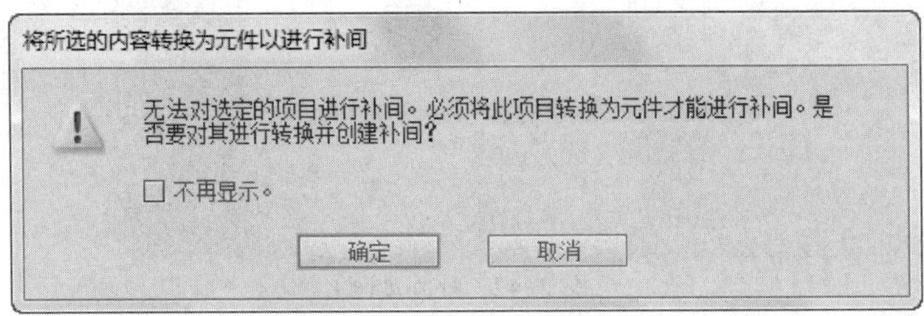

图 2-45　“将所选的内容转换为元件以进行补间”对话框

（5）单击选中第 30 帧，用选择工具移动小球。这样将会在原位置和新位置间产生一条路径线，如图 2-42 所示。路径线是一条带节点的绿色线条，每一帧对应一个节点，对节点位置进行移动可修改路径成弧线或折线。

（6）按 [Ctrl] + [Enter] 快捷键测试影片，可看到动画效果。

（7）保存文档。

【问题思考】如果多个对象要分别设置动画，应该怎么处理？

4. 从模板新建“透视缩放”“平移”“手写”等。分析这几种效果的实现方法，如图 2-46 所示。

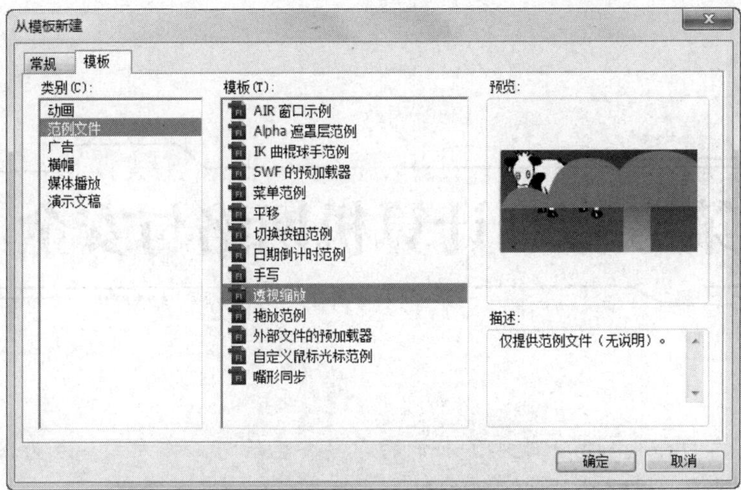

图 2-46　从模板新建

5. 使用 Flash 制作演示型的作品，如课件、MTV 等。

6. 使用音频处理工具进行录音，可以是一首歌、一段对白或诗歌，并进行后期处理。

第3章　计算机网络与安全

计算机网络的普及应用，改变了人们的学习、生活与工作方式，成为人类生活的重要组成部分。学习与掌握计算机网络知识，是信息时代的基本要求。

3.1　计算机网络概述

3.1.1　计算机网络及其功能

1．计算机网络的概念

计算机网络是计算机技术和通信技术相结合的产物，最早出现于20世纪50年代。一般来说，将地理位置上分散分布的多台计算机、终端和外部设备通过通信线路互联起来，在网络软件的支持下，实现彼此通信以及计算机的软件、硬件和数据资源共享的整个体系，称为计算机网络。

2．计算机网络的主要功能

计算机网络是以共享为主要目标的，它具备以下几个方面的功能：

（1）数据通信。数据通信是计算机网络最基本的功能，可以实现计算机与终端、计算机与计算机间的数据传输。

（2）资源共享。资源共享是计算机网络最主要的功能，可以共享的资源包括硬件、软件和数据。硬件资源的共享能节省投资和提高设备的利用率，如高性能计算机、打印机、扫描仪等设备的共享。软件资源的共享可以避免软件的重复购买或重复开发。数据资源的共享可以避免数据的重复存储并解决异地数据不同步的问题。

（3）分布式处理。网络技术的发展，使得分布式计算得以实现。对于大型的项目，可以分为许多小问题，由不同的计算机分别完成，再集中起来解决问题。

由此可见，计算机网络大大扩展了计算机系统的功能，扩大了其应用范围，提高了可靠性，为用户提供方便，同时也减少了费用，提高了性能价格比。

3.1.2　计算机网络的发展与分类

1. 计算机网络的发展

1) 诞生阶段

第一代计算机网络（20 世纪 60 年代中期前），是以单个计算机为中心的远程联机系统。典型应用是由一台计算机和全美国范围内 2 000 多个终端组成的飞机订票系统。终端是一台计算机的外部设备，包括显示器和键盘，没有 CPU 和内存。当时，人们把计算机网络定义为"以传输信息为目的而连接起来，实现远程信息处理或进一步达到资源共享的系统"。这个系统可以说是计算机网络的雏形。

2) 形成阶段

第二代计算机网络（20 世纪 60 年代中期至 70 年代），是以多个主机通过通信线路互联起来，为用户提供服务。这一阶段，把计算机网络定义为"以能够相互共享资源为目的互联起来的具有独立功能的计算机之集合体"，形成了计算机网络的基本概念。

3) 互联互通阶段

第三代计算机网络（20 世纪 70 年代末至 90 年代），是具有统一的网络体系结构并遵守国际标准的开放式和标准化的网络。阿帕网（Advanced Research Project Agency network，ARPANET）的成功促使计算机网络迅猛发展，各大计算机公司相继推出自己的网络体系结构及实现这些结构的软硬件产品。由于没有统一的标准，不同厂商的产品之间互联十分困难，人们迫切需要一种开放性的标准化实用网络环境。国际标准化组织（International Organization for Standardization，ISO）设立了一个分委员会，专门研究网络通信的体系结构，于 1983 年提出了著名的开放系统互联参考模型（open system interconnection reference model，OSI/RM）。

4) 高速网络技术阶段

第四代计算机网络（20 世纪 90 年代至今），是随着人们对网络需求的不断增长和计算机网络技术的发展，计算机网络尤其是局域网的数量迅速增加而形成的高速网络。高速网络技术为分布在全球各地的网络互联提供了支持，各网络间通过路由器等互联设备连接到一起，整个网络就像一个对用户透明的大型计算机系统。因特网是目前世界上最大的一个国际互联网。

2. 计算机网络的分类

可以从不同的角度对计算机网络进行分类，最常见的是电气电子工程师学会（Institute of Electrical and Electronics Engineers，IEEE）按网络通信涉及的地理范围分为局域网、城域网和广域网。

1) 局域网

局域网（local area network，LAN）是指一个单位、企业或一个相对独立范围内的计算机为了能实现相互通信，共享硬件资源（如传真机、打印机、绘图仪、大容量的硬盘），共享数据资源及应用程序等资源信息而建立的计算机网络。典型的局域网由一台（或多台）服务器和若干个工作站组成，如图 3-1 所示。覆盖的地理范围从几百米至几千米，通常用于组建企业网和校园网。

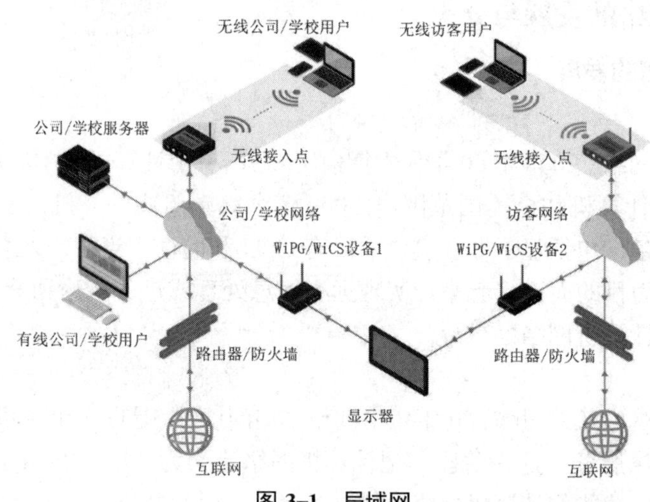

图 3-1　局域网

2）城域网

城域网（metropolitan area network，MAN）可以看成一个大型的 LAN 网，常使用与局域网相近的技术，但分布范围比局域网大。网络规模局限在一座城市范围内，覆盖的地理范围从几十至几百千米。

3）广域网

广域网（wide area network，WAN）的地理范围很大，计算机间可以相距几万千米，可以跨国、跨洲，网络之间通过特定方式进行互联。第一个广域网是 ARPANET，在此基础上产生了因特网。因特网是当今世界上最大的广域网。

3. 计算机网络的拓扑结构

在计算机网络中，如果把计算机、服务器、交换机、路由器等网络设备抽象为“点”，把传输介质抽象为“线”，这样就可以把一个复杂的计算机网络系统，抽象成一个由点和线组成的几何图形，这样的图形称为网络拓扑结构。

网络拓扑结构有星形拓扑、环形拓扑、总线拓扑、树状拓扑、网状拓扑等，大部分网络是这些结构的混合形式，如图 3-2 所示。例如，目前的 5G 网络就是蜂窝状拓扑结构，如图 3-3 所示。

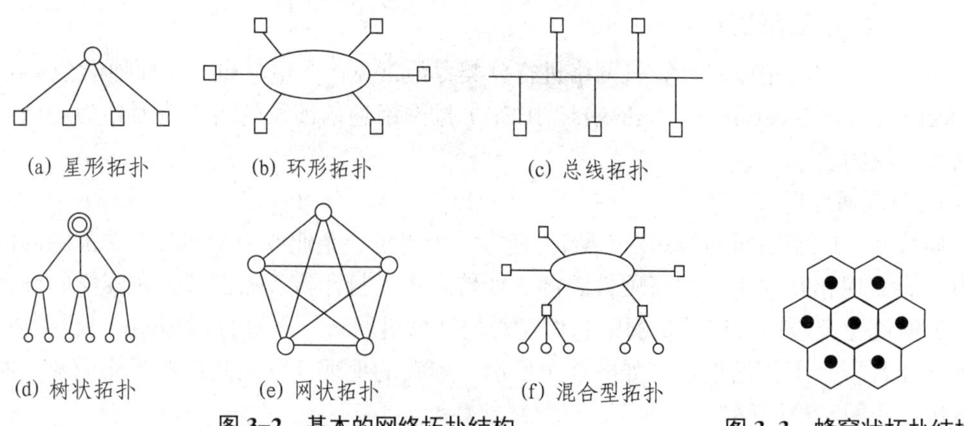

图 3-2　基本的网络拓扑结构

图 3-3　蜂窝状拓扑结构

3.1.3　计算机网络体系结构

计算机之间的数据传输是一个复杂的通信过程，此过程与人们集中开会的过程相似。与会人员要知道在哪开会（目的地址），如何到达开会地址（路由），会议什么时候开始（通信确认）；会议主讲者通过声音或视频（传输介质）表达自己的意见（传输信息），主讲者必须关注与会人员的反应（监视），与会人员必须关注主讲者的发言（同步）；会议会受到场外的干扰（环境噪声）、或会议其他人员的说话干扰（信道干扰），如果与会人员同时说话，就会造成谁也听不清对方说什么（信号冲突）；主讲者保持恒定语速（通信速率）等。

由上可见，计算机的通信过程需要解决的问题很多，如本机与哪台计算机通信（本机地址与目的地址），通过哪条线路将信息传达到对方（路由），对方开机了吗（通信确认），信号传输采用什么传输介质（微波或光纤），通信双方发生信号冲突如何处理（通信协议）等。因此，计算机通信与人类通信一样，都要遵循一定的通信规则。而计算机通信时不能随时灵活地改变规则，会以高速处理与调整传输来弥补这些不足。

体系结构指的是一组部件以及部件之间的联系。计算机网络体系结构是指用分层研究方法定义的网络各层的功能，各层协议和接口的集合。可以从网络体系结构、网络组织、网络配置三个方面来描述计算机网络体系。其中，网络体系结构从功能上描述计算机网络，指为了完成计算机间的通信合作，把每台计算机互联的功能划分成有明确定义的层次，并规定了同层次进程通信的协议及相邻之间的接口及服务；网络组织从网络的物理结构和网络的实现两方面来描述计算机网络；网络配置从网络应用方面来描述计算机网络的布局。

总之，体系结构是抽象的，而实现它则需要通过具体的、真正在运行的计算机硬件与软件。

1. 网络协议

网络上的计算机之间是如何交换信息的？简单来说，就像我们说话用的语言一样，在网络上的计算机之间也有一种语言，它就是网络协议。不同的计算机只有使用相同的协议才能进行通信。网络协议就是计算机网络上所有设备进行数据交换而建立的规则、标准或约定的集合。可以说，没有网络协议就没有计算机网络，网络协议的优劣直接影响计算机网络的性能。

一般而言，网络协议由以下三部分组成：

（1）语法。语法是通信时双方交换数据和控制信息的格式，如哪一部分表示数据，哪一部分表示接收方的地址等。语法是解决通信双方之间“如何讲”的问题。

（2）语义。语义是每部分控制信息和数据所代表的含义，是对控制信息和数据的具体解释。语义是解决通信双方之间“讲什么”的问题。

（3）时序。时序详细说明事件是如何实现的。例如，通信如何发起？在收到一个数据后，下一步要做什么？时序是确定通信双方之间“讲”的步骤。

2. 计算机网络体系层次结构

计算机网络体系结构是一种层次结构。所谓层次结构，是指将一个复杂的系统设计问题分成层次分明的若干容易处理的子问题，各层执行自己所承担的任务。

在网络协议的分层结构中，相似的功能出现在同一层内；每层都是建筑在它的前一层的基础上，相邻层之间通过接口进行信息交流；对等层由相应的网络协议来实现本层的功能。

3. TCP/IP 体系结构

传输控制协议 / 互联网协议（transmission control protocol/internet protocol，TCP/IP）是常见的计算机网络体系结构，它规定了主机之间的数据包格式、主机寻址方式、数据包传输方式。TCP/IP 是一种四层体系结构，从上到下依次是应用层、传输层、网络层和网络接口层，如图 3-4 所示。

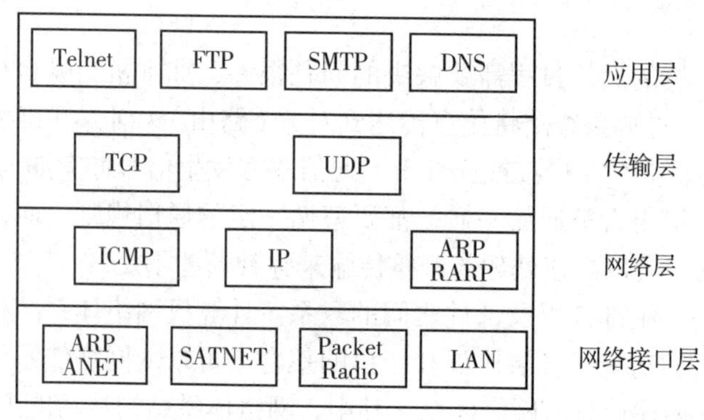

图 3-4　TCP/IP 体系结构

（1）应用层的主要功能是为用户提供各种网络服务和解决各种系统间的兼容性，因此这层的网络协议非常多。

（2）传输层的主要功能是报文分组、数据包传输、流量控制等，主要由 TCP 和用户数据报协议（user datagram protocol，UDP）组成。

（3）网络层的主要功能是为网络内的主机之间的数据交换提供服务，并进行网络路由选择。

（4）网络接口层的主要功能是建立网络的电路连接和实现主机之间的比特流传送。

需要指出的是，由于因特网设计者注重的是网络互联，所以网络接口层没有提出专门的网络协议，这样使得 TCP/IP 可通过网络接口层，连接到任何网络中去。接入因特网的通信实体共同遵守的通信协议是 TCP/IP 协议集，TCP/IP 协议集有 100 多个网络协议，其中最主要的是 IP 协议和 TCP 协议。它们在数据传输过程中主要完成以下工作：

（1）由 TCP 协议把数据分成若干数据包，给每个数据包写上序号，以便于工作接收端把数据还原成原来的格式。

（2）IP 协议给每个数据包写上发送主机和接收主机的地址。一旦写上源地址和目标地址，数据包就可以在物理网上传送数据了。IP 协议还具有利用路由算法进行路由选择的功能。

（3）这些数据包可以通过不同的传输途径（路由）进行传输，由于路由不同，加上其他的原因，可能出现顺序颠倒、数据丢失、数据失真甚至重复的现象。这些问题都由 TCP 协议来处理，它具有检查和处理错误的功能，必要时，还可以请求发送端重发。

TCP/IP 体系结构的目的是实现网络与网络的互联。TCP/IP 来自因特网的研究和应用实践，已成为网络互联的工业标准。目前流行的操作系统都已包含了 TCP/IP，成了标准配置。

3.2　构建局域网

图 3-5 所示是一个小型局域网，它实现了网内 4 台计算机和 1 台打印机的资源共享。

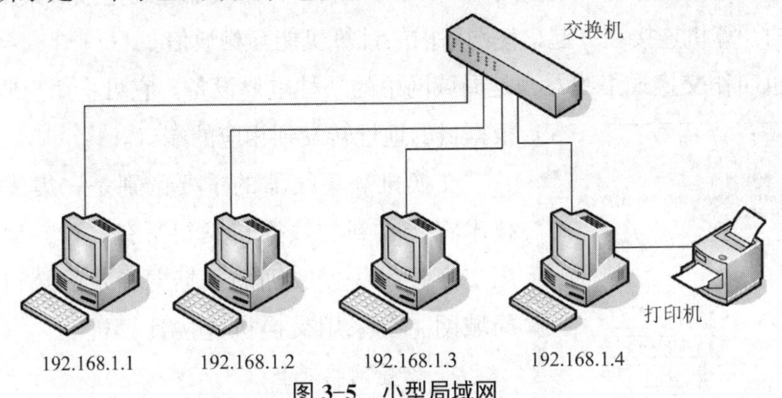

图 3-5　小型局域网

例 3-1　组建如图 3-5 所示的局域网。

问题分析：图 3-5 所示的网络为对等网，网络中的所有计算机都具有相等地位，没有主次之分，任何一台计算机所拥有的资源都能作为网络资源，可被其他计算机上的网络用户共享。在这类网络中，每台计算机既是服务器又是客户机。

组建该网络，每台计算机必须配置有网络适配器（网卡），通过网线把交换机和网卡连接起来，形成网络。然后需要进行软件配置，设置 IP 地址、资源共享等。

1）网络设备

本例所需要的网络硬件包括：配置有网卡的计算机 4 台、1 台 4 端口以上的交换机、4 根双绞线（两端带 RJ-45 接头，俗称水晶头）。

（1）网络接口卡（network interface card，NIC）。网络接口卡简称网卡，又叫作网络适配器，如图 3-6 所示，是连接计算机和网络硬件的设备，它一般插在计算机的主板扩展槽中。它的标准是由 IEEE 来定义的。网卡的类型不同，与之对应的网线或者其他网络设备也不同，不能盲目混合使用。

图 3-6　网卡

要实现网络的组建，一个前提条件是必须在所要组建网络的计算机上安装网卡及其驱动程序，并且针对不同的网络添加不同的协议。

【提示】当前主流的计算机，一般把网卡整合在主板上。在笔记本计算机或其他移动终端中一般使用无线网卡。一台计算机中可以装有多个网卡。

（2）网络传输介质。网络传输介质是网络中传输数据、连接各网络节点的实体，在局域网中常见的网络传输介质有双绞线、同轴电缆、光缆三种。其中，双绞线是经常使用的传输介质，它一般用于星形网络中，同轴电缆一般用于总线型网络，光缆一般用于主干网的连接。

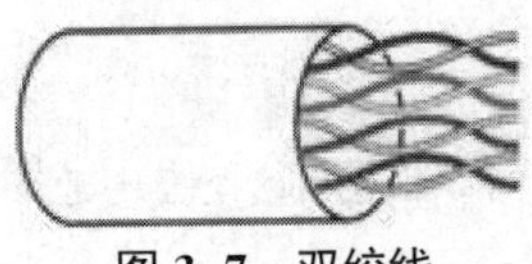

图 3-7　双绞线

双绞线是将一对或一对以上的双绞线封装在一个绝缘外套中而形成的一种传输介质（见图 3-7），是目前局域网最常用的一种布线材料。双绞线中的每一对都是由两根绝缘铜导线相互缠绕而成的，这是为了降低信号的干扰程度而采取的措施。双绞线一般用于星形网络的布线连接，两端安装有 RJ-45 接头，连接网卡与交换机或集线器，网线最大长度约为 100 米。

（3）集线器 / 交换机。早期的小型局域网一般使用集线器进行连接。集线器将局域网内各自独立的计算机连接在一起，使网络内的计算机能互相通信。

交换机也叫作交换式集线器，是局域网中的一种重要设备。它可将用户收到的数据包根据目的地址转发到相应的端口。

交换机与集线器的重要区别是，集线器采用广播技术将接收到的数据转发到所有端口，而交换机则采用交换技术将接收到的数据向指定的端口转发。目前局域网主要采用交换机连接计算机。

2）配置网络属性

网络正确连接后，在 Windows 中，可在控制面板的“网络和共享中心”中找到活动连接，通过查看活动连接，可对连接的属性进行设置。主要配置 TCP/IP 属性，TCP/IPv4 地址的属性对话框如图 3-8 所示。

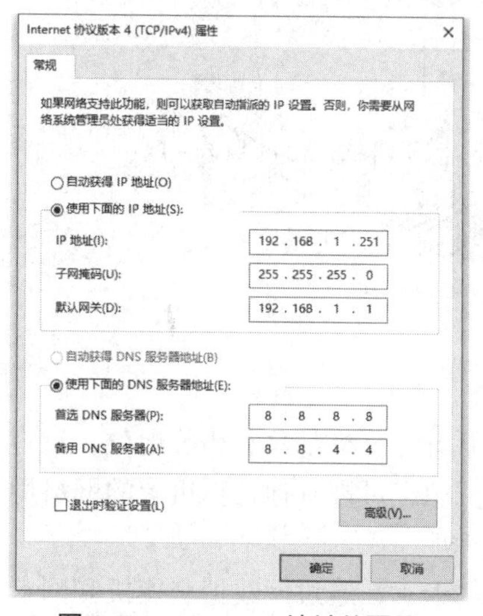

图 3-8　TCP/IPv4 地址的配置

3）测试网络是否连通

当 TCP/IP 设置好后，要确保每台计算机之间能够 Ping 通，即利用 Windows 自带的 Ping 命令① Ping 对方和自己的 IP 地址。

在局域网中 Ping IP 地址的步骤如下：

（1）右击“开始”菜单，在弹出的快捷菜单中选择“Windows PowerShell”命令，在打开的“Windows PowerShell”窗口中输入“Ping 192.168.1.251”，如图 3-9 所示。

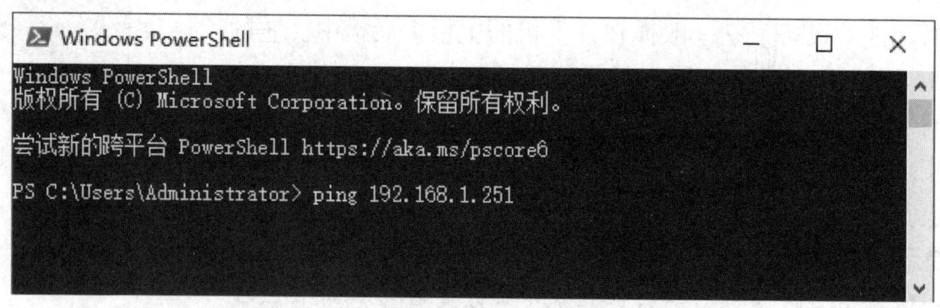

图 3-9　“Windows PowerShell”窗口

（2）在输入 Ping 命令后，按回车键执行该命令。若连接成功，则将出现如图 3-10 所示的提示信息。若连接错误，则出现“请求超时”的提示信息。

① Ping（packet internet groper，互联网分组探测器）是 Windows 下的一个命令，可以检查网络是否连通。格式：Ping 空格 IP 地址。

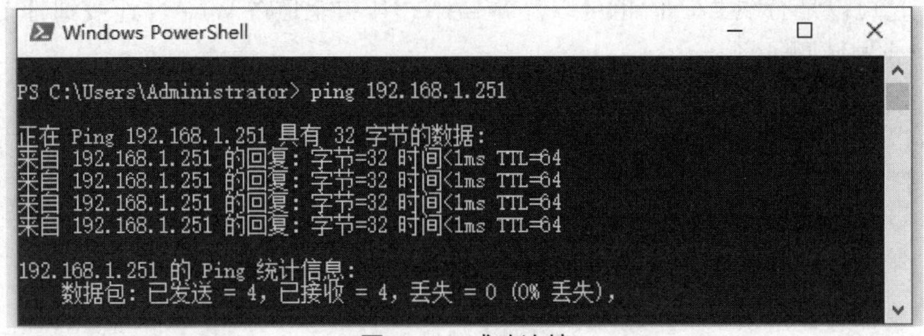

图 3-10　成功连接

4) 设置网络共享资源

在对等网中计算机之间能直接通信，每个用户可根据需要将本地计算机上的文件夹和打印机等资源设置为共享。

至此，本例的组网完成。

【问题思考】如何连接到因特网？如何实现资源共享？以宿舍为单位，动手把宿舍里的所有计算机组建成一个局域网。

3.3　无线网络技术

无线网络的最大优点是使人们摆脱有线网络的各种束缚，可自由地进行移动通信与移动计算。无线网络作为有线网络的补充，将与有线网络长期并存，最终实现无线网络覆盖的区域连接至主干有线网络。

3.3.1　无线局域网的发展

无线通信的历史起源于第二次世界大战，当时美军利用无线电信号结合高强度加密技术，实现了文件资料的传输，并在军事领域广泛应用，取得很大的成功。

1971 年，由夏威夷大学的研究人员设计开发的第一个基于数据包技术的无线通信网络 ALOHANET 成功运作，它包括七台计算机，采用双向星形网络结构，横跨三座夏威夷岛屿，标志着无线局域网（wireless LAN，WLAN）的诞生。

1990 年，IEEE 启动了无线网络标准 IEEE 802.11 系列项目的研究和标准制定，提出了一系列 WLAN 标准。1999 年，无线以太网兼容联盟（Wireless Ethernet Compatibility Alliance，WECA）成立（后更名为无线保真联盟（Wi-Fi Alliance，WFA）。2003 年起，经过 WFA 认证的 IEEE 802.11 系列产品，就使用 Wi-Fi（wireless fidelity）这个名称。

3.3.2　无线局域网的组成

IEEE 802.11 标准定义的 WLAN 基本模型如图 3-11 所示。WLAN 的最小组成单元是基本服务集（basic service set，BSS），它包括使用相同通信协议的无线站点。一个 BSS 可以是独立的，也可以是通过一个接入点（（access point，AP），或称为无线路由器）连接到主干网络。如图 3-11 所示，扩展服务集（extended service set，ESS）由多个 BSS 单元以及连接它们的分布式系统（distributed system，DS）组成。DS 结构在 IEEE 802.11 标准中没有定义，它可以是有线 LAN，也可以是 WLAN，其功能是将 WLAN 连接到骨干网络（更大的局域网或城域网）。

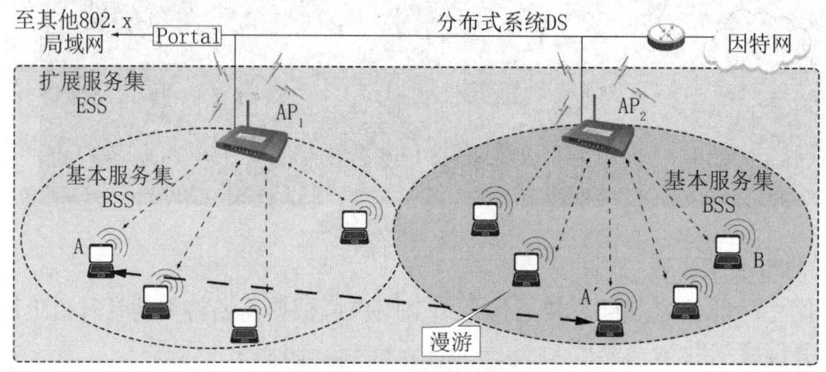

图 3-11　WLAN 基本模型

AP 的功能相当于局域网中的交换机或路由器，它是一个无线网桥。AP 是 WLAN 中的小型无线基站，负责信号的调制与收发。AP 的半径一般为 20~100 m。

3.3.3　5G 移动通信

第五代移动通信技术（5th generation mobile networks 或 5th generation wireless systems，5th-Generation，5G）是最新一代蜂窝移动通信技术。5G 的性能目标是高数据速率、减少延迟、节省能源、降低成本、提高系统容量和大规模设备连接。

5G 网络的主要优势在于，数据传输速率远远高于以前的蜂窝网络，最高可达 10 Gbps，比当前的有线互联网要快，比先前的 4G LTE 蜂窝网络快 100 倍。另一个优点是较低的网络延迟（更快的响应时间），低于 1 ms，而 4G 为 30~70 ms。由于数据传输更快，5G 网络将不仅仅为手机提供服务，而且还将成为一般性的家庭和办公网络提供商，与有线网络提供商竞争。以前的蜂窝网络提供了适用于手机的低数据率互联网接入，但是一个手机发射塔不能经济地提供足够的带宽作为家用计算机的一般互联网提供商。

在我国，5G 技术发展较快，目前已处于世界领先水平。

2017 年 11 月 15 日，工信部发布《工业和信息化部关于第五代移动通信系统使用 3300—3600 MHz 和 4800—5000 MHz 频段相关事宜的通知》，确定 5G 中频频谱，能够兼顾系统覆盖和大容量的基本需求。

2017 年 11 月下旬，工信部发布通知，正式启动 5G 技术研发试验第三阶段工作，并力争于 2018 年年底前实现第三阶段试验基本目标。

2017 年 11 月，发改委发布《国家发展改革委办公厅关于组织实施 2018 年新一代信息基础设施建设工程的通知》，要求 2018 年将在不少于 5 个城市开展 5G 规模组网试点，每个城市 5G 基站数量不少于 50 个，全网 5G 终端数量不少于 500 个。

2018 年 2 月，华为在 2018 年世界移动通信大会（2018 Mobile World Congress，MWC2018）上发布了首款符合 3GPP 标准的 5G 商用芯片——巴龙 5G01（Balong 5G01）和 5G 商用终端——华为 5G CPE（consumer premise equipment）。巴龙 5G01 支持全球主流 5G 频段，包括 Sub6GHz（低频）和 mmWave（高频），理论上可实现最高 2.3 Gbps 的

数据下载速率；华为5G CPE实测峰值下行速率可达2 Gbps，是100 M光纤峰值速率的20倍。

2018 年 12 月，工信部同意联通集团自通知日至 2020 年 6 月 30 日使用 3500MHz—3600 MHz 频率，用于在全国开展 5G 系统试验。随后，工信部正式对外公布，已向中国电信、中国移动、中国联通发放了 5G 系统中低频段试验频率使用许可。这意味着各基础电信运营企业开展 5G 系统试验所必须使用的频率资源得到保障，向产业界发出了明确信号，进一步推动我国 5G 产业链的成熟与发展。

2019 年 6 月，工信部正式向中国电信、中国移动、中国联通、中国广电发放 5G 商用牌照，中国正式进入 5G 商用元年。

2019 年 7 月，中兴宣布首款 5G 手机中兴天机 Axon 10 Pro 5G 在京东、天猫、中兴手机商城等平台同步开启预售预定。11 月，中国移动、中国联通、中国电信正式上线 5G 商用套餐。

3.4　Internet　服　务

3.4.1　Internet 概述

Internet，中文正式译名为因特网，又叫作国际互联网。

Internet 源于 ARPANET，它由大小不同的拓扑结构的网络，通过成千上万个路由器及各种通信线路连接而成。目前，Internet 的用户已经遍及全球，成为人们生活与发展的基础设施。

1. IP 地址

IP 地址是指给每个连接在 Internet 上的计算机分配一个在全球范围内唯一的地址。IP 地址是一个逻辑地址，其目的是屏蔽物理网络细节，使得 Internet 从逻辑上看起来是一个整体的网络。

IPv4 地址采用 32 位二进制地址格式，分为 4 段，每段 8 位。为方便记忆与书写，通常采用点号划分的十进制来表示，如 210.38.240.38。

2. 域名

由于数字形式的 IP 地址难以记忆，因此 Internet 引入一种字符型的主机命名机制——域名系统，用来表示主机的 IP 地址。

例如域名“www.gdupt.edu.cn”，其中“cn”表示中国，“edu”表示教育组织类型，“gdupt”表示“广东石油化工学院”，“www”表示主机名。整个域名表示中国教育机构“广东石油化工学院”校园网上的一台主机。显然，这比 IP 地址容易记忆和理解。

域名的写法类似于点分十进制的 IP 地址写法，一般格式为

主机名. 单位名. 机构名. 顶级域名

域名格式中自右向左具有层次顺序，分别称为顶级域名（一级域名）、二级域名、三级域名等。其中，顶级域名分为国家或地区域和一般域两类，国家或地区的顶级域名为其名称的缩写，如“cn”表示中国；一般域是根据主机、机构、网络所有者的性质来命名的，

如“edu”表示教育机构。常见的顶级域名如表 3-1 所示。

表 3-1　常见的顶级域名

国家或地区域	组织类型	一般域	组织类型
cn	中国	com	商业
us	美国	edu	教育
de	德国	gov	政府
ca	加拿大	org	非商业组织
asia	亚洲	net	网络服务机构

3. 统一资源定位符

统一资源定位符（uniform resource locator，URL）是用于完整地描述 Internet 上网页和其他资源地址的一种标识方法。通常所说的 URL 就是 Web 地址，俗称“网址”。

URL 主要由三部分组成：协议类型、主机名及文件名（含路径）。它的语法结构为（带方括号的为可选项）

协议名称 :// 主机名 [: 端口地址][/ 路径][/ 文件名]

例如，http://gdupt.edu.cn/xxjj/xxjj.htm。

通过 URL 可以指定的协议类型主要有 http，ftp，gopher，telnet，file，mailto，https 等。

4. Internet 提供的服务

Internet 具有强大的服务功能，目前 Internet 所提供的主要服务有以下七个方面：

（1）远程登录。远程登录是指用户计算机通过 Internet 与远程的主机进行连接，使之成为远程主机的终端。用户进行远程登录时，首先要成为该远程主机系统的合法用户并拥有相应的账号和口令。一旦登录成功，用户便可以实时使用该远程主机对外开放的各种资源。目前，在 Windows 系列的操作系统中，一般直接采用远程桌面连接工具进行登录；在 Linux 系列的操作系统中，一般采用 telnet 或 ssh 进行远程登录。

（2）文件传输协议（file transfer protocol，FTP）。Internet 用户通过 FTP 能够将一台计算机上的文件传输到另一台计算机上。与远程登录不同的是，FTP 只能够进行与文件管理有关的操作。

（3）电子邮件。电子邮件是 Internet 所提供的一个很重要的服务，它可以以文本文件、声音文件、图像文件等各种形式发送。电子邮件具有安全、快捷、费用低廉等优点，是目前 Internet 上最主要的信息传送方式。

（4）万维网（world wild web，WWW）。Internet 最常用的服务就是 WWW，它是一个集文本、图像、声音、影像等多种媒体的信息发布服务，同时具有交互式服务功能，是目前用户获取信息的最基本手段。Internet 的出现产生了 WWW 服务，反过来，WWW 的产生又促进了 Internet 的发展。目前越来越多的组织机构、企业、团体、个人在 Internet 上建立了自己的 Web 站点和页面。

（5）域名系统（domain name system，DNS）。DNS 是由解析器和域名服务器组成的。域名服务器是指保存有该网络中所有主机的域名和对应 IP 地址，并具有将域名转换为 IP 地址功能的服务器。在 Internet 上域名与 IP 地址之间是一一对应的，域名虽然便于人们记忆，

但机器之间只能互相认识 IP 地址，它们之间的转换工作称为域名解析。域名解析需要由专门的域名解析服务器来完成，DNS 就是进行域名解析的服务器。连接到 Internet 上的计算机，一般由 Internet 服务提供商（Internet service provider，ISP）提供 DNS 服务。

（6）公告板系统（bulletin board system，BBS）。BBS 是 Internet 上的一种电子信息服务系统。它提供一块公共电子白板，每个用户都可以在上面书写，可发布信息、讨论问题、网上交谈等。目前，Internet 上运行的 BBS 一般是基于 WWW 技术的，这类系统又称为论坛。要通过论坛参与讨论，应注册成为该论坛的用户，拥有相应的权限后才可在相关板块发表文章与回复文章，参与话题讨论。

（7）即时通信（instant messaging，IM）。IM 是指能够即时发送和接收互联网消息等的服务。IM 自面世以来，其功能日益丰富，逐渐集成了电子邮件、博客、音乐、电视、游戏和搜索等多种功能。IM 不再是一个单纯的聊天工具，它已经发展成集交流、资讯、娱乐、搜索、电子商务、办公协作和企业客户服务等为一体的综合化信息平台。随着移动互联网的发展，互联网即时通信也在向移动化扩张。目前，IM 提供商都提供通过手机接入互联网即时通信的业务，用户可以通过手机与其他已经安装了相应客户端软件的手机或计算机等终端收发消息。

3.4.2　接入 Internet

1. 接入设备

计算机在接入 Internet 之前，首先要根据自己的实际情况选择必要的网络设备。常用的网络设备有网卡和调制解调器。

（1）网卡。接入 Internet 都需要通过网卡，普通用户接入 Internet 的网卡主要有以太网网卡（RJ-45 端口）和无线网卡两种。

（2）调制解调器。调制解调器是通过电话线或光纤接入 Internet 的必备设备，它是一种进行数字信号与模拟信号转换的设备，俗称“猫”。因为计算机处理的是数字信号，而电话线或光纤传输的是模拟信号，所以在计算机和电话线或光纤之间需要调制解调器实现数 / 模转换和模 / 数转换。在连接调制解调器时，把它的 Line 端口与电话线或光纤连接，把 LAN 端口通过网线与计算机的网卡连接起来。

2. 接入方式

目前，普通用户接入 Internet 的方式主要有光纤宽带接入、LAN 接入、无线接入三种。

（1）光纤宽带接入。光纤宽带接入是目前主流的一种光纤接入家庭的 Internet 接入方式，是指光纤直接到住宅，通过安装在家里的光网终端（（optical network terminal，ONT），俗称“光猫”）将计算机等设备接入 Internet 的技术，如图 3-12 所示。

（2）LAN 接入。LAN 接入其实就是通过双绞线，直接与宽带运营商的小区宽带交换机相连。LAN 接入的覆盖范围一般在距离交换机 100 m 以内。

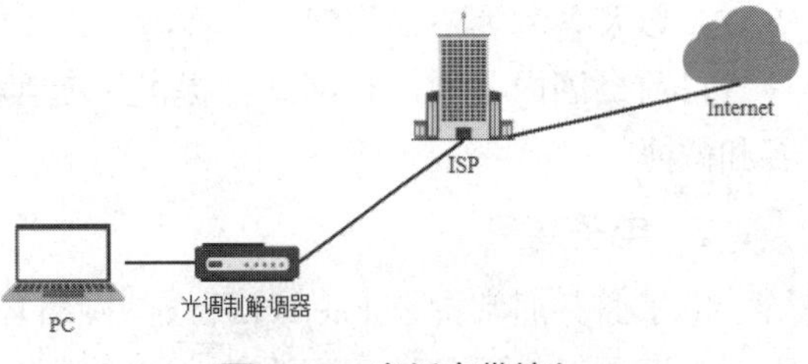

图 3-12　光纤宽带接入

（3）无线接入。无线宽带用户可通过无线宽带客户端自动搜索 Wi-Fi 网络，若上网账号认证通过，则完成无线宽带网络接入，并成功连接到 Internet。

3.4.3 Internet 的基本应用

1. 信息发布与浏览

单位或个人可以通过其网站发布信息，用户可以根据自己的需要查询信息。如图 3-13 所示是网页浏览器窗口。

图 3-13　网页浏览器窗口

在网络时代，普通网民也可以通过博客或微博等发布信息。

（1）博客（Web blog）。博客又译为网络日志、部落格等，是一种由个人管理、不定期张贴新的文章的网站。博客上的文章通常根据张贴时间，以倒序方式由新到旧排列。有些博客专注在特定的主题上提供评论或新闻，而有些博客则作为个人的在线日记。一个典型的博客结合了文字、图像、其他博客或网站的链接、其他与主题相关的媒体。博客能够让读者以互动的方式留下意见，参与讨论。博客是社会媒体网络的一部分。

（2）微博（microblog）。微博即微博客的简称，是一个基于用户关系的信息分享、传播以及获取平台，用户可以通过 Web、无线应用协议（wireless application protocol，WAP）以及各种客户端组建个人社区，以 140 字左右的文字更新信息，并实现即时分享。

目前，国内各大门户网站都提供了博客和微博服务，用户可以通过注册拥有自己的博客和微博。

2. 电子商务

电子商务通常指在 Internet 开放的网络环境下，基于浏览器 / 服务器应用方式，买卖双方互不谋面地进行各种商贸活动，实现消费者的网上购物、商户之间的网上交易和在线电

子支付等各种商务活动、交易活动、金融活动和相关的综合服务活动的一种新型的商业运营模式。

网上购物属于电子商务的范畴，如在淘宝网（www.taobao.com）、京东商城（www.jd.com）等网络交易平台上进行购物。

3. 信息检索

随着互联网（特别是移动互联网）的普及与发展，大量的信息资源放在互联网上，如何从互联网上挖掘出自己需要的信息变得越来越重要。

信息检索（information retrieval）是指将信息按一定的方式组织起来，并根据用户的需要找出有关信息的过程和技术。广义的信息检索包括信息的存储与检索；狭义的信息检索就是信息检索过程的后半部分，即从信息集合中找出所需信息的过程。信息检索是获取知识的捷径，是科学研究的向导，是终身教育的基础。

1）使用搜索引擎检索信息

Internet 是一个巨大的信息库，其信息分布在全世界各个角落的计算机上，要快速地从 Internet 上获取信息，比较便捷的方式是使用信息检索工具。

搜索引擎是浏览和检索数据集的工具，是 Internet 上的站点，它们保存了 Internet 上很多网页的检索信息，并不断地更新。当用户查找某个关键词时，所有在页面内容中包含了该关键词的网页都将作为搜索结果被搜索出来，再经过复杂的算法，按照与搜索关键词的相关度从高到低依次排序，呈现在结果网页中。在结果网页中，罗列了相关网页的链接，用户可以根据页面中的简介选择打开相应的链接。常用的搜索引擎有百度（www.baidu.com）、360 搜索（www.so.com）、搜狗搜索（www.sogou.com）等。

例如，通过搜索引擎来获取北京旅游的相关资料，主要是要提炼搜索关键词和细化搜索条件，可以把“北京旅游”“北京旅游景点”“北京二天游攻略”等作为关键词进行搜索。通过百度搜索结果，如图 3–14 所示。

图 3–14　搜索结果

搜索引擎的高级搜索功能介绍如下（以百度为例）：

（1）把搜索范围限定在网页标题中——intitle。网页标题通常是对网页内容纲领式的归纳。把查询内容范围限定在网页标题中，有时能获得良好的效果。使用的方式是把搜索内容中特别关键的部分，用“intitle:”限定词引领。在“intitle:”和后面的关键词之间，不要有空格。例如，可以通过输入“旅游 intitle: 北京”来搜索北京旅游的相关资料。

（2）把搜索范围限定在特定站点中——site。用户如果知道某个站点中有自己需要找的内容，就可以把搜索范围限定在这个站点中，以提高查询效率。使用的方式是在搜索内容的后面加上“site: 站点域名”。限定词“site:”后面的站点域名不要带“http://”，“site:”和站点域名之间不要带空格。例如，到天空网下载“WinRAR”软件，可以输入“WinRAR site:skycn.com”进行查询。

（3）把搜索范围限定在 URL 链接中——inurl。URL 是指地址栏里的内容，而“inurl”的意思是限定在 URL 中搜索。网页的 URL 中常常含有非常精确的关键词。用户如果对搜索结果的 URL 进行某种限定，就可以快速准确地找到所需信息。实现的方式是在“inurl:”限定词后跟需要在 URL 中出现的关键词。“inurl:”和后面的关键词之间不要有空格。例如，搜索关于 Photoshop 的使用技巧，可以输入“photoshop inurl:jiqiao”进行查询。这个查询串中的“photoshop”可以出现在网页的任何位置，而“jiqiao”则必须出现在网页的 URL 中。

（4）精确匹配——双引号和书名号。若输入的查询词很长，则百度在经过分析后，给出的搜索结果中的关键词可能是拆分的。若用户对这种情况不满意，则可以尝试让百度不拆分关键词。给关键词加上双引号，就可以达到这种效果。例如，搜索关键词为“中文期刊检索”，若不给关键词加双引号（半角英文标点符号）进行搜索，则关键词会自动被拆分，搜索结果不是很满意；若给关键词加上双引号进行搜索，则获得的结果将符合要求。

同样，若搜索内容为“大学计算机基础”，则结果为有关大学计算机基础的全部内容；若输入“《大学计算机基础》”进行搜索，则结果为只与《大学计算机基础》图书有关的内容。

（5）要求搜索结果中不含特定查询词。若用户希望在搜索结果中仅出现某关键词而不出现另一关键词的内容，则可以通过使用减号“–”限定词去除所有这些含有特定关键词的网页。前一个关键词和减号之间必须有空格，否则减号会被当成连字符处理，而失去减号语法功能。例如，搜索“笑傲江湖”，希望是关于游戏方面的内容，结果却发现很多关于电视剧方面的网页，那么就可以输入“笑傲江湖 –（电视剧）”作为关键词进行搜索。

【拓展知识】搜索引擎可以分通用搜索和垂直搜索两类。通用搜索一般是指综合搜索引擎，如百度。垂直搜索引擎是应用于某一个行业、专业的搜索引擎，是搜索引擎的延伸和应用细分化。例如，一淘网（www.etao.com）是一个专业的购物搜索引擎。

2) 检索中文期刊

国内中文期刊检索网站有中国知识基础设施工程（China national knowledge infrastructure，CNKI）、维普、万方等。这里主要介绍 CNKI。

CNKI（www.cnki.net）由《中国学术期刊（光盘版）》电子杂志社、清华同方知网（北京）技术有限公司主办，是基于《中国知识资源总库》的全球最大的中文知识门户网站，具有

知识的整合、集散、出版和传播功能。目前，CNKI 系列数据库包括中国期刊全文数据库、中国博士学位论文全文数据库、中国优秀硕士学位论文全文数据库等重要数据库。

CNKI 系列数据库的使用方法：在 CNKI 提供的搜索界面中，除关键词外还可设置文献检索、知识元检索、引文检索等选项。在结果页面中，可以按主题、发表年度、文献来源、学科、作者等来进行过滤，也可以按相关度、发表时间、被引或下载数进行排序显示。搜索结果页面如图 3–15 所示。

图 3–15　CNKI 搜索结果页面

【**拓展知识**】CNKI 是一种基于 Web 的资源数据库，在 Internet 上，还有很多类似的服务，如在线词典中的金山词霸（www.iciba.com）、书法字典（www.sfzd.cn）。在 Web 2.0 时代，由众网友参与建设的信息资源数据库应运而生，如百度旗下的百科（baike.baidu.com）、文库（wenku.baidu.com）等。这些资源库为用户查找相关资料提供了方便。

4. 网络学习

随着网络技术发展而出现的网络化学习，又称为在线学习。它是通过在网上建立教学平台，学员应用网络进行在线学习的一种全新方式。这种在线学习方式是由多媒体网络学习资源、网上学习社区及网络技术平台构成的全新的学习环境。在线学习具有不受时间、地点、空间限制的特点，是“终身学习”的良好方式。

当前热门的学习和查找资料网站包括慕课（massive open online course，MOOC）平台、网络学习社区和论坛、数字图书馆等几类。

（1）MOOC 平台，即大规模开放在线课程平台。MOOC 起源于美国，后在全世界范围内得到快速发展。MOOC 平台为学习者提供一个自主学习的平台，MOOC 课程内容广泛、受众面广，并且还有结合课程的相应工具、课程测试等，给学习者提供了方便。在我国，较为著名的 MOOC 平台有中国大学 MOOC（www.icourse163.org，主页面如图 3–16 所示）、学堂在线（www.xuetangx.com）、网易云课堂（study.163.com）等平台。

图 3-16　中国大学 MOOC 平台的主页面

（2）网络学习社区和论坛。在网络学习社区和论坛上积累了大量的信息资源，这类社区和论坛具有主题鲜明、为某一类固定用户服务等特点。在学习和科研领域，主要社区和论坛包括小木虫（muchong.com）、科学网（www.sciencenet.cn）、考研论坛（bbs.kaoyan.com）等。小木虫主要是针对学术、科研领域，用户主要是科研人员、高等学校教师、博士研究生、硕士研究生等，在我国具有较大的影响力。科学网是一个服务华人科学、高等教育界的著名网络社区，主要分为新闻、博客、院士、人才、会议、论文、基金、大学等模块，是一个用户数量庞大、层次高的网络社区。考研论坛是供考研学生交流的平台，为用户提供目标院校最新资讯、前辈经验分享、招生信息、复习指南等功能。

（3）数字图书馆。数字图书馆是使用数字化技术建立的图书馆。数字图书馆存储图文并茂的电子图书、期刊、论文等资料，是一个虚拟的电子图书馆，区别于传统的有围墙的图书馆。数字图书馆存储了丰富的数字资源，用户可以在任何地方、任何时间通过互联网登录数字图书馆，查找需要的图书、期刊、论文等材料。目前，我国较为著名的数字图书馆有中国国家数字图书馆（www.nlc.cn）、超星数字图书馆（www.sslibrary.com）等。

5. 在线娱乐

Internet 也提供了在线影视、音乐、网络游戏等娱乐平台。工作学习之余，人们可以很方便地通过 Internet 观看电影电视、欣赏音乐和玩游戏。

6. 云应用

“云应用”是“云计算”概念的子集，是云计算技术在应用层的体现。云应用跟云计算最大的不同在于，云计算作为一种宏观技术发展概念而存在，而云应用则是直接面对客户解决实际问题的产品。

“云应用”是把传统软件“本地安装、本地运算”的使用方式变为“即取即用”的服务，通过互联网连接并操控远程服务器集群，完成业务逻辑或运算任务的一种新型应用。“云应用”的主要载体为互联网技术，以瘦客户端（thin client）或智能客户端（smart client）的展现形式提供用户交互。云应用具有跨平台、易使用等特点。

下面列举一些常见的云应用：

（1）在线办公。在线办公是指个人和组织所使用的办公类应用的计算和存储两个部

分功能，不是通过安装在客户端本地的软件提供，而是由网络上的应用服务予以提供，用户只通过本地设备实现与应用的交互功能。国内在线办公应用有金山文档（www.kdocs.cn）等。

（2）云存储网盘。网盘基于云存储技术实现，将用户数据保存在云存储空间中，提供文件同步备份和共享等功能。在网络环境中，网盘能代替U盘等移动存储设备，方便用户随时随地通过计算机终端或其他移动终端访问网盘文件。这类应用有百度网盘（pan.baidu.com）等。

3.5 App技术简介

3.5.1 App的基本概念

App是针对智能手机、平板电脑等移动终端设备开发的应用程序（application）的简称。随着智能手机等移动设备的广泛普及，App的数量越来越庞大，功能也越来越全面。

App应用主要包括新闻资讯、生活应用、视频播放、社交通信、游戏娱乐、工具软件等类型。按操作系统对App进行分类，可分为iOS App，Android App和Windows Phone App三种类型。

App的开发流程与PC系统上的软件开发流程相似，主要包括需求分析、用户界面设计、代码编写、软件测试、试运行、应用市场上线发布等步骤。App需要依靠手机操作系统进行开发，因此对于不同操作系统的App，其开发环境和工具也不一样。对于iOS操作系统，开发App主要使用Objective-C语言和Xcode集成开发工具；对于Android操作系统，开发App主要使用Java语言和Android Studio集成开发工具。

3.5.2 App制作简介①

App的开发过程需要掌握多方面的知识，包括：掌握Java或Objective-C等编程语言，掌握Android或iOS开发环境和机制，熟悉数据库知识，掌握用户界面（user interface，UI）设计知识，具有良好的算法基础，掌握应用程序接口（application program interface，API）开发知识，熟悉网络相关协议等。因此，开发过程往往是由一个开发团队负责。

从底层开始开发App，需要大量的时间。目前，很多网站提供了App快速制作平台，这些App开发网站提供丰富的模板供用户选择，用户在模板的基础上增加、删除功能模块，进行UI设计等，最终生成App程序。该类型App制作不需要进行编程，适合非计算机专业人员设计App。

制作App的平台较多，下面以“应用公园”为例，介绍“巨人计算机公司”App的制作。

第1步，注册新用户。登录应用公园（www.appark.cn）网站，填写相关信息进行注册，如图3-17所示。

①本部分为选学内容。

图 3–17 注册新用户

图 3–18 选择“立即制作”模式

第 2 步，在应用公园网站主界面单击“开始制作”按钮，再单击“立即制作”按钮，如图 3–18 所示。

第 3 步，进入“主题模式”界面，用户可以在“主题模式”界面中选择需要的主题，主题包括“在线商城”“同城生活”“企业品牌”“新闻自媒体”“其他”等大类。主题分为收费的 VIP 版和免费版，在本案例中，选择“企业品牌”下的“企业名片”模板进行设计，该模板属于免费主题，如图 3–19 所示。

图 3–19 选择“企业名片”模板

第 4 步，进入主题模式的基本设置界面，输入应用名称，分别上传应用图标和启动页。注意上传的图标和启动页需要按照规定的尺寸进行上传。最后单击“保存 & 制作”按钮

进入下一步，如图 3–20 所示。

图 3–20 基本设置

第 5 步，进入“应用页面”设置界面，如图 3–21 所示，在已有模板的基础上自定义修改模板内容。可以新建组、删除组、新建页面、删除页面，也可以修改模板上的图片、文字，形成个性化的 App，单击“保存页面”按钮进行保存。

图 3–21 “应用页面”设置界面

第 6 步，单击“生成”按钮，开始生成 App，如图 3–22 所示，App 生成后可以在“应用管理”页面下载 App，也可以用手机扫描二维码下载 App，然后在手机中安装运行该 App，若对 App 不满意，则可以重新返回对页面进行修改，再生成新的 App。

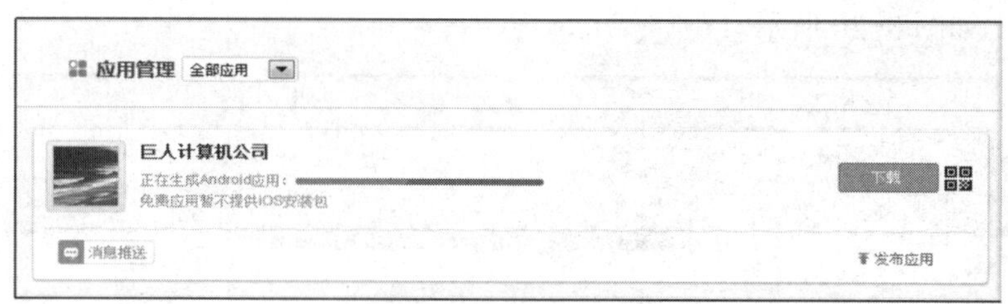

图 3-22　生成 App

3.6　网络安全

随着计算机网络应用的迅速普及，由于它的开放性与自由性，难以进行统一有效的管理。因此，与网络相关的信息安全、社会责任及职业道德至关重要。

1. 基本概念

1）计算机安全

按照 ISO 所给出的定义，所谓“计算机安全”，是指为数据处理系统建立和采取的技术及管理的安全保护，保护计算机硬件、软件和数据不因偶然的或恶意的原因遭到破坏、更改和泄露。

计算机安全包含物理安全和逻辑安全。物理安全是指计算机系统设备以及相关的设备受到保护，免于破坏、丢失等；逻辑安全则指保障计算机信息系统的安全，即保障计算机中处理信息的完整性、可用性及保密性。

2）信息安全

信息安全主要涉及信息存储的安全、信息传输的安全以及对网络传输信息的审计三个方面。广义上，凡是涉及信息的完整性、保密性、真实性、可用性和可控性的相关技术和理论，都是关于信息安全的研究领域。

3）网络安全

网络安全的具体含义随着“研究角度”的变化而变化。

从用户的角度来说，希望涉及个人隐私或商业利益的信息在网络上传输时能保持信息的机密性、完整性和真实性，能避免其他人或对手利用窃听、冒充、篡改、抵赖等手段侵犯用户的利益和隐私，同时也能避免其他用户的非授权访问和破坏。

从网络运行和管理者的角度来说，希望对本地网络信息的访问、读写等操作行为能受到保护和控制，避免病毒、非法存取、拒绝服务、网络资源被非法占用和非法控制等现象出现，防御和制止网络黑客的攻击。

从安全保密部门的角度来说，希望对非法的、有害的或涉及国家机密的信息进行过滤，避免机要信息被泄露，避免对社会产生危害，对国家造成巨大损失。

从社会教育和意识形态的角度来说，网络上不健康的内容，会对社会的稳定和人类的发展产生危害，必须对其进行控制。

从本质上来说，网络安全就是网络上的信息安全，是指网络系统的硬、软件及其中的

数据受到保护，不会因偶然的或者恶意的因素而遭到破坏，并且系统能连续地、可靠地运行，网络服务持续不中断。网络安全涉及的内容既有技术方面，也有管理方面，两方面相互补充，缺一不可。技术方面主要侧重于防范外部非法用户的攻击，管理方面则侧重于内部人为因素的管理。如何能更有效地保护重要的数据信息，提高计算机网络系统的安全性，已经成为在所有计算机网络应用中必须考虑和必须解决的一个重要问题。

4) 信息安全、计算机安全和网络安全的关系

在当今信息化时代中，信息、计算机和网络已经融为一体，彼此之间不可分割。信息的采集、加工、存储都是以计算机为载体的，而信息的发布、传输、共享则依赖于网络系统。

对网络安全造成的威胁可根据其危害性分成两类：一类是以破坏计算机系统为目标的行为，另一类是以窃取他人的资料为目的的行为。前者主要采用的手段是编写病毒程序，通过网络传播的途径达到目的，后者是通过网络以各种技术手段非法侵入他人的计算机系统盗取他人的资料加以利用。

2. 常见的网络威胁

（1）广告软件。广告软件是在计算机上显示广告的软件，通常和下载的软件一起分发。广告软件通常显示在弹出式窗口中。广告软件弹出式窗口有时很难控制，其打开新窗口的速度比用户关闭它们的速度还快。

（2）间谍软件。间谍软件类似于广告软件。它在无用户干预或用户不知情的情况下分发。间谍软件安装并运行后，便会监控计算机上的活动，然后将信息发送给启动该间谍软件的个人或组织。

（3）灰色软件。灰色软件类似于广告软件。灰色软件可能是恶意软件，但有时是在用户同意的情况下安装的。例如，免费的软件程序可能需要安装一个工具栏，用于显示广告或跟踪用户的网站记录。

（4）网络钓鱼。在网络钓鱼中，攻击者将自己伪装成外部机构（如银行）的合法人员。他们通过电子邮件、电话或文本消息联系潜在受害者。攻击者可能会声称，为了避免某些严重后果，要求对方提供验证信息（如密码或用户名）。

（5）病毒。病毒是由攻击者恶意编写并发送的程序，通过电子邮件、文件传输和即时消息传播到其他计算机。病毒可将自身附加到计算机代码、软件或计算机上的文档，并隐藏起来。当这些文件被访问时，病毒会运行并感染计算机。病毒有可能会破坏甚至删除计算机上的文件，借助用户的电子邮件传播到其他计算机，阻止计算机开机，导致应用程序无法加载或无法正常运行，甚至擦除整个硬盘。若病毒传播到其他计算机，则这些计算机也会继续传播病毒。

（6）蠕虫。蠕虫是一种对网络有害的自体复制型程序，它通常在没有用户干预的情况下，利用网络将自己的代码复制到网络主机上。蠕虫与病毒不同，它无须附加到程序以此达到感染主机的目的。蠕虫通常会自动利用合法软件中的已知漏洞进行传播。

（7）特洛伊木马。特洛伊木马是伪装成合法程序的恶意软件。木马威胁隐藏于软件中，表面上看似不执行任何操作，暗中却会执行恶意操作。木马程序可以像病毒一样复制，并传播到其他计算机。受到感染的计算机可以将关键数据发送给竞争对手，同时感染网络上

的其他计算机。

（8）垃圾邮件。垃圾邮件是指未经请求而发送的电子邮件。大多数情况下，垃圾邮件仅作为一种广告手段。然而，垃圾邮件中也会有不良链接、恶意程序或欺骗性内容等，企图从中获得敏感信息（如社会保险号或银行账户信息）。

（9）TCP/IP 攻击。TCP/IP 是控制 Internet 通信的协议集。但是，TCP/IP 的某些功能可能会被操纵，从而导致网络漏洞。TCP/IP 攻击主要有以下几种方式：

① 拒绝服务（denial of service，DoS）：DoS 是一种阻止用户访问正常服务（如电子邮件或 Web 服务器）的攻击形式，原因是系统忙于处理大量异常请求。DoS 的工作原理是通过发送大量请求占用系统资源，使请求的服务过载，并停止运行。

② 分布式 DoS：DoS 攻击利用许多感染病毒的计算机或网络（称为僵尸电脑或僵尸网络）发起攻击。其目的是阻止或淹没其他用户对目标服务器的正常访问。

③ 同步段（synchronization segment，SYN）泛洪攻击：SYN 请求是指为建立 TCP 连接而发送的初始通信。SYN 泛洪攻击在攻击源处随机打开 TCP 端口并用大量伪造 SYN 请求捆绑网络设备或计算机，导致用户与其他设备或计算机的正常会话被拒绝。

④ 欺骗：在欺骗攻击中，计算机伪装成受信任的计算机以访问资源。该计算机利用仿冒的 IP 或媒体访问控制（media access control，MAC）地址冒充网络上受信任的计算机。

⑤ 中间人：攻击者通过截获计算机之间的通信来窃取网络传送的信息，以此执行中间人攻击。中间人攻击也可用于操纵主机之间的消息并传播虚假信息，而主机并不知道消息已被修改。

3. 网络安全技术简介

网络威胁越来越多，网络安全技术必须与时俱进。

1）病毒防护软件

病毒防护软件也称为防病毒软件或杀毒软件，专门用于检测、禁用和删除病毒、蠕虫和特洛伊木马。但杀毒软件很快会过时，因此技术人员在定期维护过程中应使用最新的更新、补丁和病毒定义。许多组织机构都制定了书面安全策略，明确规定不允许员工安装非本公司提供的任何软件。同时，组织机构也让员工认识到打开可能包含病毒或蠕虫的电子邮件附件的危险性。

2）虚拟网技术

虚拟网技术主要基于近年发展的局域网交换技术，如异步传输模式（asynchronous transfer mode，ATM）和以太网交换，交换技术将传统的基于广播的局域网技术发展为面向连接的技术。因此，网管系统有能力限制局域网通信的范围而无须通过开销很大的路由器。

3）防火墙技术

防火墙技术是一种用来加强网络之间的访问控制，防止外部网络用户以非法手段通过外部网络进入内部网络、访问内部网络资源，保护内部网络操作环境的特殊网络互联设备。它对两个或多个网络之间传输的数据包按照一定的安全策略来实施检查，以决定网络之间的通信是否被允许，并监视网络运行状态。客户端一般采用软件防火墙，服务器端一般采用硬件防火墙，关键性的服务器一般都在防火墙之后。

4）入侵检测技术

利用防火墙技术，经过仔细的配置，通常能够在内、外网之间提供安全的网络保护，降低网络安全风险。但是，仅使用防火墙还远不能保障网络安全，因为入侵者可寻找防火墙背后可能敞开的后门，或者由于性能的限制，防火墙通常不能提供实时的入侵检测能力。

入侵检测系统是近年出现的新型网络安全技术，目的是提供实时的入侵检测并采取相应的防护手段，如记录证据用于跟踪和恢复、断开网络连接等。实时入侵检测能力之所以重要，首先是因为它能够对付来自内部网络的攻击，其次是它能够缩短黑客入侵的时间。

5）信息加密技术

信息加密技术的基本原理是伪装信息，使非法获取者无法理解信息的真正含义。所谓伪装就是对信息进行一级可逆的数学变换，俗称加密。某些只能被通信双方所掌握的关键信息称为密钥。密钥越长，破译越困难。

【注意】加密系统的安全性基于密钥，而不是基于信息的数学变换算法。加密与解密是密码学领域研究的内容，甚至成为社会学的范畴。

6）认证和数字签名技术

认证技术主要解决网络通信过程中通信双方的身份认可，数字签名作为身份认证技术中的一种具体技术，可用于通信过程中的不可抵赖要求的实现。例如，认证技术应用到企业网络中包括路由器和交换机之间的认证、操作系统对用户的认证等。

本章小结

计算机网络技术是计算机技术与通信技术结合的产物。掌握计算机网络的基础知识，掌握Internet的各种应用，遵守网络使用的道德规范是信息社会公民必备的基本素质。

思考与练习

一、选择题

1. 下列域名中，表示教育机构的是（ ）。

A. www.nlc.cn　　B. www.people.com

C. www.ioa.ac.cn　　D. www.gdupt.edu.cn

2. URL的格式是（ ）。

A. 协议://IP地址或域名/路径/文件名

B. 协议://路径/文件名

C. TCP/IP

D. HTTP

3. 下列各项中，非法的IP地址是（ ）。

A. 126. 96. 2. 6　　B. 190. 256. 38. 8

C. 205. 115. 7. 15　　D. 205. 226. 1. 68

4. Internet在我国被称为因特网或（ ）。

A. 网中网　　B. 国际互联网　　C. 国际联网　　D. 计算机网络系统

5. Internet 上的服务都是基于某一种协议，Web 服务是基于（　）。

A. SNMP　　B. SMTP　　C. HTTP　　D. Telnet

6. 电子邮件是 Internet 应用最广泛的服务项目，通常采用的传输协议是（　）。

A. SMTP　　B. TCP/IP　　C. CSMA/CD　　D. IPX/SPX

7. 计算机网络的目标是实现（　）。

A. 数据处理　　B. 文献检索

C. 数据通信和资源共享　　D. 信息传输

8. 当个人计算机以电话线拨号方式接入 Internet 时，必须使用的设备是（　）。

A. 网卡　　B. 调制解调器

C. 电话机　　D. 浏览器软件

9. 家庭用户与 Internet 连接的最常用方式是（　）。

A. 计算机与本地局域网直接连接，通过本地局域网与 Internet 连接

B. 将计算机与 Internet 直接连接

C. 计算机通过电信数据专线与当地 Internet 提供商的服务器连接

D. 计算机通过一个调制解调器用电话线与当地 Internet 提供商的服务器连接

10. 电子邮件地址的格式为“username @hostname”，其中“hostname”为（　）。

A. 用户名　　B. 国家名　　C. 单位名　　D. ISP 主机的域名

11. 局域网的简称是（　）。

A. LAN　　B. WAN　　C. MAN　　D. CN

12. IP 地址是一串难以记忆的数字，于是人们发明了（　）用于进行 IP 地址与用字母表示的主机名之间的转换工作。

A. DNS 域名系统　　B. Windows NT 系统

C. UNIX 系统　　D. 数据库系统

二、填空题

1. 计算机网络是________与________相结合的产物，最早出现于 20 世纪 50 年代。

2. 计算机网络具备数据通信、资源共享与分布式处理等三方面功能，其中以________为主要目标。

3. 域名是 IP 地址的字符形式表示，在域名“www.gdupt.edu.cn”中表示机构名的是________。

4. 云应用的工作原理是把传统的“本地安装、本地运算”的使用方式变为“__________”的服务。

5. 从本质上来说，网络安全就是网络上的________安全。

三、操作题

1. 设置两台局域网计算机的互访，设置共享文件夹或共享打印机。

2. 在 Internet Explorer 浏览器中完成下列操作：

（1）在地址栏输入“http://www.baidu.com”，打开百度主页。

（2）设置“http://www.baidu.com”为启动主页，并将其添加到收藏夹。

（3）在百度主页搜索框中输入“大学生诚信”进行搜索，从搜索结果中选择一个链接点保存下来。

3. 打开 http://www.edu.cn，所有操作结果均保存在个人文件夹中。

（1）保存整个网页，保存类型为默认的html类型，文件名为“index”。

（2）保存网页中的一个图片，将文件命名为“educn.jpg”。

（3）保存网页中的全部文字，保存类型为txt类型，文件名为“Index”。

4. 利用Internet Explorer浏览器下载文件。打开百度搜索引擎，输入“计算机应用基础”进行搜索。右击需下载文件的超链接，从快捷菜单中执行“目标另存为”命令，将文件保存到本地文件夹。

5. 使用百度网盘实现不同的计算机终端和移动终端间的文件共享。

6. 网络互联实验。

【设备简介】

（1）集线器。集线器在一个端口上接收数据，然后通过其他所有端口将数据发送出去。集线器可以连接到另一台网络设备，如交换机或路由器，从而也扩大了网络的到达范围。但由于集线器会将流量泛洪到与该集线器相连的其他所有设备，共享带宽，因此集线器的效率较低，现在已很少使用了。

（2）交换机。交换机成本低，现在已经替代集线器成为网络构建的主要设备。交换机将数据包从原端口送至目的端口。向不同的目的端口发送数据包时，就可以同时传送这些数据包，达到提高网络实际吞吐量的效果。

（3）路由器。路由器是连接Internet中各局域网、广域网的设备，它的主要工作就是为经过路由器的每个数据帧寻找一条最佳传输路径，并将该数据有效地传送到目的站点。

Cisco packet tracer（思科模拟器）组网仿真实验

【实验基础】

（1）路由器的接口模块。路由器有多种不同的接口，有的路由器只提供固定接口，有的可通过模块改变接口的种类和数量。下面仅介绍与实验有关的串行口与快速以太网口。思科路由器接口如图3-23所示。

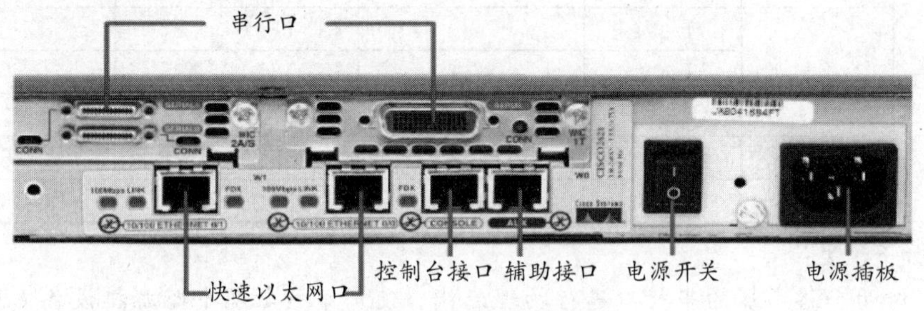

图3-23　思科路由器接口

① 广域网接口（串行口）：有同步串行口和异步串行口两种，用得较多的是同步串行口。例如wic-1t广域网接口卡，将该卡插到路由器的扩展槽位上，再配上相应的数据线缆，就能提供相应的广域网接口。

② 局域网接口（快速以太网接口）：用于连接局域网，有以太网、令牌环网、光纤分布式数据接口（fiber distributed data interface，FDDI）等。目前用得较多是RJ-45型的以太网接口，它也是常见的双绞线以太网端口。

（2）路由器设置规则。

① 路由器的网络接口通常需要一个IP地址。

② 两个直连的路由器相邻接口的IP地址必须在同一网络中。

③ 一个路由器的各个接口的IP地址需要在不同的网络中。

【实验内容】

某高等学校正在建设新校区，需要把旧校区（官渡校区）网络与新校区（西城校区）网络通过路由器连接，并做适当配置，实现两个网络的通信。

本实验的网络初始拓扑结构以及相应的初始配置参数如图3–24和表3–2所示。

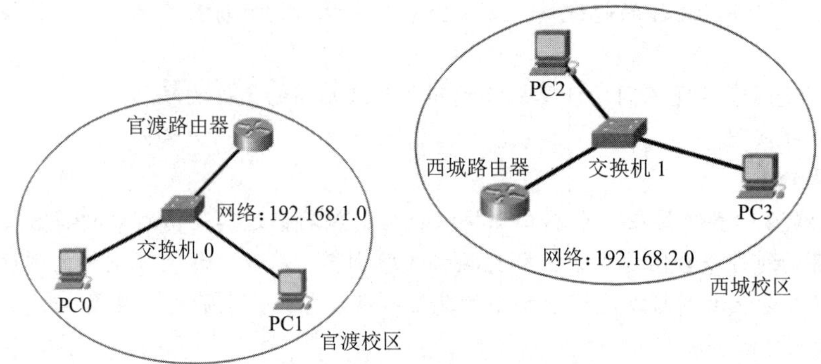

图 3–24　网络初始拓扑结构

表 3–2　初始配置参数

设备		接口	IP 地址	子网掩码	默认网关
旧校区	路由器	Fa0/0	192.168.1.254	255.255.255.0	/
	交换机 0	Fa0/1			
		Fa0/2			
		Fa0/24	/	/	/
	PC0	Fa0	192.168.1.1	255.255.255.0	192.168.1.254
	PC1	Fa0	192.168.1.2	255.255.255.0	192.168.1.254
新校区	路由器	Fa0/0	192.168.1.254	255.255.255.0	/
	交换机 1	Fa0/1			
		Fa0/2			
		Fa0/24	/	/	/
	PC2	Fa0	192.168.2.1	255.255.255.0	192.168.2.254
	PC3	Fa0	192.168.2.2	255.255.255.0	192.168.2.254

完成如下设置：

（1）对两个路由器的串行口进行物理连线。使用串行数据电路端接设备（data circuit-terminating equipment，DCE）连线，分别连接两个路由器的串行口模块 Serial 0/0/0。

（2）实现两个路由器串行口的通信。设置旧校区路由器端口 Se0/0/0：IP 地址 192.168.3.1、子网掩码 255.255.255.0，时钟频率为默认 200 000，端口状态为开启。同样地，设置新校区路由器端口 Se0/0/0：IP 地址 192.168.3.2、子网掩码 255.255.255.0，时钟频率为默认 200 000，端口状态为开启。

（3）设置网络终端的默认网关。设置 PC0 与 PC1 的默认网关为旧校区路由器 IP 地址 192.168.1.254，设置 PC2 与 PC3 的默认网关为新校区路由器 IP 地址 192.168.2.254。

（4）设置路由器的静态路由表（路由转发）。配置旧校区服务器的静态路由设置：网络 IP 地址 192.168.2.0、子网掩码 255.255.255.0、下一跳 192.168.3.2；同样地，配置新校区服务器的静态路由：网络 IP 地址 192.168.1.0、子网掩码 255.255.255.0、下一跳 192.168.3.1。

（5）验证 PC0，PC1 能分别与 PC2，PC3 相互通信，如图 3–25 所示。

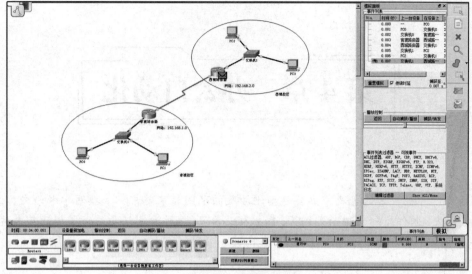

图 3–25　模拟环境

使用 Add Simple PDU（图 3–25 右边的信封图标）添加 PDU 邮件，从 PC0 发送到 PC2，测试其联通性（第一次发出这种单一 Ping 消息时，将显示为 Failed，这是 ARP 过程所致，再次发送将会成功）。单击右下角“模拟”图标，再单击“捕获 / 转发”按钮，在模拟环境下查看 ICMP 数据报的传输路径，然后进行分析并完成表 3–3 所示的设置要求。

表 3–3　设置要求

序号	上一台设备	在设备上
1	/	PC0
2	PC0	交换机 0

【注意】实验过程请使用正确的物理连线并连接相应的接口，并对接口做软件设置。发送邮件前要等待链路指示灯变成绿色。在实验过程中，要重点理解局域网的构建以及不同局域网的连接方法。

【拓展实验】

如果有三个校区，其网络如图 3–26 所示。应该如何进行物理连线和软件设置，以实现三个校区的网络互联?

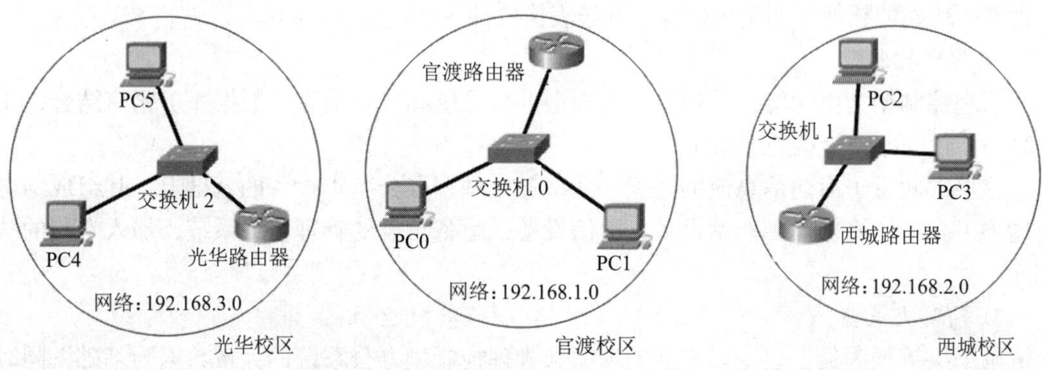

图 3–26　三个校区的网络互联

第4章　办公自动化

随着计算机应用的普及，办公自动化涉及的范围越来越广，如撰写学术论文、制作学生成绩表、制作精彩的演示文稿等，都是人们学习、工作和生活中应该掌握的基本技术。

4.1　办公自动化概述

1. 办公自动化的含义

办公自动化是一门综合性技术，是现代信息社会的重要标志之一。办公自动化是将计算机技术、通信技术、系统科学及行为科学应用于办公事务处理的一项综合技术。

随着信息技术的不断进步，办公自动化的未来发展将体现环境网络化、操作无纸化、服务无人化、业务集成化、设备移动化、信息多媒体化、系统智能化等特点。

2. 办公自动化的层次

办公自动化一般分三个层次，面向不同层次的使用者由不同的表现和结构组成。

1) 事务处理型

事务处理型为最基本的应用，包括文字处理、日程安排、行文管理、电子邮件处理、人事管理、工资管理以及其他事务处理。该层次应用为办公人员提供良好的办公手段和环境，使之准确、高效、愉快地工作。

该层次由计算机配备的基本的办公设备（如复印机、打印机等）和简单的通信网络、各种基本功能的软件（如文字处理、电子表格软件等）组成。

2) 管理控制型

管理控制型为中间层，它把事务处理型办公系统和综合信息（数据库）紧密结合，是一种一体化的办公信息处理系统。

该层次侧重于面向信息流的处理。在事务处理型办公基本设备的基础上，其组成结构上增加了高档计算机和工作站设备、通信设备，配备自己的管理信息系统，加入专用的数据库。

3) 辅助决策型

辅助决策型为最上层，以事务处理型和管理控制型办公系统的大量数据为基础，同时又以其自有的决策模型为支持。它运用科学的数学模型，以单位内部和外部的信息为条件，

为决策提供参考数据。

该层次的办公设备需在综合通信网的支持下工作，其软件在管理控制型办公系统的基础上，扩充了决策支持功能。

3. 办公自动化软件

Microsoft 公司的 Office、金山公司的 WPS 等都是目前较常用的办公软件，能处理基本的办公事务。Microsoft Office 2016（以下简称 Office 2016）是一套在 Windows 平台上运行的，将几个常用的、功能互补的桌面应用程序捆绑成的软件包，它包括文字处理 Microsoft Word 2016（以下简称 Word 2016）、电子表格 Microsoft Excel 2016（以下简称 Excel 2016）、演示文稿 Microsoft PowerPoint 2016（以下简称 PowerPoint 2016）等多个应用程序。

在现代办公中，熟练掌握和应用信息处理与发布技术，有助于简化工作，轻松高效地完成任务。办公自动化软件使得信息处理变得更加简化、直观、高效。

4.2　文字处理 Word 2016

文字处理是现代办公事务中最重要的工作之一。Word 2016 是 Office 2016 的文字处理软件，它将文字的输入、编辑、排版、存储和打印融为一体，彻底改变了用纸和笔进行文字处理的传统方式。其直观的屏幕效果，丰富、强大的处理功能，能极大提高工作效率。

4.2.1　Word 2016 工作环境

1. 工作界面

Word 2016 的工作界面主要包括快速访问工具栏、选项卡、功能区、编辑区等部分，如图 4–1 所示。

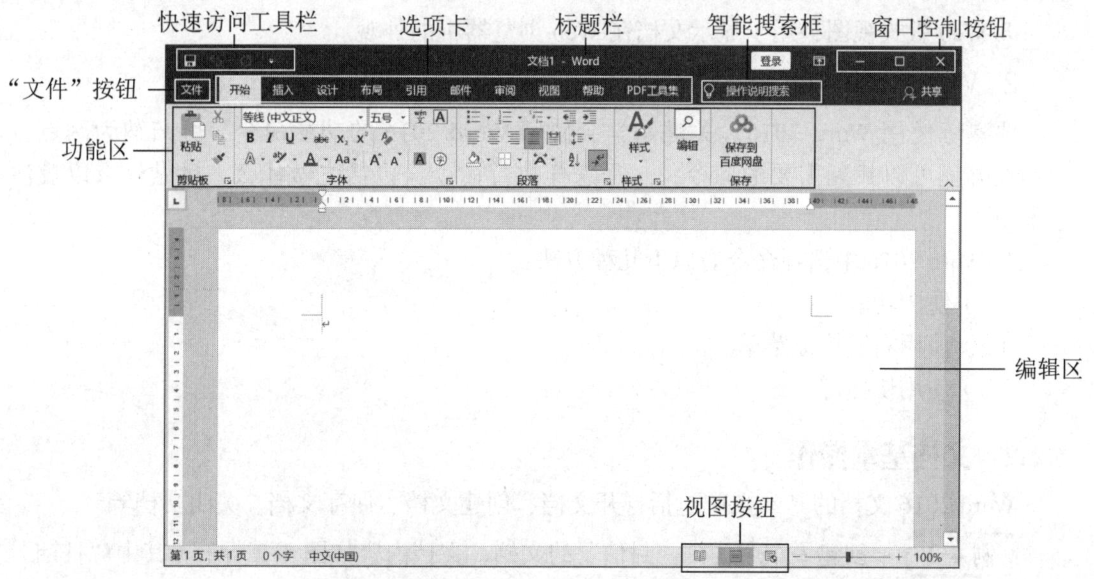

图 4–1　Word 2016 的工作界面

该工作界面的主要组成部分作用如下：

（1）快速访问工具栏。快速访问工具栏默认情况下，包括“保存”“撤消”和“恢复”三个按钮，用户可以根据需要进行添加。

（2）选项卡和命令按钮。选项卡将性质相同的命令归类，单击选项卡就可以展示该类相应的功能命令按钮。

（3）编辑区。编辑区是用于显示或编辑文档内容的工作区域。编辑区中闪烁着的垂直条称为“光标”或“插入点”，它代表当前插入位置。

（4）标题栏。标题栏显示当前文档名。首次进入 Word 2016 时，默认文档名为“文档 1”，其后依次是“文档 2”“文档 3”……Word 2016 文档的扩展名是“docx”。

（5）智能搜索框、“登录”和“共享”按钮。智能搜索框是选项卡右侧的“操作说明搜索”，在其中输入想要执行的操作即可轻松利用此功能并获得帮助；“登录”按钮用于登录 Office 2016，可以从任何位置访问云文档；“共享”按钮用于与他人实时协作、共同分享、编辑文档（文档需要预先保存到 OneDrive 位置）。

（6）窗口控制按钮。窗口控制按钮包括“功能区显示选项”“最小化”“最大化/向下还原”和“关闭”等按钮。

（7）“文件”按钮。“文件”按钮用于打开“文件”菜单，包括“新建”“打开”和“保存”等命令。

（8）水平和垂直标尺、水平和垂直滚动条。水平和垂直标尺用于显示或定位文档的位置；水平和垂直滚动条用于查看左、右和上、下的文档内容。

（9）视图按钮。视图按钮用于切换文档的查看方式，从不同的侧面展示一个文档的内容。视图方式如下：

① 阅读视图：用于阅读和审阅文档，以书页的形式显示文档。

② 页面视图：系统默认视图，是制作文档时最常用的一种视图。文档在屏幕上的显示效果与文档打印的效果完全相同，真正做到“所见即所得”。

③ Web 版式视图：用于显示文档在 Web 浏览器中的外观。

2. Word 2016 功能命令的使用

要熟练使用 Word 2016，关键是学会使用 Word 2016 的功能命令，可归纳为两点：一是在哪里可以找到需要的命令；二是怎样执行命令，包括先做什么、后做什么以及注意事项。

在 Word 2016 中选择命令有以下几种方法：

（1）使用功能区。

（2）使用右键快捷菜单。

（3）使用快捷键。

4.2.2 文档基本操作

Word 2016 文档的基本操作包括打开文档、创建文档、保存文档、关闭文档等。

例 4-1 创建一个名为“一封信”的文档，文档内容如图 4–2 所示（其中“日期”

能自动更新）。

一封信

团团：你好！

我近来在学习《论语》中为人处世的道理，其中“三人行，必有我师焉”让我学会了选择朋友；“不耻下问”让我学会了如何攻克更多难题；“君子成人之美，不成人之恶”让我学会了怎样做一个君子……

听说你最近对历史很着迷，特寄给你两本我国古代著名的史书《春秋·左传》和《史记》，希望你能喜欢！

有空常联系。☎：06681234567；✉：tuantuan@qq.com。纸短情长，再祈珍重！

圆圆

2021 年 2 月 14 日星期日晚🕘

图 4–2　“一封信”文档

问题分析：文本是中英文字符、符号、特殊字符以及公式等内容的总称。本例的主要任务是文本输入，特别是一些特殊字符、日期等内容的输入。

1．输入文本

打开 Word 文档操作窗口即可进行文档操作。在输入文本过程中，当文本输入到达一行的最右端时，会自动跳转到下一行起始位置。当输入完一段文本后，要按 [Enter] 键结束，另起一个新段落继续输入。

【提示】按 [Ctrl]+ 空格键或 [Shift] 键可在中、英文输入法状态之间进行切换。如果安装了多个中文输入法，则可依次按 [Ctrl]+[Shift] 快捷键切换到所需的输入法。

以搜狗拼音输入法为例，如图 4–3 所示，其状态栏上的按钮名称从左至右依次为“中 / 英文（Shift)”“全 / 半角（Shift+Space）”“中 / 英文标点（Crl+.）”“语音”“输入方式”（内含软键盘）等，单击各按钮可实现切换。

图 4–3　搜狗拼音输入法

在 Word 中，按 [Enter] 键产生段落标记“↵”，表示一个段落的结束。段落标记只是为方便我们进行文档编辑而设置的，打印时不会被打印出来。另外，标记“↓”是在按 [Shift]+[Enter] 快捷键时产生的强制换行符，可用于诗词的输入等。

1）特殊符号输入

☎，✉，🕘 等一些特殊符号的输入，需要通过 word 中插入符号的功能来实现。例 4-1 输入特殊符号的操作，在光标定位之后按如下步骤进行：

（1）单击“插入”选项卡，在“符号”功能组中选择“符号”命令按钮，然后选择“其他符号”命令，如图 4–4 所示；

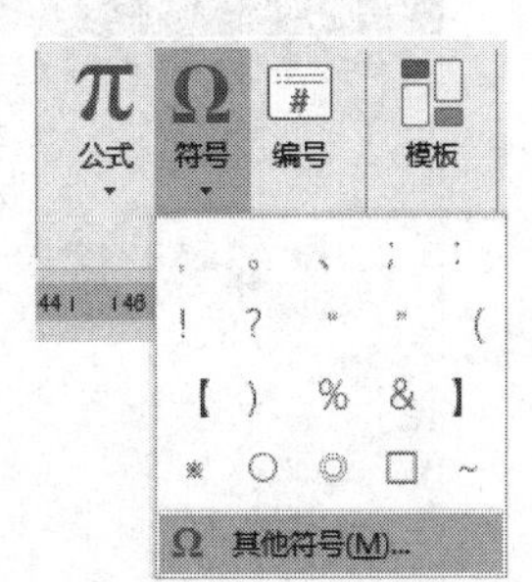

图 4–4　选择“其他符号”命令

（2）弹出“符号”对话框，在“字体”下拉列表框中选择“Wingdings”，如图 4–5 所示，然后在下方选择要插入的符号，单击“插入”按钮，即可在光标处插入该符号。

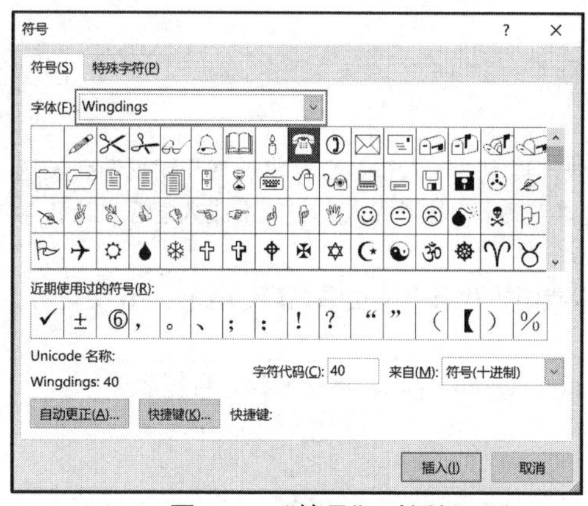

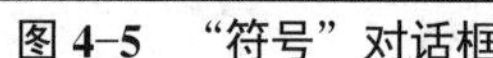
图 4–5　“符号”对话框

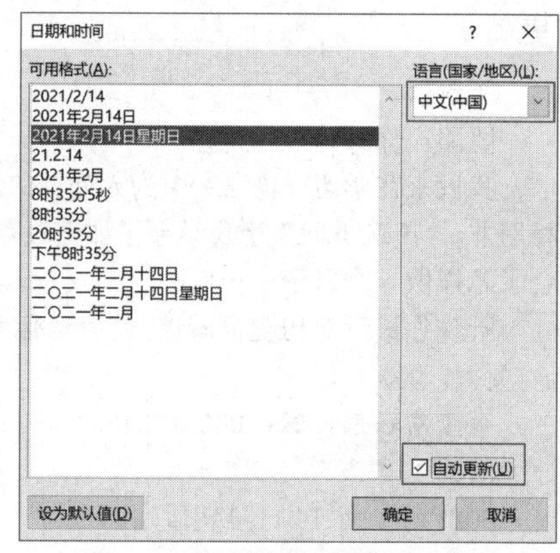

图 4–6　“日期和时间”对话框

2）插入日期和时间

首先定位光标，然后单击“插入”选项卡下“文本”功能组中的“日期和时间”命令按钮，在弹出的“日期和时间”对话框中进行操作。若需要日期和时间能随时更新，则可勾选“自动更新”复选框，如图 4–6 所示。

例 4–1 完成输入后的文档效果如图 4–2 所示。

【提示】文档的文字素材可来源于另一个文件或网络搜索提取。

（1）文件内容提取。

部分提取：打开文件从中直接选取内容，定位光标，执行“复制”→“粘贴”命令。

全部提取：定位光标，单击“插入”选项卡下“文本”功能组中的“对象”命令按钮的下拉箭头，选择“文件中的文字”→文件插入。

（2）网络内容提取。提取网络文字素材复制到文档中，网页文字有特殊的排版格式，执行“粘贴”命令时应选择“只保留文本”命令。

3）公式输入

在文字处理过程中，经常会有如数学公式等内容，这些内容可通过公式编辑器输入。具体操作过程如下：定位光标，单击“插入”选项卡，在“符号”功能组中单击“公式”命令按钮，从“公式工具 | 设计”选项卡下相应功能组中选择要插入的公式，如图 4–7 所示。

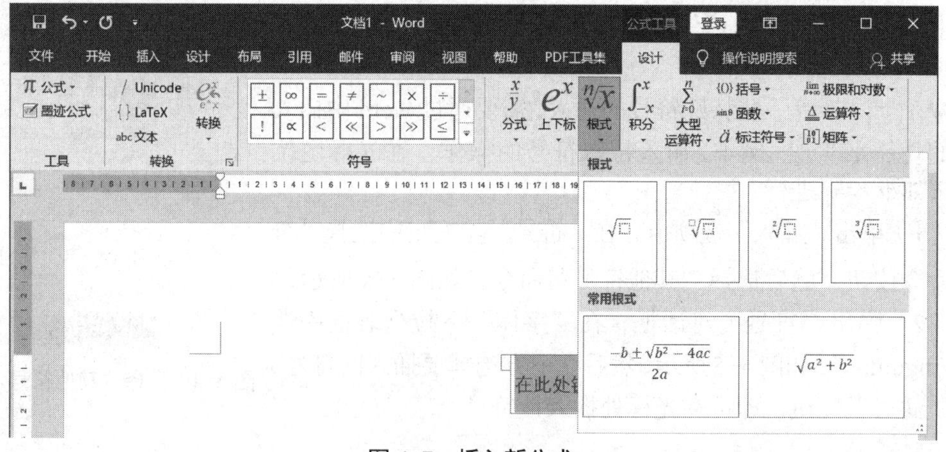

图 4–7　插入新公式

2. 编辑文本

编辑文本包括选择、复制、移动、插入、删除、查找和替换等操作。一般遵循“先选定，后执行”的操作原则。

（1）选择文本。选择文本的方法很多，通常有单个字符选择、一行或一段字符选择、全文选择等，一般采用鼠标选定（单击并拖动、双击或三击）及快捷键（[Ctrl]+[A]，[Shift]+光标移动）。

（2）复制文本。复制文本能够在一个新位置产生与原位置完全相同的文本内容，而原位置上的内容仍然存在。操作方法是选择要复制的文本，单击“复制”命令，然后定位目标位置，单击“粘贴”命令即可。

（3）移动文本。移动文本能够把原位置的文本移到一个新位置上，文本内容在原位置上将不复存在。操作方法是选择要移动的文本，单击“剪切”命令，然后定位目标位置，单击“粘贴”命令即可。

（4）删除文本。删除文本能够将指定文本内容从文档中删除掉。常用删除文本的方法有以下三种：

① 按 [Backspace] 键可删除光标左侧的字符。

② 按 [Delete] 键可删除光标右侧的字符。

③ 选择要删除的文本，按 [Delete] 键。

特别地，删除段落标记可以实现合并段落的功能。操作方法是首先将光标定位在第 1 个的段落标记前，然后按 [Delete] 键，两个段落便可合并成一个段落。

（5）查找和替换。查找和替换操作是对长文档进行编辑的常用操作，包括常规查找、常规替换与高级替换操作。

① 常规查找：首先在“开始”选项卡下“编辑”功能组中，单击“替换”命令；然后在弹出的“查找和替换”对话框中，单击“查找”选项卡，在“查找内容”文本框中输入要查找的内容；最后单击“在以下项中查找”按钮，单击“主文档”选项，如图 4-8 所示。查找完毕后，所有查找到的内容都会处于选中状态。

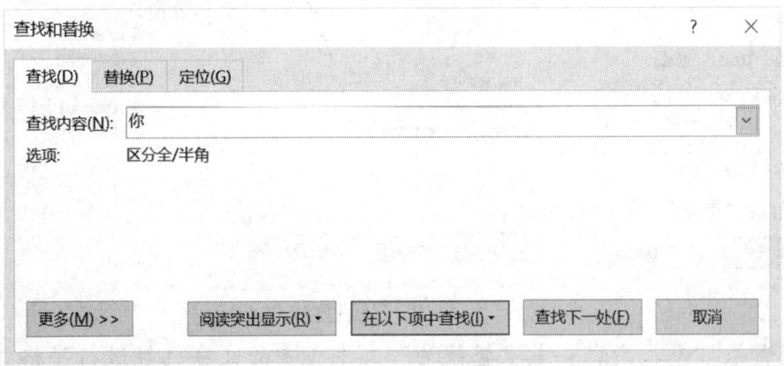

图 4-8　常规查找

② 常规替换：该功能需要与查找功能一起使用。首先，打开“查找和替换”对话框，切换到“替换”选项卡，在“查找内容”与“替换为”文本框中，分别输入要查找和要替换的内容，单击“查找下一处”按钮，如图 4-9 所示；然后，文档中第 1 处查找到的内容就会处于选中状态，若需要替换，则单击“替换”按钮，再单击“查找下一处”按钮继续操作。当然，在确认所有内容都需要替换情况下，可以直接单击“全部替换”按钮，将文档中所有需替换的内容替换为新内容。

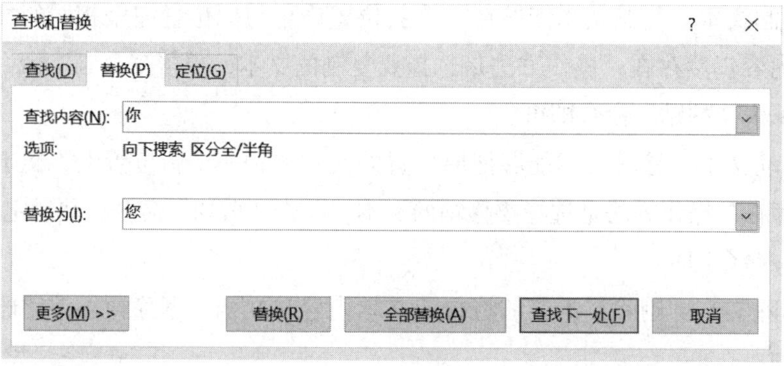

查找和替换 ? ×
查找(D) 替换(P) 定位(G)
查找内容(N): 你
选项: 向下搜索, 区分全/半角
替换为(I): 您
更多(M) >> 替换(R) 全部替换(A) 查找下一处(F) 取消

图 4-9 常规替换

③ 高级替换：该功能主要是针对“格式”“特殊格式”等设置的替换。例如，将例 4-1 “一封信”中所有的“你”替换为带着重号的蓝色字的“您”，操作方法是单击“查找和替换”对话框中“更多”按钮，如图 4-10 所示，可以设置查找和替换的高级选项，而其他操作过程与常规替换相同。

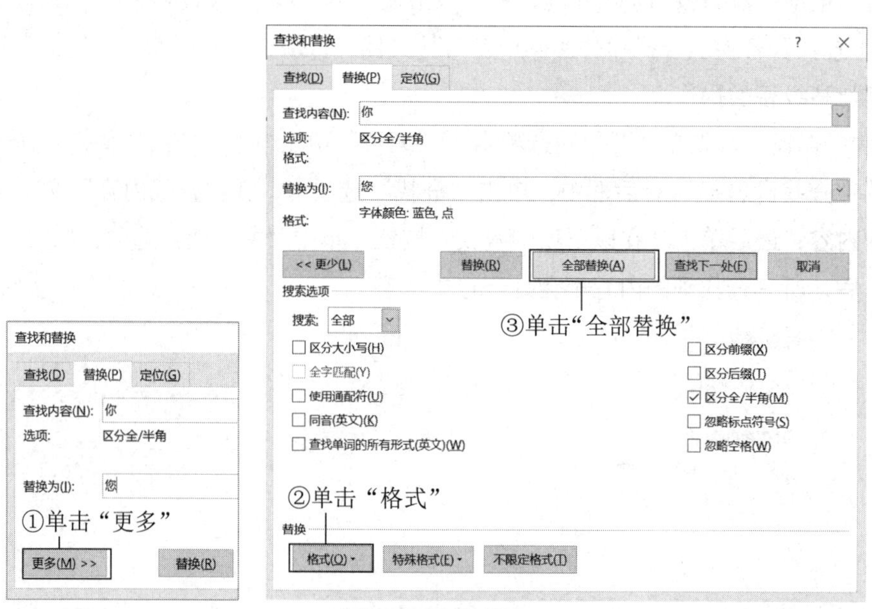

图 4-10 高级替换

【注意】如果“查找内容”或“替换为”文本框中的文字已经进行了格式设置，那么可以单击“不限定格式”按钮来取消已有格式，重新进行操作。

例 4-1 完成替换操作后的文档效果如图 4-11 所示。

一封信

团团：您好！

我近来在学习《论语》中为人处世的道理，其中“三人行，必有我师焉”让我学会了选择朋友；“不耻下问”让我学会了如何攻克更多难题；“君子成人之美，不成人之恶”让我学会了怎样做一个君子……

听说您最近对历史很着迷，特寄给您两本我国古代著名的史书《春秋·左传》和《史记》，希望您能喜欢！

有空常联系。☎：06681234567；✉：tuantuan@qq.com。纸短情长，再祈珍重！

圆圆

2021 年 2 月 14 日星期日晚☺

图 4-11　文档的效果

3. 保存和保护文档

在默认情况下，Word 2016 每 10 min 自动保存一次，用户也可以设置保存时间。

1) 保存文档

保存文档的常用方法有以下两种：

（1）单击快速访问工具栏中的“保存”按钮 。

（2）单击“文件”按钮，在菜单中选择“保存”或“另存为”命令。

Word 文档保存时，默认文件类型是“Word 文档（*.docx）”，也可以选择另存为纯文本（*.txt）、PDF（*.pdf）、网页（*.html）或其他类型。

2) 保护文档

保护文档的操作方法：单击“文件”按钮，在菜单中选择“信息”命令，执行“保护文档”→“用密码进行加密”→“加密文档”对话框的“密码”文本框中输入密码→“确定”命令即可。

取消文档密码保护的操作与设置密码一样，将“加密文档”对话框的“密码”文本框中的密码清空即可。

4.2.3 文档排版

文档排版包括字符、段落和页面等排版，一般遵循“先选定，后执行”的操作原则。

例 4-2　对文档“一封信”进行如下处理：

① 标题设置：微软雅黑、三号、加粗、倾斜；字符缩放 150%，加宽 2 磅；文本效果选择阴影和发光效果的任一样式；将“信”字加菱形圈号；居中对齐。

② 正文设置：给正文第 2 段添加波浪线，左、右各缩进 1 cm，首行缩进 2 字符，行距为最小值 15 pt，段后间距为 8 pt；给正文第 4 段添加外粗内细的段落边框；给正文第 5 段的“圆圆”添加文字底纹；给正文第 3 段分为两栏、宽度为 4 cm；首字下沉两行、隶书、

距正文 0.3 cm。

③ 页面设置：给整个页面添加“气球”页面边框；上边距为 2.5 cm，下边距为 3 cm，页面左边预留 2 cm 的装订线，纸张方向为纵向；纸张大小为 16 开；设置页眉页脚奇偶页不同；文档中每页 35 行，每行 30 个字；在页面底端（“普通数字 2”）插入页码，设置页码格式为 A，B，C，…；设置页眉内容为“一封信”，字体为红色、加粗，添加 0.5 pt 的双线分割线；为“《论语》”添加脚注：引用标记为“①”，注释文本为“儒家经典著作”；为“一封信”添加尾注：引用标记为“♥”，注释文本为“书信摘选”。

【提示】pt 为磅，cm 为厘米，输入时必须为中文单位。

问题分析：本例要求完成的操作项目比较多，包括字符、段落、页面的排版格式设置。

1. 字符排版

1) 设置文本格式

文本（字符）是指文档中输入的汉字、字母、数字、标点符号和各种符号。文本格式包括字体、字号、字形（加粗和倾斜）、文本效果、字符颜色、字符缩放、字符间距和中文版式的带圈字符等。可以通过“字体”功能组中的命令按钮或“字体”对话框两种方法进行设置，操作方法如下：

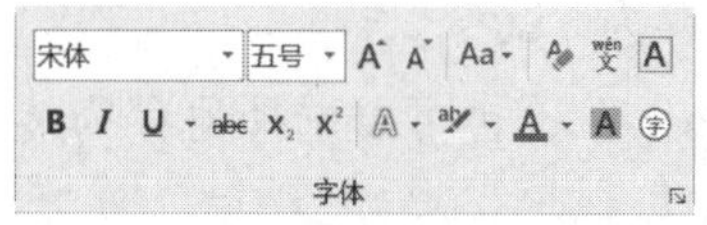

图 4-12 “字体”功能组

（1）“字体”功能组。选择文本，然后单击“开始”选项卡，通过“字体”功能组（见图 4-12）中的“字体”和“字号”下拉列表对文本字体与字号进行设置；通过“下划线”命令按钮为文本添加下划线；通过“文本效果”命令按钮为文本添加艺术效果，如图 4-13 所示；通过“带圈字符”命令按钮对“信”字进行设置，如图 4-14 所示。

图 4-13 文本效果

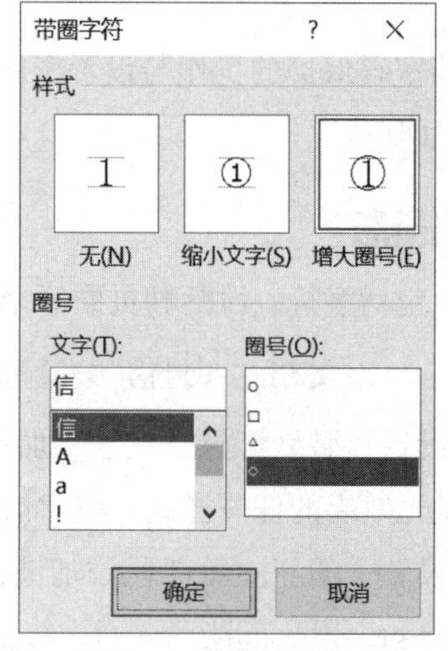

图 4-14 带圈字符

（2）“字体”对话框。选择文本，在“开始”选项卡下“字体”功能组中，单击

右下角箭头图标，弹出“字体”对话框，如图 4-15 所示，在“字体”和“高级”两个选项卡中对文本进行相应的设置。

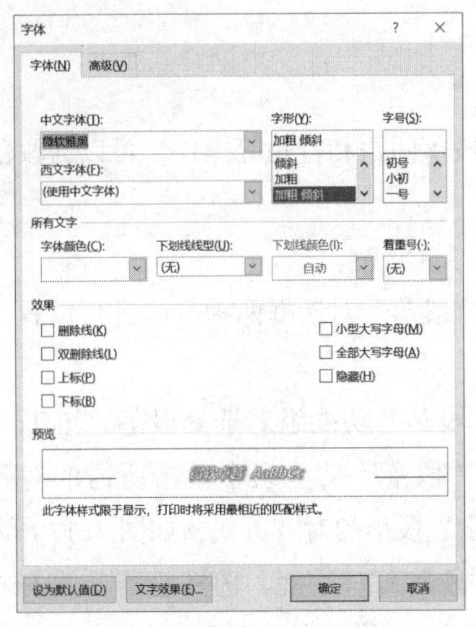

(a)“字体”选项卡

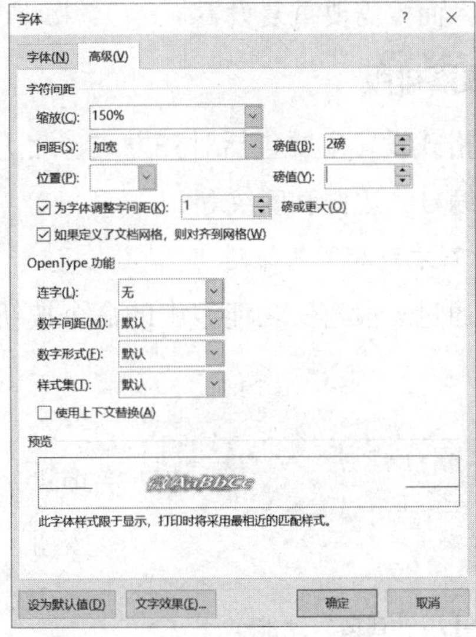

(b)“高级”选项卡

图 4-15　“字体”对话框

【提示】一般地，若要清除文档中设置的文本格式，单击“开始”选项卡下“字体”功能组中的“清除所有格式”命令按钮即可。

2) 设置字符边框和底纹

字符边框就是文本四周添加的线型边框，字符底纹就是文本的背景颜色。其操作方法如下：选择文本，单击“开始”选项卡，在“字体”功能组中单击“字符边框”A（或“字符底纹”A）命令按钮，可对选定的文本添加边框或底纹效果。

也可以在“段落”功能组中单击“边框”下拉按钮，选择“边框和底纹”命令，在弹出的“边框和底纹”对话框中设置段落边框和文字底纹，如图 4-16 所示。

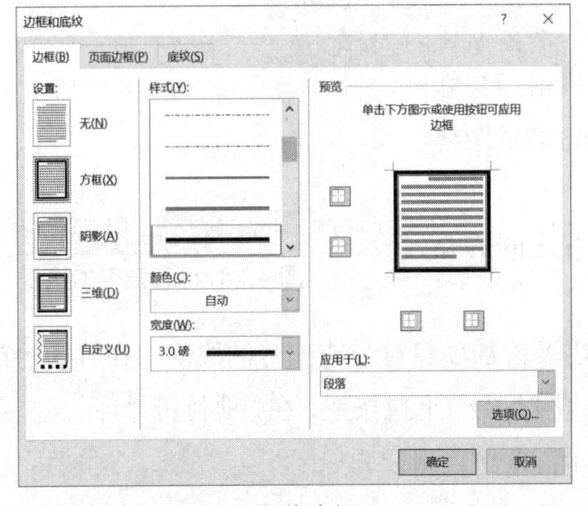

(a) 段落边框

(b) 文字底纹

图 4-16　“边框和底纹”对话框

3）复制字符格式

双击“剪贴板”功能组中的“格式刷”按钮，可以将现有的字符格式快速地复制到其他文本，而不需要重复设置。

2. 段落排版

段落格式设置主要包括对齐方式、缩进、段落间距和行距等操作，可以为段落添加项目符号和编号、边框和底纹等。

1）对齐方式和段落缩进

一般通过“段落”功能组中的命令按钮或“段落”对话框两种方法进行设置，操作方法如下：

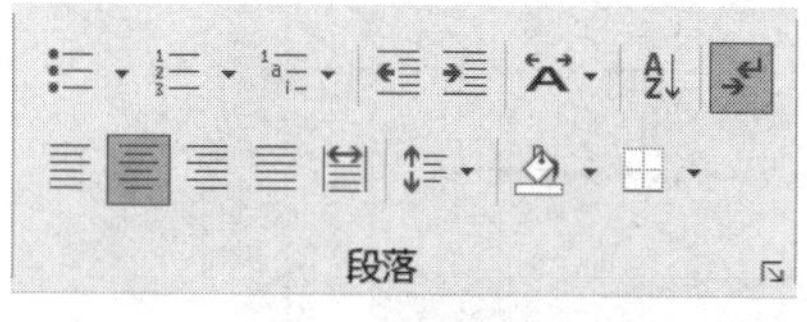

图 4-17 “段落”功能组

（1）“段落”功能组。选择段落，单击“开始”选项卡，在“段落”功能组中单击所需的对齐方式命令按钮，可设置段落的对齐方式，如图 4-17 所示。

（2）“段落”对话框。选择段落，单击“开始”选项卡下“段落”功能组中右下角箭头图标，弹出“段落”对话框，如图 4-18 所示，在“段落”对话框的“缩进和间距”选项卡中进行相应的设置。

① 对齐方式：段落对齐方式一般有五种：左对齐、居中、右对齐、两端对齐和分散对齐。其中，“两端对齐”是以词为单位，使得页面的左、右边界对齐，可以防止英文文本中的一个单词跨两行，但对于中文的效果等同于“左对齐”。

② 段落缩进：段落缩进是指段落各行相对于页面边界的距离。一般的段落都规定首行缩进 2 字符。段落缩进方式一般有四种：“首行”缩进、“悬挂”缩进、“左侧”缩进和“右侧”缩进。

③ 段落间距与行距：段落间距是指当前段落与相邻两个段落之间的距离；行距是指段落中的行与行之间的距离。

图 4-18 “段落”对话框

2）项目符号和编号

项目符号和编号可以准确地表达某些内容之间的并列关系和顺序关系。

（1）设置预设的项目符号或编号：选定需要添加项目符号或编号的段落，在“开始”选项卡下“段落”功能组中，单击“项目符号”或“编号”下拉按钮，在“项目符号库”或“编号库”中进行相应的设置即可，如图 4-19 所示。

(a) 项目符号库

(b) 编号库

图 4-19　设置预设的项目符号或编号

（2）设置自定义项目符号或编号：在如图 4-19 (a) 所示的“项目符号”下拉列表中，选择“定义新项目符号”命令，在弹出的“定义新项目符号”对话框［见图 4-20 (a)］中单击“符号”按钮，在打开的“符号”对话框［见图 4-20 (b)］中选择所需的符号，单击“确定”按钮，返回“定义新项目符号”对话框，可以继续设置项目符号的字体和对齐方式。

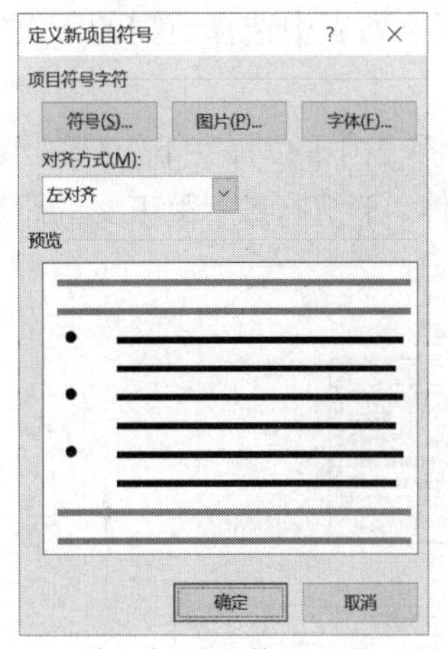

(a)“定义新项目符号”对话框

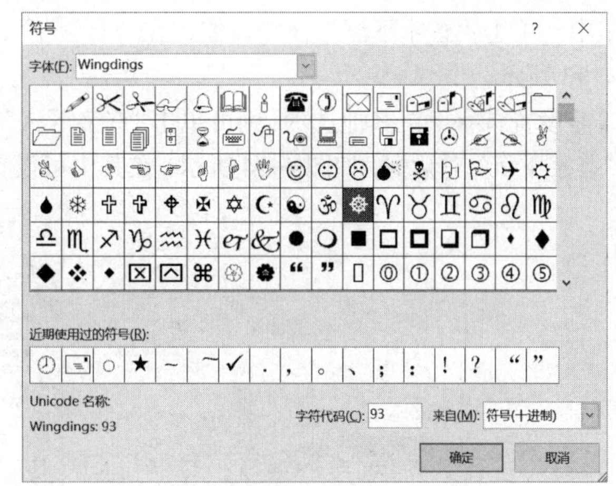

(b)“符号”对话框

图 4-20　设置自定义项目符号

设置自定义编号的操作与设置自定义项目符号大致相同，这里不再赘述。

【提示】多级列表可以清晰地表明各层次的关系。创建多级列表时，需先输入内容，再设置多级格式（通过“段落”功能组中的“减少缩进量”和“增加缩进量”命令按钮来确定层次关系）。若要取消项目符号、编号和多级列表，只需要单击相应的命令按钮，在项目符号库、编号库、列表库中选择“无”命令即可。

3) 特殊版式设计

（1）分栏排版：对文档分栏有助于版面的美观、便于阅读，经常用于报纸、杂志等的排版。选择相应文本，在“布局”选项卡下“页面设置”功能组中，单击“栏”命令按钮，在“栏”下拉列表中选择所需的分栏效果，如图 4–21 所示。

若选择“栏”下拉列表中的“更多栏”命令，则可打开“栏”对话框，如图 4–22 所示，在该对话框中可以进行栏数、栏宽、分隔线等设置。

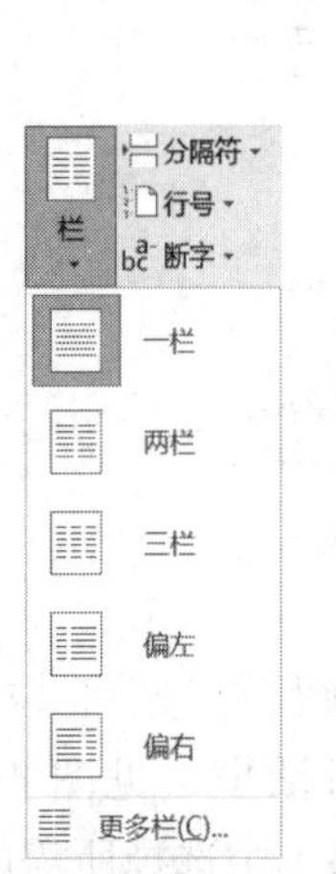

图 4–21　“栏”下拉列表

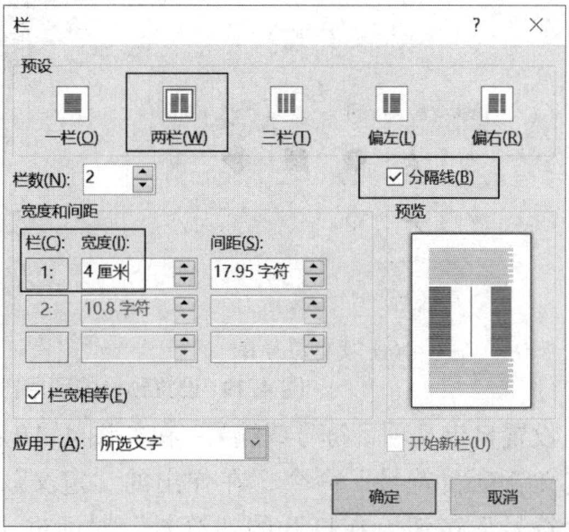

图 4–22　“栏”对话框

（2）首字下沉：将一个段落的第一行第一个字的字体放大，并且下沉一定的距离，段落的其他部分保持原样。将光标定位到要设置首字下沉的段落，在“插入”选项卡下“文本”功能组中，单击“首字下沉”命令按钮，在“首字下沉”下拉列表中选择所需的下沉方式，如图 4–23 所示。

若需设置首字下沉其他选项，则可单击“首字下沉”下拉列表中的“首字下沉选项”命令，打开“首字下沉”对话框，如图 4–24 所示，在其中可设置字体、下沉行数、距正文的距离等。

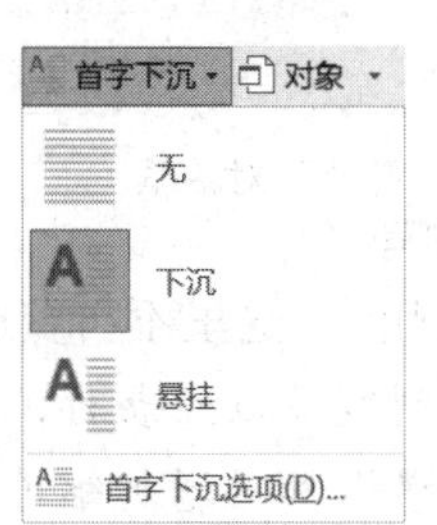

图 4–23　“首字下沉”下拉列表

图 4–24　“首字下沉”对话框

3. 页面排版

页面排版反映了文档的整体外观和输出效果，主要包括页面设置、页面背景、页眉和页脚、分页和分节、脚注和尾注等。

1）页面设置

页面设置通常包括设置页边距、纸张大小、页眉和页脚的位置、每页容纳的行数和每行容纳的字数等。在“布局”选项卡下“页面设置”功能组中选择相应功能命令设置即可，如图 4–25 所示。

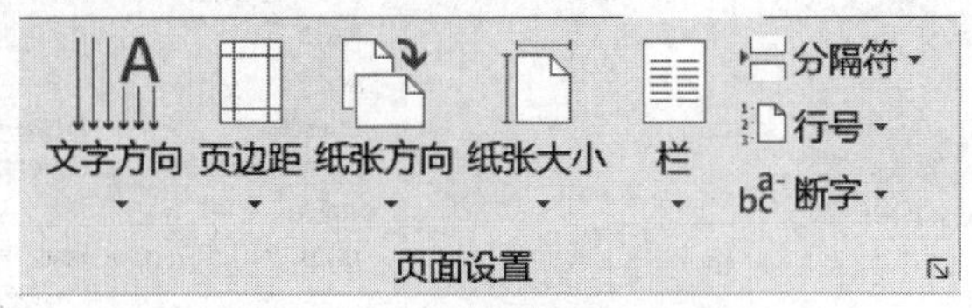

图 4–25　“页面设置”功能组

也可以通过单击“页面设置”功能组右下角箭头图标，在弹出的“页面设置”对话框的四个选项卡下分别进行设置。

（1）“页边距”用于设置文档内容到页面边界的距离（“页边空白”），从而确定文档版心的大小。页边距设置包括上、下、左、右的页边距、装订线、纸张方向、页码范围、应用范围等，如图 4–26 所示。

【注意】页眉和页脚显示在页边距上。

（2）“纸张”用于选择纸张的大小（一般有 16 开、A4 或自定义等），设置打印文档时的纸张来源等，如图 4–27 所示。

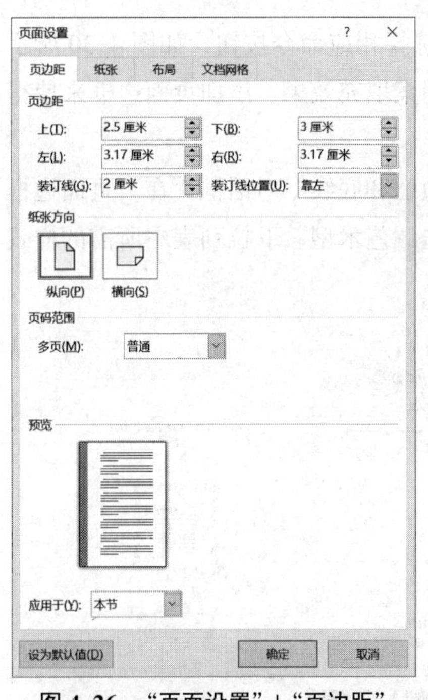

图 4–26　“页面设置”|“页边距”

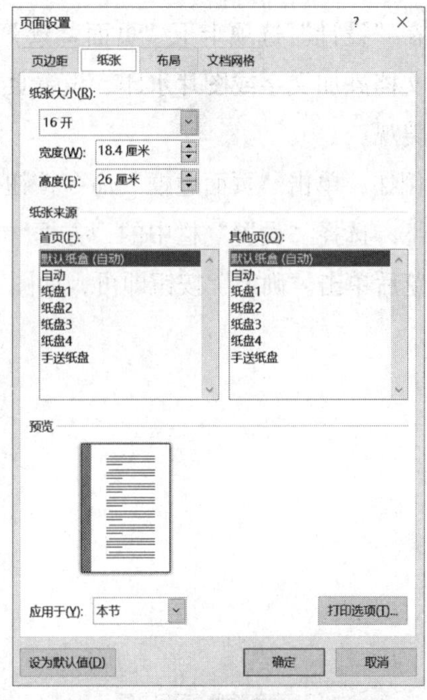

图 4–27　“页面设置”|“纸张”

（3）“布局”用于设置节的起始位置、页眉和页脚的特殊选项（如奇偶页不同、首页不同、距页边界的距离）、页面内容的垂直对齐方式等，如图 4–28 所示。

（4）“文档网格”用于设置每页容纳的行数和每行容纳的字数以及文字排列方向和

行、列网格线是否要打印等，如图 4-29 所示。

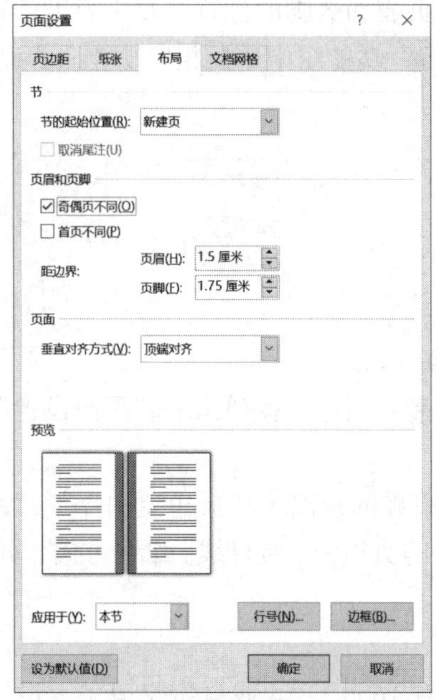

图 4-28 “页面设置”|“布局”

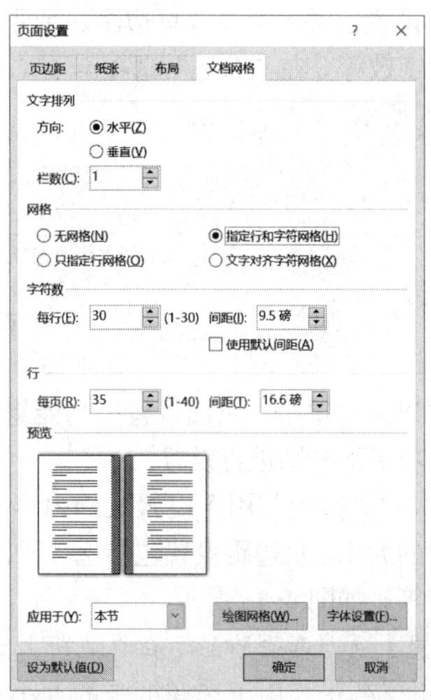

图 4-29 “页面设置”|“文档网格”

2）页面背景

在“设计”选项卡下“页面背景”功能组中选择相应命令按钮，如图 4-30 所示，可以为文档添加文字或图片水印、设置页面颜色或图案填充效果、添加页面边框来使得页面更加美观。

例如，单击“页面边框”命令按钮，弹出“边框和底纹”对话框，在“页面边框”选项卡下，选择“设置”栏中的“方框”命令，单击“艺术型”下拉列表中所需的样式，最后预览后单击“确定”按钮即可，如图 4-31 所示。

图 4-30 “页面背景”功能组

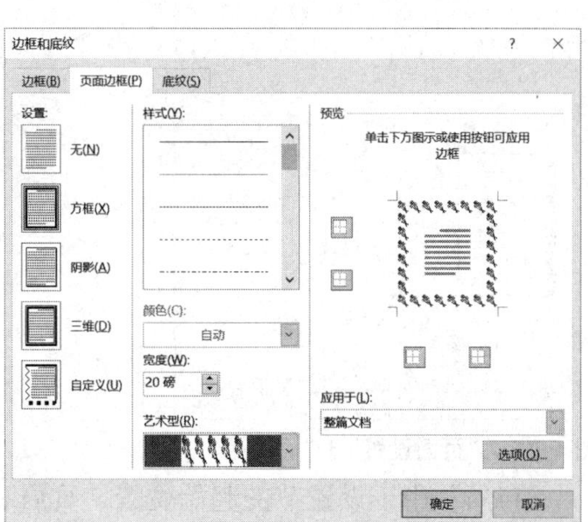

图 4-31 添加页面边框

3) 页眉和页脚

（1）页眉和页脚是指文档中每一页的顶端或底端。页眉和页脚的内容可以是文字、图形、图片等，还可以是用来生成各种文本的域代码（如日期、页码等）。

【注意】域代码与普通文本不同，在显示和打印时会被当前的最新内容代替。例如，日期域代码是根据系统生成当前的日期。同样，页码域代码也是根据文档的实际页数生成当前的页码。

① 在“插入”选项卡的“页眉和页脚”功能组中，选择系统内置的页眉和页脚样式并输入内容完成设置。

【注意】处于页眉编辑状态时，此时的正文呈浅灰色，表示不可编辑。页眉内容输入完毕后，双击正文部分完成操作。

② 双击页眉、页脚或页码，窗口中会出现“页眉和页脚工具 | 设计”选项卡。

③ 在“选项”功能组中勾选“奇偶页不同”复选框，根据需要设置奇偶页不同的页眉和页脚内容。

（2）页码。在“插入”选项卡的“页眉和页脚”功能组中，单击“页码”下拉列表，选择页码生成的位置，如图 4-32 所示。若需要设置页码的格式，则可选择“页码”下拉列表中的“设置页码格式”命令，在弹出的“页码格式”对话框中进行页码的相应格式设置，如图 4-33 所示。

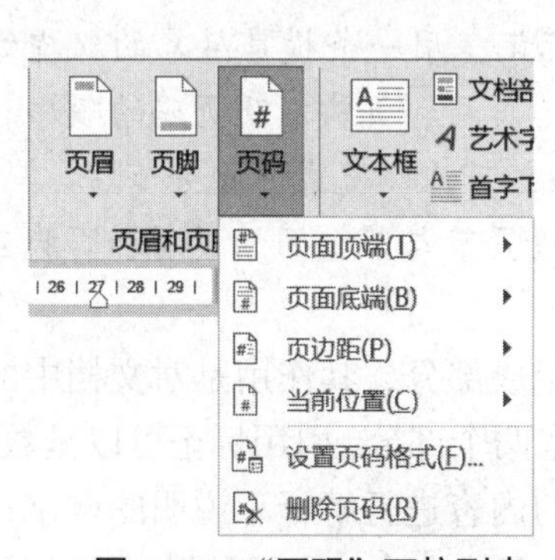

图 4-32　“页码”下拉列表

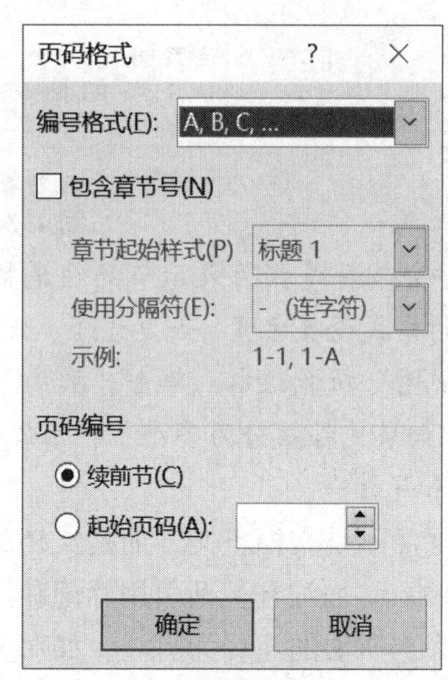

图 4-33　“页码格式”对话框

4) 分页与分节

分页与分节操作一般是在较长的文档中进行，这里只介绍两种分页的操作方法，分节操作与分页大致相同。

（1）将光标定位到要插入分页符的位置，在“布局”选项卡的“页面设置”功能组中，单击“分隔符”下拉按钮，在其下拉列表中选择“分页符”命令即可，如图 4-34（a）所示。

（2）将光标定位到要插入分页符的位置，在“插入”选项卡的“页面”功能组中单击“分页”命令按钮来完成，如图 4-34（b）所示。

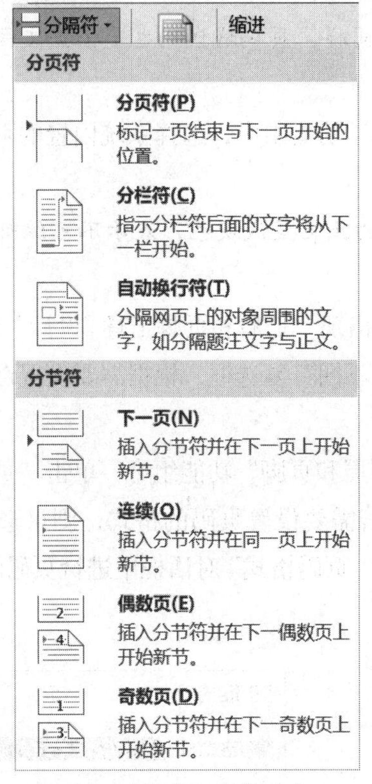

封面
空白页
分页
页面

(a)“分隔符”下拉列表　　(b)“分页”命令按钮

图 4-34　分页操作

【提示】分节符是指为表示节的结尾插入的标记，用一条横贯屏幕的双虚线表示。分节符包含节的格式设置元素，如页边距、纸张方向、页眉和页脚以及页码的顺序。在“视图”选项卡的“视图”功能组中，单击“草稿”命令按钮可以浏览或删除分节符。

【注意】如果文档被分为多个节，那么也可以设置节与节之间的页眉和页脚互不相同。

5) 脚注和尾注

脚注和尾注不是文档正文，而是文档的一个组成部分，其作用是对文档中的内容进行补充说明（注释）。而注释包括引用标记和注释文本两个部分，引用标记可以是数字或字符。

在页面底部所加的注释为脚注，如对文章中的内容进行解释和说明的文字；在文档末尾所加的注释为尾注，如在文档中显示引用资料的出处或输入解释和补充性的信息。

在“引用”选项卡的“脚注”功能组中，单击“插入脚注”或“插入尾注”命令按钮（或者单击“脚注”功能组右下角箭头图标），即可在弹出的对话框中进行相应设置，如图 4-35 所示。

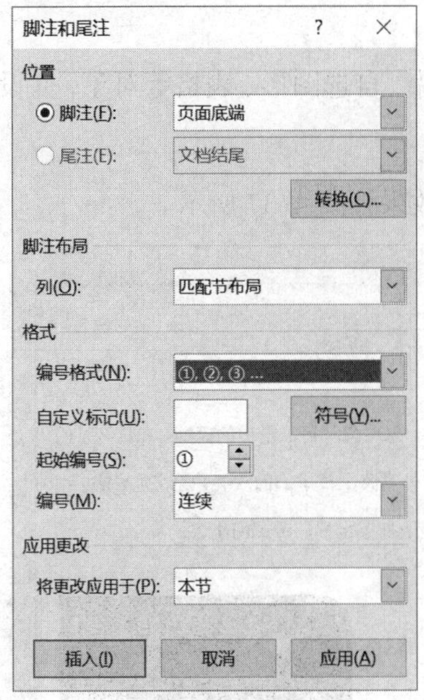

(a) 插入脚注

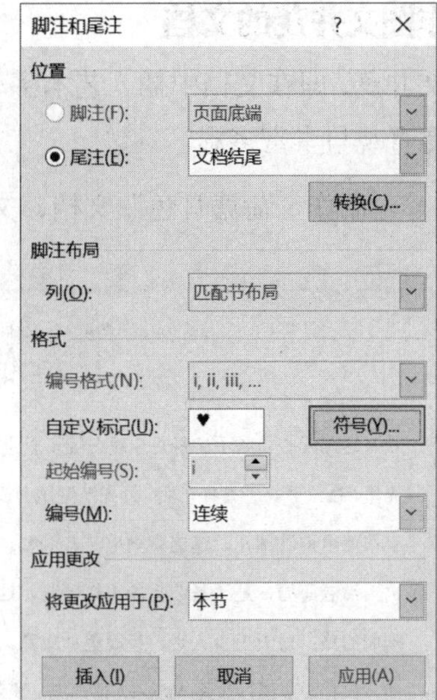

(b) 插入尾注

图 4-35　“脚注和尾注”对话框

4. 打印预览与输出

文档的编辑排版完成后，在打印输出之前，最好先预览版面效果。具体操作方法如下：

（1）选择“文件”选项卡，单击“打印”命令，可在右侧窗格预览打印效果，如图 4-36 所示。

（2）拖动“缩放”滑块，调整整篇文档的显示大小，单击“下一页”或“上一页”进行翻页操作。

（3）设置打印份数，指定打印范围、每版打印页数等。

（4）单击“打印”按钮，即可进行打印。

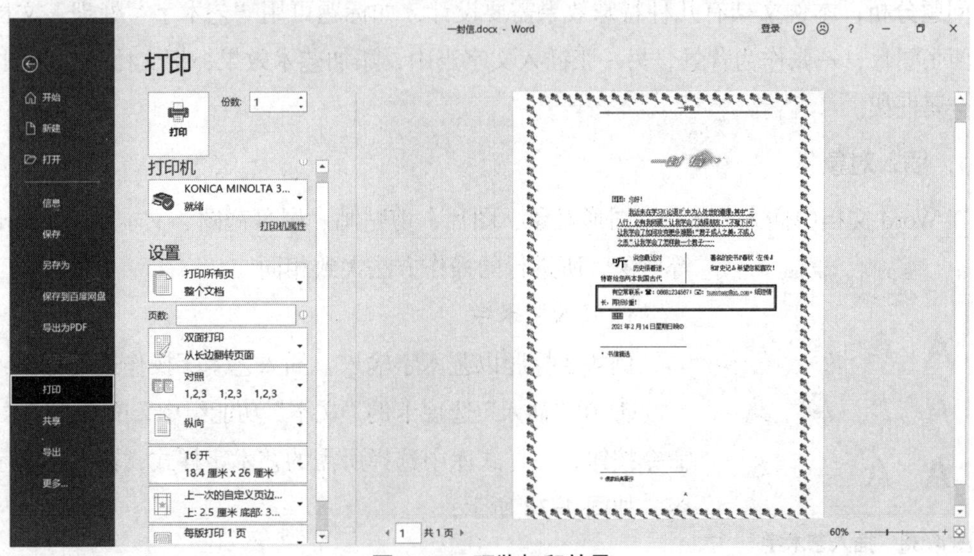

图 4-36　预览打印效果

4.2.4 制作图文并茂的文档

所谓图文并茂，即在文档中插入艺术字、图片、自选图形、表格等对象，并设置其格式，以使文档显得直观与丰富多彩。

例 4–3 制作“荷塘月色”文档，文档效果如图 4–37 所示。

荷塘月色

这几天心里颇不宁静。今晚在院子里坐着乘凉，忽然想起日日走过的荷塘，在这满月的光里，总该另有一番样子吧。月亮渐渐地升高了，墙外马路上孩子们的欢笑，已经听不见了；妻在屋里拍着闰儿，迷迷糊糊地哼着眠歌。我悄悄地披了大衫，带上门出去。

沿着荷塘，是一条曲折的小煤屑路。这是一条幽僻的路；白天也少人走，夜晚更加寂寞。荷塘四面，长着许多树，蓊蓊（wěng）郁郁的。路的一旁，是些杨柳，和一些不知道名字的树。没有月光的晚上，这路上阴森森的，有些怕人。今晚却很好，虽然月光也还是淡淡的。

路上只我一个人，背着手踱着。这一片天地好像是我的；我也像超出了平常的自己，到了另一个世界里。我爱热闹，也爱冷静；爱群居，也爱独处。像今晚上，一个人在这苍茫的月下，什么都可以想，什么都可以不想，便觉是个自由的人。白天里一定要做的事，一定要说的话，现在都可不理。这是独处的妙处，我且受用这无边的荷香月色好了。

图 4–37 “荷塘月色”文档

问题分析：本例文档有几种特殊效果需要设计，如标题可用“艺术字”处理，文档中插入两张图片，一张作为背景，另一张插入文字当中，添加艺术效果；把文档制作为图片，添加金属框架。

1. 插入对象

在 Word 文档中插入艺术字、图形对象、图片、剪贴画、屏幕截图、文本框、SmartArt 等对象，所进行的操作方法大致相同。

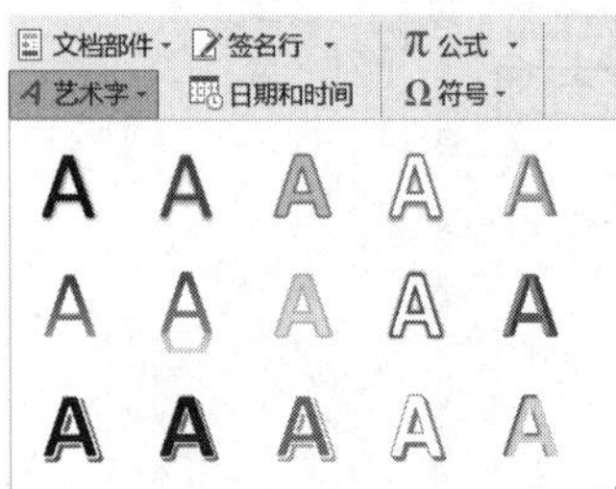

图 4–38 插入艺术字

1) 插入艺术字

例 4–3 标题以艺术字输入，插入艺术字操作过程如下：

① 在“插入”选项卡的“文本”功能组中，单击“艺术字”命令按钮，在样式库中选择所需的艺术字样式，输入艺术字内容，如图 4–38 所示；

② 在“绘图工具 | 格式”选项卡中可对艺术字进行形状样式、艺术字样式、排列（环绕文字）等效果处理。

2）插入图片

例 4-3 需要插入两种环绕效果的图片，插入图片操作过程如下：

① 将光标定位到文档中需要放置图片的位置；

② 单击“插入”选项卡下“插图”功能组中“图片”下拉按钮的“此设备”命令，在弹出的“插入图片”对话框中通过搜索或定位选择所需的图片，单击“插入”按钮（或者单击“图片”下拉按钮的“联机图片”命令，从各种联机来源（如网络和 OneDrive）中查找和插入图片）。

在“图片工具 | 格式”选项卡的各功能组中，可以对图片进行一系列的编辑与美化设置，如艺术效果、图片样式（边框、效果和版式）、排列（环绕文字）的效果。在“图片工具 | 格式”选项卡的“排列”功能组中，单击“环绕文字”下拉列表进行选择环绕效果，如图 4-39 所示。也可以通过“环绕文字”下拉列表中的“其他布局选项”命令，在“布局”对话框中设置相应的环绕效果，如图 4-40 所示。

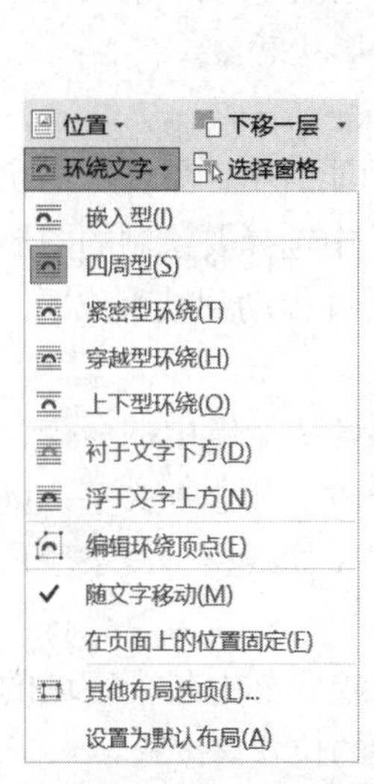

图 4-39　“环绕文字”下拉列表

图 4-40　“布局”对话框

例 4-3 插入图片的效果如图 4-41 所示。

荷塘月色

这几天心里颇不宁静。今晚在院子里坐着乘凉，忽然想起日日走过的荷塘，在这满月的光里，总该另有一番样子吧。月亮渐渐地升高了，墙外马路上孩子们的欢笑，已经听不见了；妻在屋里拍着闰儿，迷迷糊糊地哼着眠歌。我悄悄地披了大衫，带上门出去。

沿着荷塘，是一条曲折的小煤屑路。这是一条幽僻的路；白天也少人走，夜晚更加寂寞。荷塘四面，长着许多树，蓊蓊（wěng）郁郁的。路的一旁，是些杨柳，和一些不知道名字的树。没有月光的晚上，这路上阴森森的，有些怕人。今晚却很好，虽然月光也还是淡淡的。

路上只我一个人，背着手踱着。这一片天地好像是我的；我也像超出了平常的自己，到了另一个世界里。我爱热闹，也爱冷静；爱群居，也爱独处。像今晚上，一个人在这苍茫的月下，什么都可以想，什么都可以不想，便觉是个自由的人。白天里一定要做的事，一定要说的话，现在都可不理。这是独处的妙处，我且受用这无边的荷香月色好了。

图 4-41　插入图片的效果

3) 绘制自定义图形与屏幕截图

（1）自定义图形就是使用如线条、基本形状、箭头总汇、流程图、备注等元素组织形成一个新的形状对象。

具体操作过程如下：

① 在“插入”选项卡的“插图”功能组中，单击“形状”命令按钮，在其下拉菜单（见图 4-42）中选择要绘制的图形；

② 在需要绘制图形的开始位置单击并拖动到结束位置，释放鼠标左键即可完成绘制图形。

通过“绘图工具 | 格式”选项卡的各功能组中的命令，可对自选图形进行一系列的编辑与美化设置，如添加文字、调整大小、组合叠放、设置图形的形状样式（如线型、线条颜色、填充颜色、阴影效果和三维效果等）。

（2）屏幕截图就是截取程序窗口或屏幕上某个区域的图像，这些图像将自动插入当前光标所在的位置。

① 截取全屏：将光标定位到要插入图像的位置，单击“插入”选项卡下“插图”功能组中的“屏幕截图”命令按钮，选择要截取的屏幕窗口，如图 4-43 所示。

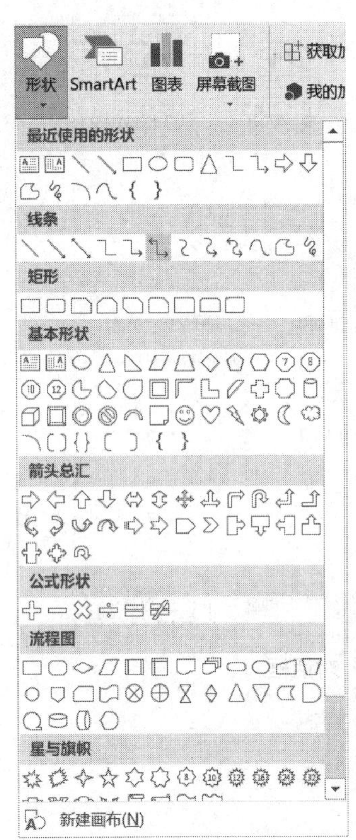

图 4-42　“形状”下拉菜单

图 4-43　截取全屏

② 自定义截取：将光标定位到要插入图像的位置，单击“插入”选项卡下“插图”组中“屏幕截图”下拉列表中的“屏幕剪辑”选项，此时当前文档窗口将最小化，屏幕呈半透明状态，单击并拖动鼠标经过要截取的区域，最后释放鼠标左键。

【提示】也可以利用键盘的 [Print Screen] 键进行截屏操作。

例 4-3 的任务是要进行“自定义截取”操作，把截取到的文本图片进行加框处理（在“图片工具 | 格式”选项卡的“图片样式”功能中进行）。

（3）SmartArt 是信息和观点的视觉表示形式，可以通过从多种不同布局中进行选择来创建 SmartArt，从而快速、轻松、有效地传达信息。

具体操作过程如下：

① 打开文档，在“插入”选项卡的“插图”功能组中，单击“SmartArt”命令按钮，在弹出的“选择 SmartArt 图形”对话框中选择所需的图形样式即可，如图 4-44 所示；

② 利用“SmartArt 工具 | 设计”和“SmartArt 工具 | 布局”选项卡完成相应的设计和格式设置。

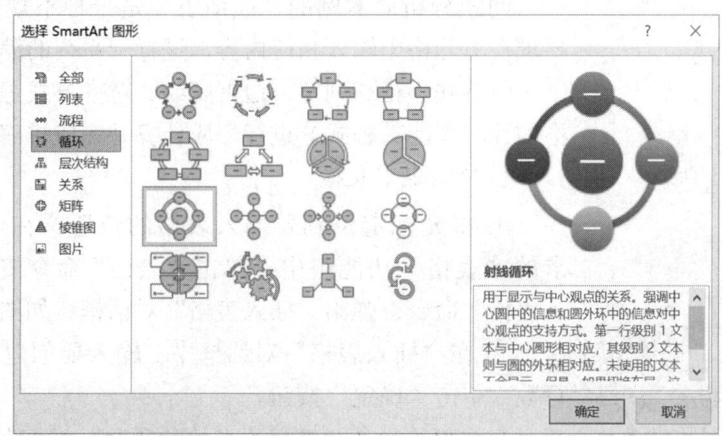

图 4-44　“选择 SmartArt 图形”对话框

2. 插入表格

表格是用户经常使用的一种特殊文档。Word 中的表格是一种二维结构，由单元格组成，而单元格则由行与列形成。在单元格中可输入文字或插入图片等内容。

Word 表格主要包括规则表格和不规则表格两种类型，如图 4-45 所示。

	数学	英语	计算机
张三	89	71	92
李四	97	87	88
王五	84	73	95

(a) 规则表格

<table>
<tr><td colspan="2">星期
段\节</td><td>一</td><td>二</td><td>三</td><td>四</td><td>五</td></tr>
<tr><td rowspan="4">上午</td><td>1</td><td rowspan="2">线代</td><td rowspan="2"></td><td rowspan="2"></td><td rowspan="2">物理</td><td rowspan="2">高数</td></tr>
<tr><td>2</td></tr>
<tr><td>3</td><td rowspan="2">英语</td><td rowspan="2">计算机</td><td rowspan="2">计算机</td><td rowspan="2">线代</td><td rowspan="2">英语</td></tr>
<tr><td>4</td></tr>
<tr><td colspan="7">午休</td></tr>
<tr><td rowspan="4">下午</td><td>5</td><td rowspan="2">化学</td><td rowspan="2">物理</td><td rowspan="2">化学</td><td rowspan="2">健康</td><td rowspan="2">军事</td></tr>
<tr><td>6</td></tr>
<tr><td>7</td><td rowspan="2">制图</td><td rowspan="2">高数</td><td rowspan="2">英语</td><td rowspan="2">体育</td><td rowspan="2"></td></tr>
<tr><td>8</td></tr>
</table>

(b) 不规则表格

图 4-45　表格类型

【提示】设计不规则表格时，可先绘制规则表格，再对规则表格进行各种修改处理（如合并与拆分单元格、绘制斜线表头等），从而形成复杂的不规则表格，如图 4-45（b）所示。

例 4-4　设计制作如图 4-46 所示“成绩表”。

科目 姓名	数学	英语	计算机	总分
李四	97	87	88	272
王五	84	73	95	252
张三	89	71	92	252
科目平均分	90.00	77.00	91.67	

图 4-46　成绩表

插入表格　?　×
表格尺寸
列数(C):　5
行数(R):　5
“自动调整”操作
◉ 固定列宽(W):　自动
○ 根据内容调整表格(F)
○ 根据窗口调整表格(D)
☐ 为新表格记忆此尺寸(S)
确定　取消

图 4-47　“插入表格”对话框

问题分析：本例的“成绩表”是一种不规则表格，按照要求在单元格中输入相应内容，进行一系列的编辑和美化（如字 / 段格式、行高列宽、边框底纹、对齐方式等），再利用表格的计算功能（公式）进行相应计算并完成排序。

1) 绘制规则表格

① 将光标定位到要插入表格的位置，在“插入”选项卡的“表格”功能组中，单击“表格”命令按钮，选择“插入表格”命令，弹出“插入表格”对话框，如图 4-47 所示；

② 在“插入表格”对话框中，输入要创建表格的列数和行数，单击“确定”按钮。

【提示】直接在“表格”下拉列表中拖动鼠标选择恰当的行列数，也可绘制规则表格。

2) 合并与拆分单元格

合并单元格是指将多个单元格合并成一个较大的单元格；拆分单元格是指将一个单元格拆分为多个较小的单元格。这两个操作都在“表格工具 | 布局”选项卡中进行。

绘制“成绩表”表格时，也可先绘制一个 4 行 4 列的表格，经过行和列的插入或单元格的合并与拆分处理后，也可形成如图 4-46 所示的表格效果。

3) 绘制表头斜线

将光标定位到要设置斜线的单元格，在“表格工具 | 设计”选项卡的“边框”功能组中，单击“边框”下拉列表中的“斜下框线”命令，如图 4-48 所示。

图 4-48　设置斜线表头

【提示】若要设置多条斜线表头，可利用文本框与直线的组合来实现。

4) 在表格中输入文本

将光标定位到某一单元格，输入相应的文本。若要在同一个单元格建立多个段落，直接按回车键即可，该行的高度将自动增大。

5) 调整表格的行高和列宽。

调整表格的行高和列宽的具体操作方法如下：

（1）鼠标拖动：将光标指向要调整行或列的边框，当指针变为上下或左右的双向箭头时，按住鼠标左键拖动即可。

（2）设定行高和列宽值：选择要调整的行或列，在“表格工具 | 布局”选项卡的“单元格大小”功能组中，设置“高度”和“宽度”的值，如图 4-49 (a) 所示。也可以单击“单元格大小”功能组右下角箭头图标，进入“表格属性”对话框进行相应的设置（如表格尺寸、单元格大小等），如图 4-49 (b) 所示。

(a)“单元格大小”功能组

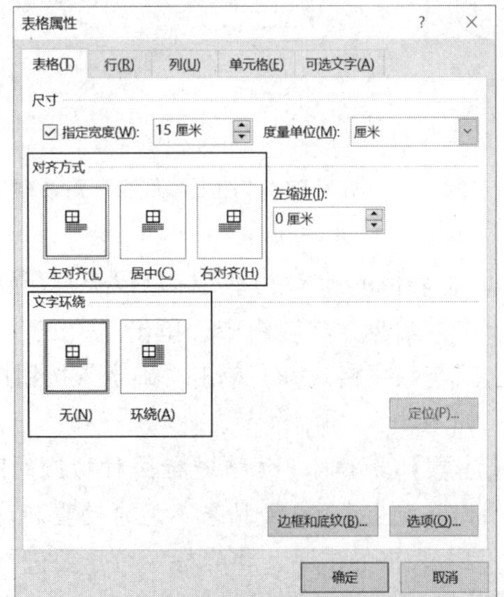

(b)“表格属性”对话框

图 4-49　调整表格的行高和列宽

另外，还可以进行自动调整、平均分布行和平均分布列等设置。

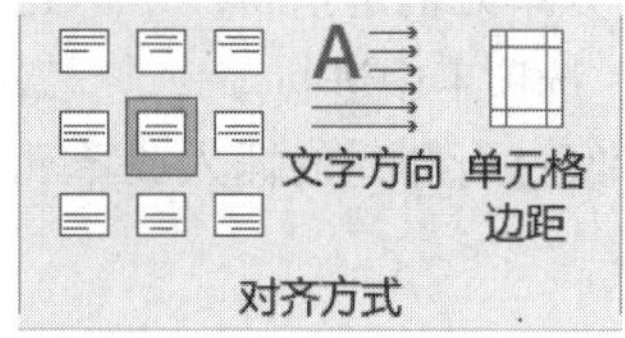

图 4-50 “对齐方式”功能组

6）设置单元格的对齐方式

选择部分单元格或整个表格，在“表格工具 | 布局”选项卡的“对齐方式”功能组中，选择某一种样式即可，如图 4-50 所示。

7）设置表格的边框和底纹

表格的样式很丰富。选定表格，在“表格工具 | 设计”选项卡的“表格样式”功能组中，选择任一表格样式或单击“底纹”命令按钮，进行相关设置，如图 4-51 所示。

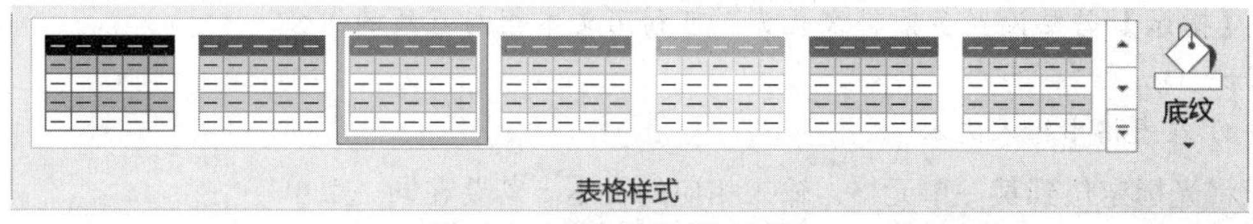

图 4-51 “表格样式”功能组

也可以单击“边框”功能组右下角箭头图标，在弹出的“边框和底纹”对话框中进行相应的设置，如图 4-52 所示。

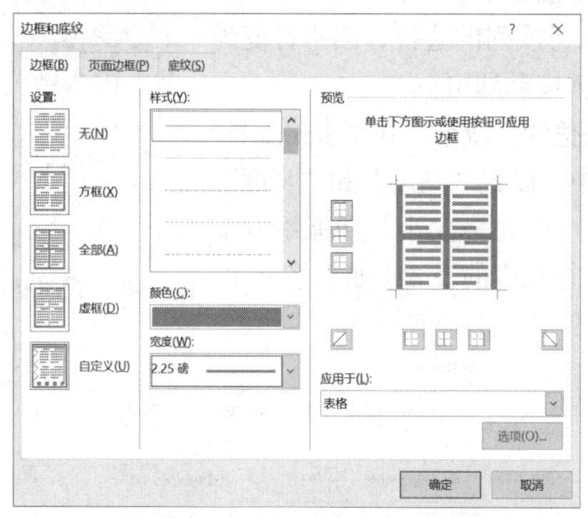

图 4-52 “边框和底纹”对话框

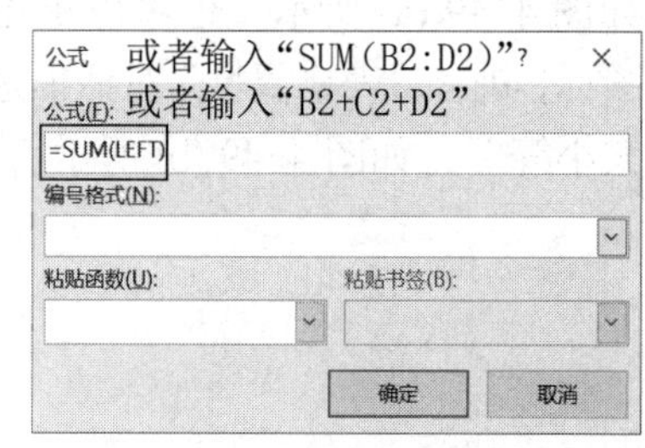

图 4-53 “公式”对话框

8）表格的计算和排序

（1）表格的计算：将光标定位于要存放计算结果的单元格中，在“表格工具 | 布局”选项卡的“数据”功能组中，单击“公式”命令按钮，在弹出的“公式”对话框中选择计算的公式与数字格式等，单击“确定”按钮即可。例如，第 2 行第 5 列单元格中的“总分”计算，如图 4-53 所示。

【注意】当不同单元格进行同种功能的统计时，必须重新编辑公式或调用函数。当单元格的内容发生变化时，结果不能自动重新计算，必须先选定结果，再按 [F9] 键，方可更新。

（2）表格的排序：将光标定位于要进行排序的表格中，在“表格工具 | 布局”选项卡的“数据”功能组中，单击“排序”命令按钮，在弹出的“排序”对话框中，选择排序的关键字与升降方式等相关设置，单击“确定”按钮即可，如图 4-54 所示。

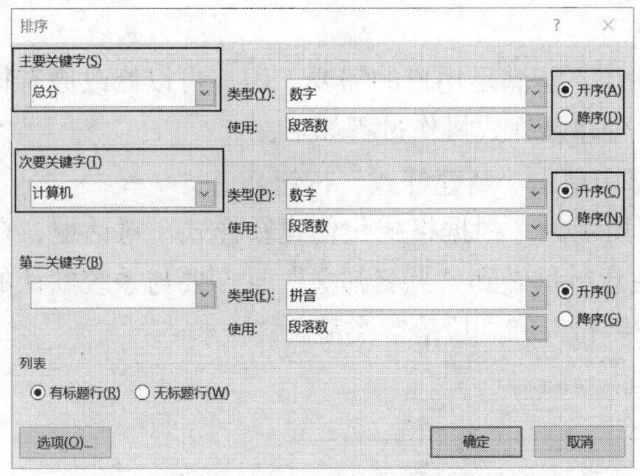

图 4-54　“排序”对话框

4.2.5　文档高效排版

Word 2016 高效排版功能包括使用样式和模板、导航窗格、制作目录等。

1. 使用样式制作文档

样式是一组命名的字符和段落排版格式的组合，是预先设置好的排版格式。文档有各级标题、正文等内容，它们分别有各自的字符格式和段落格式，并各以其样式名存储以便于使用。Word 2016 内置很多标准样式，还允许修改标准样式或自定义新样式。

1) 样式分类

样式可分为字符样式、段落样式、链接段落和字符样式、表格样式及列表样式五种。其中，字符样式仅仅只包含字体、字形、字号、字符颜色等字符格式，它只能应用于段落中被选中的文字格式；段落样式包括字符格式、段落格式、制表符、边框、图文框和编号等，它应用于整个段落格式。

2) 使用现有的样式

在“开始”选项卡下“样式”功能组的“快速样式库”中进行选择，如图 4-55 所示，或者单击“样式”功能组右下角箭头图标，在打开的“样式”窗格的列表框中选择需要的样式，如图 4-56 所示。

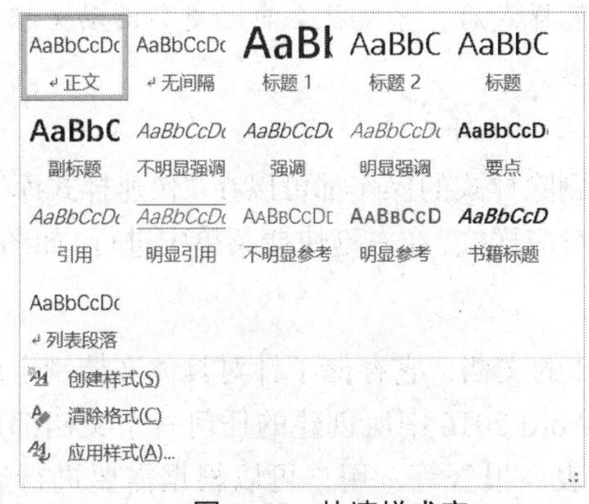

图 4-55　快速样式库

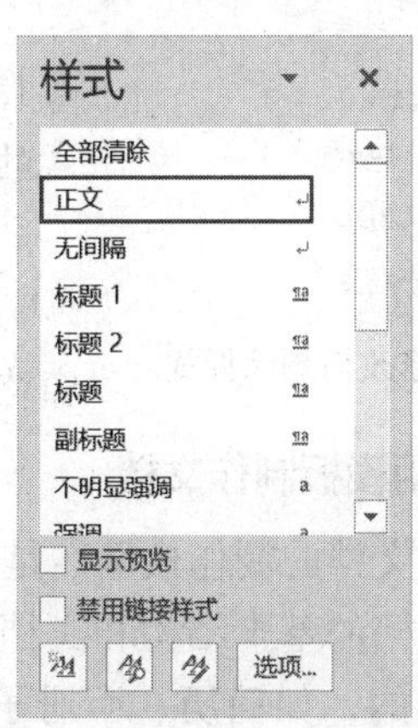

图 4-56　“样式”窗格

3) 创建样式

系统内置的样式往往不能满足用户的需要，用户可以修改原有样式得到新的样式，或者直接创建新的样式。创建新样式操作过程如下：

① 在“样式”窗格中单击“新建样式”按钮；

② 打开如图4-57所示的“根据格式化创建新样式”对话框，在该对话框中设置新建样式的名称（命名时注意尽量做到“见名知义”且不要与系统默认的样式同名）、样式类型（最常用的样式是“字符”和“段落”类型）；

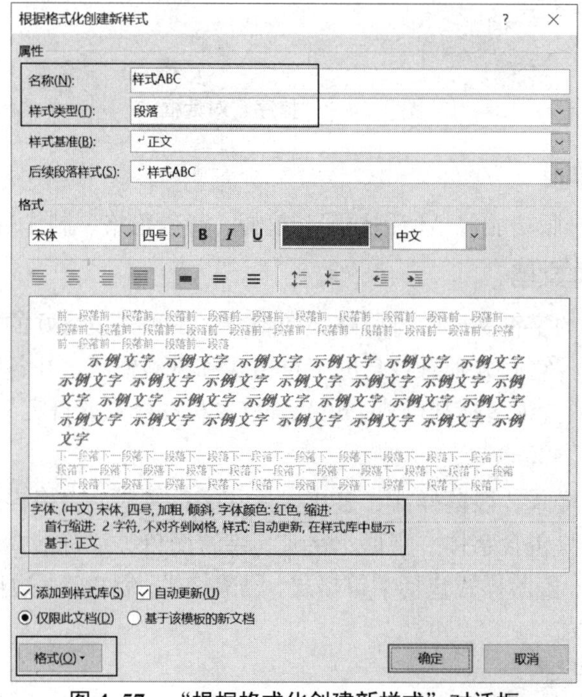

图 4-57 “根据格式化创建新样式”对话框

③ 单击对话框中的“格式”按钮，可以设置字体、段落的常用格式；

④ 单击“确定”按钮，新建的样式被加到样式列表中。

【注意】若勾选“自动更新”复选框，则每当手动设置了此样式的段落样式后，系统就会自动更新活动文档中使用此样式的所有段落。

4) 修改与删除样式

修改与删除样式的操作都可以在“快速样式库”或“样式”窗格中选定对应样式，在右键快捷菜单中进行，如图4-58所示。

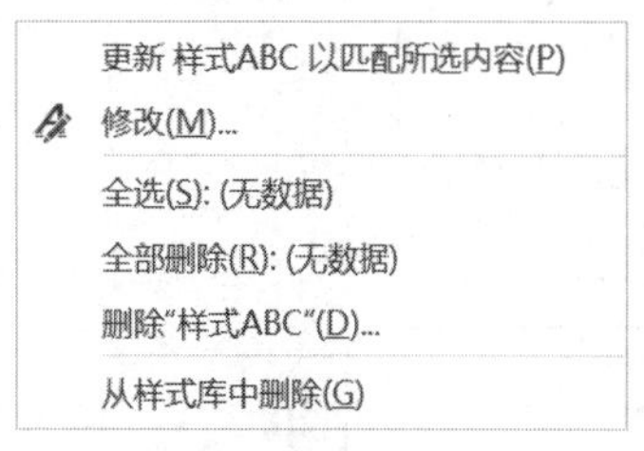

图 4-58 修改与删除样式

2. 使用模板制作文档

模板是文档的制作模型，是一种特殊的文档，它存储了针对具体文档制定的一系列标准，决定文档的基本结构和文档设置。Word 2016 中所创建的任何一个文档都是以某一个模板为基础的，如简历、小册子、日程表、报告等，用户可以根据需要进行选择。Word 2016 提供了许多文档模板，Normal.dotm 是各种文档的默认模板。

1) 使用已有模板创建文档

单击“文件”选项卡的“新建”命令，在可用模板列表中选择所需的模板类型，单击“创建”按钮即可，如图 4–59 所示。

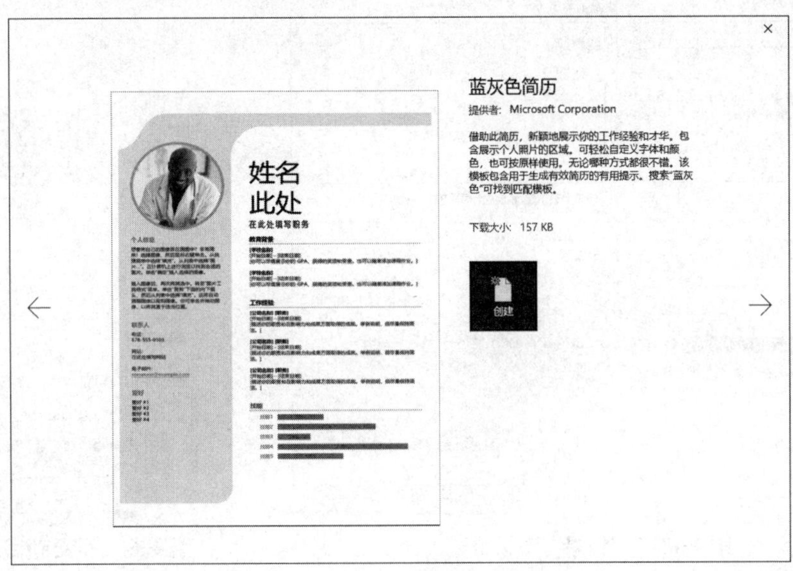

图 4–59　使用已有模板创建文档

2) 创建新模板

可以将已有文档保存为一个新的文档模板。操作方法如下：打开要设置为模板的文档，把该文档另存为“Word 模板（*.dotx）”类型文档即可。此时文档保存路径将自动切换到 Word 文档模板放置的位置。

3. 使用导航窗格浏览长文档

Word 中提供的导航窗格功能，可以查看当前的大纲结构，能快速准确地定位到文档的某个标题位置。操作方法如下：在页面视图下，在“视图”选项卡的“显示”功能组中勾选“导航窗格”复选框，然后单击“导航”中的某一个标题，即可在右侧文档窗格中迅速跳转到该标题处。

4. 制作目录

目录是文档的大纲提要，可以通过目录了解文档的整体结构，以便把握全局内容框架。目录一般包含文档的章名、节名及各章各节的页码等信息。只要单击目录中的某个页码，就可以跳到该页码对应的标题。

1) 创建文档目录

运用 Word 中的内置样式可以自动生成相应的目录，具体操作过程如下：

① 文档中的各级标题需指定某个级别的标题样式（一般情况下，目录分为 3 级，可以使用相应的 3 级标题“标题 1”“标题 2”和“标题 3”样式）；

② 将光标置于文档中需要放置目录的位置（一般位于文档的开头），在“引用”选项卡的“目录”功能组中，单击“目录”下拉按钮，选择一种自动目录样式，或选择“自

定义目录”命令，在弹出的“目录”对话框中进行相应的操作，如图 4-60 所示。

图 4-60 “目录”对话框

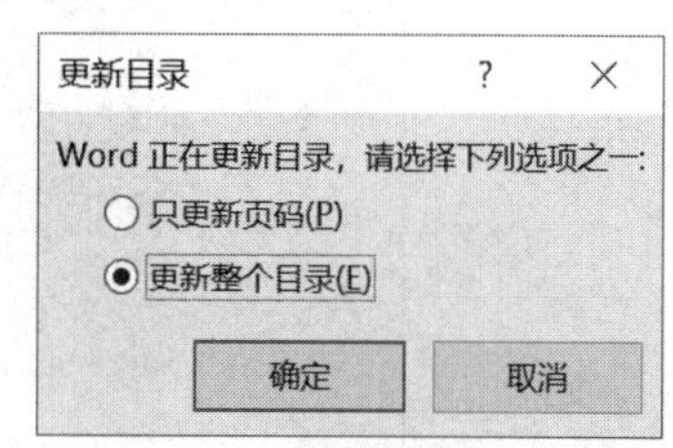

图 4-61 “更新目录”对话框

2）更新目录

在目录中，单击“引用”选项卡下“目录”功能组中的“更新目录”命令按钮，在“更新目录”对话框中选择其中一种方式即可，如图 4-61 所示。

5. 邮件合并①

邮件合并就是将文档内容相同的部分制作成一个主文档，而有变化的部分制作成一个数据源，然后将数据源中的信息合并到主文档中。邮件合并可以实现将一份文档自动批量生成很多份相似的文档，如邀请函、信封、标签、工资条、通知单等。

例 4-5 利用邮件合并功能制作学生补考通知单。

问题分析：学校每学期都要给补考的学生下达补考通知单，要对每一张通知单单独处理，将非常费时、费力。而如果使用“邮件合并”功能，那么可得到事半功倍的效果。

本例任务的主文档（补考通知单）如图 4-62 所示。

补考通知单

同学：

你的《》课程成绩不及格，定于在_______进行补考，请携带学生证按时参加考试。

教务处

2021 年 2 月 20 日

图 4-62 主文档

①本节为选学内容。

数据源（补考信息表）如表 4-1 所示。

表 4-1　补考信息表

姓名	课程名称	补考时间	补考地点
周利	程序设计基础	3 月 10 日 8:00	西城 G513
王丽	程序设计基础	3 月 10 日 8:00	西城 G513
陈亚	大学计算机	3 月 11 日 15:00	西城 G513
李肖肖	大学计算机	3 月 11 日 15:00	西城 G513
胡清	网页设计	3 月 12 日 10:00	西城 G514
林强	网页设计	3 月 12 日 10:00	西城 G514

【提示】数据源可以采用 Word 表格、Excel 表格数据。在数据源中，表格必须置于文档最顶部，确保表格的顶部不能有空白或其他文本。

操作过程如下：

① 在“邮件”选项卡的“开始邮件合并”功能组中，单击“开始邮件合并”命令按钮，选择“信函”命令；

② 在“邮件”选项卡的“开始邮件合并”功能组中，单击“选择收件人”命令按钮，选择“使用现有列表”命令，弹出“选取数据源”对话框；

③ 在“选取数据源”对话框中，选择要打开的数据源“补考信息表 .docx”，单击“打开”按钮；

④ 单击“开始邮件合并”功能组中的“编辑收件人列表”命令按钮，在“邮件合并收件人”对话框（见图 4-63）中，可以进行编辑或默认设置，单击“确定”按钮；

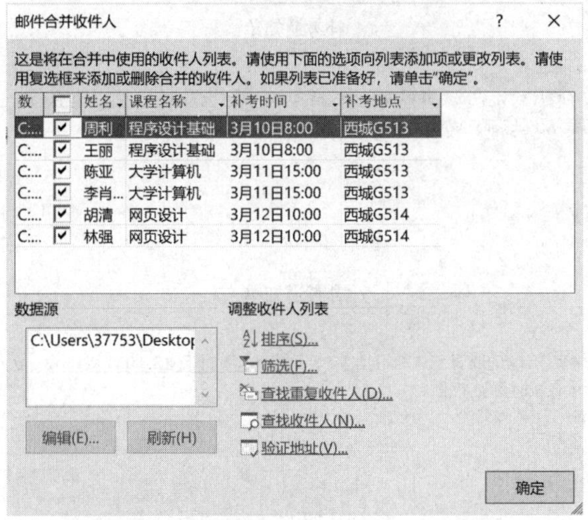

图 4-63　“邮件合并收件人”对话框

⑤ 将光标定位到要插入合并域的位置，在“邮件”选项卡的“编写和插入域”功能组中，单击“插入合并域”命令按钮，选择要插入的合并域，如图 4-64 所示；

⑥ 在“邮件”选项卡的“完成”功能组中，单击“完成并合并”命令按钮，选择“编辑单个文档”命令，在弹出的“合并到新文档”对话框中，选中“合并记录”中的“全部”单选按钮，单击“确定”按钮。

Word 将在新文档中显示合并后的文档结果，如图 4-65 所示。

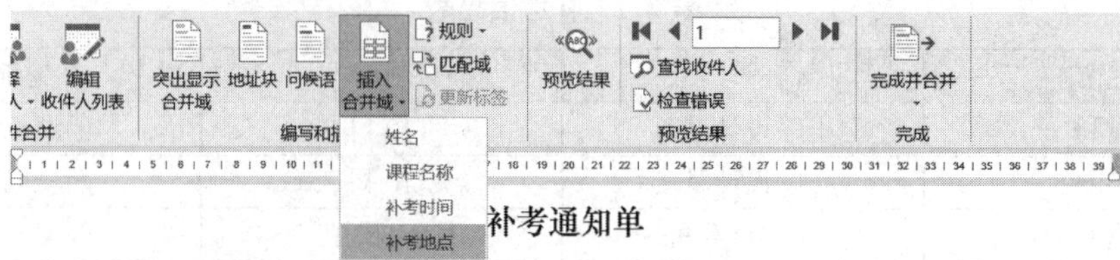

补考通知单

«姓名»同学：

你的《«课程名称»》课程成绩不及格，定于在 «补考时间»«补考地点» 进行补考，请携带学生证按时参加考试。

教务处

2021 年 2 月 20 日

图 4-64　在文档中插入合并域

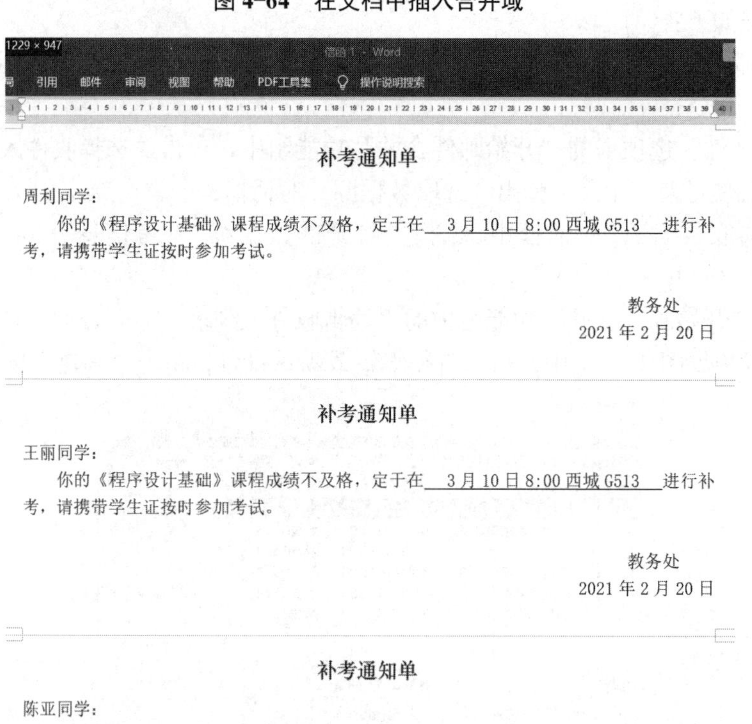

补考通知单

周利同学：

你的《程序设计基础》课程成绩不及格，定于在 3 月 10 日 8:00 西城 G513 进行补考，请携带学生证按时参加考试。

教务处

2021 年 2 月 20 日

补考通知单

王丽同学：

你的《程序设计基础》课程成绩不及格，定于在 3 月 10 日 8:00 西城 G513 进行补考，请携带学生证按时参加考试。

教务处

2021 年 2 月 20 日

补考通知单

陈亚同学：

你的《大学计算机》课程成绩不及格，定于在 3 月 11 日 15:00 西城 G513 进行补考，请携带学生证按时参加考试。

教务处

2021 年 2 月 20 日

图 4-65　邮件合并后的文档（部分）

4.3　电子表格 Excel 2016

Excel 2016 是 Office 2016 专门用于数据计算、统计分析和报表处理的软件，被广泛应用于财务、金融、经济、审计和统计等众多领域。

4.3.1　Excel 2016 工作环境

1. 工作界面

Excel 2016 的工作界面如图 4-66 所示。

图 4-66　Excel 2016 的工作界面

2. 工作簿、工作表与单元格

（1）工作簿。工作簿是 Excel 用来计算和存储数据的文件，其扩展名为“xlsx”。每次启动 Excel 2016 时，都将打开一个名为“工作簿 1”的空白工作簿，其默认包含一个名为“Sheet 1”的工作表。

（2）工作表。工作表是由行和列组成的二维结构，是组成工作簿的基本单位。一个工作簿可以包含一张或多张工作表，工作簿与工作表之间的关系类似一本书和书中每一页之间的关系。每一张工作表最多有 1 048 576 行和 16 384 列。单击工作表标签，可以切换工作表。

（3）单元格。单元格是行和列的交叉部分，它是工作表中存放数据的最小单元。每个单元格都有固定的用列标和行号组成的地址，如 D5 表示第 D 列与第 5 行交叉位置的单元格。如果要表示一个连续的单元格区域，那么可以用该区域的左上角和右下角单元格表示，中间用冒号“:”分隔。例如，B2:D5 表示从单元格 B2 到单元格 D5 的区域，如图 4-67 所示。

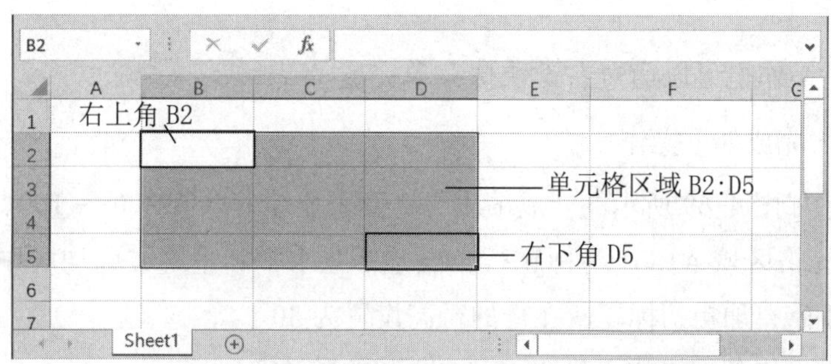

图 4-67　单元格区域 B2:D5

为了区分不同工作表的单元格，需要在单元格地址前加工作表名称，如 Sheet1!B2 表示工作表“Sheet1”的单元格 B2。当前正在使用的单元格称为活动单元格（如单元格 B2）。单元格的内容可以是数字、字符、公式、日期、图形或声音文件等。

4.3.2 表格基本操作

Excel 2016 表格的操作主要是建立与保存，该操作与 Word 文档类似，这里不再赘述。

1. 工作表的基本操作

1) 插入、删除与重命名工作表

（1）插入新工作表。插入新工作表的操作方法有两种：一是单击工作表标签中的“新工作表”按钮，如图 4-68 (a) 所示；二是右击工作表标签，在快捷菜单中选择“插入”命令，如图 4-68 (b) 所示。

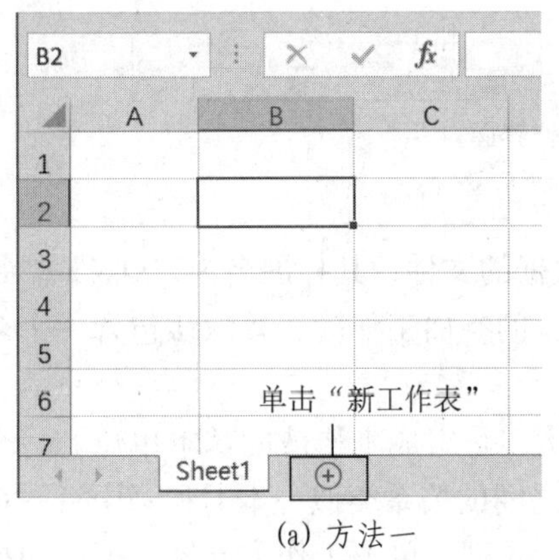

(a) 方法一

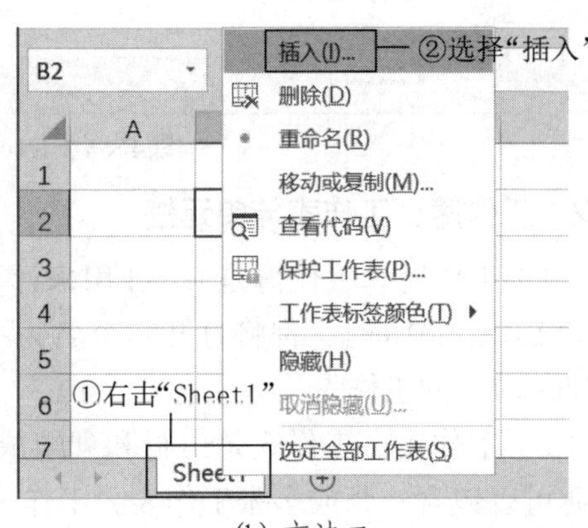

(b) 方法二

图 4-68 插入新工作表

（2）删除和重命名工作表。此两项操作均可在工作表标签的右键快捷菜单中进行。

2) 移动或复制工作表

移动或复制工作表的操作可以在一个工作簿内进行，也可以在两个工作簿之间进行。

（1）移动工作表。拖动要移动的工作表标签，到达新位置后，释放鼠标左键。

（2）复制工作表。按住 [Ctrl] 键的同时拖动工作表标签，到达新位置后，释放鼠标左键。

当然，以上操作也可以通过右键快捷菜单完成。

例 4-6 完成如下操作：

① 建立一张如图 4-69 所示的“成绩表”，要求成绩的取值在 0 ～ 100 之间。

② 合并单元格区域 A1:G1 为标题行，设置标题水平和垂直方向均居中对齐，标题的字体为黑体、21 磅、加粗；标题所在行的行高设置为 30。

③ 设置成绩区域条件格式，对 85 ～ 90 之间的成绩突出显示。

④ 设置单元格区域 A2:G22 中文本对齐方式为水平和垂直方向均居中对齐；外粗内细的边框线。

⑤ 设置单元格区域 A2:G2 填充“背景色”为黄色，字体为微软雅黑、14 磅、加粗。

A1　成绩表

	A	B	C	D	E	F	G	H
1	成绩表							
2	编号	姓名	系别	性别	高数	英语	计算机	
3	08101	刘志飞	机电	男	91	87	90	
4	08102	何许诺	机电	男	80	76	98	
5	08103	崔娜	文法	男	88	83	77	
6	08104	林成瑞	文法	女	87	80	98	
7	08105	童磊	化工	男	78	85	88	
8	08106	徐志林	化工	男	80	71	84	
9	08107	何忆婷	化工	女	81	90	80	
10	08108	高攀	经管	男	88	86	85	
11	08109	陈佳佳	经管	女	90	80	84	
12	08110	陈怡	机电	女	82	82	85	
13	08111	周蓓	文法	女	86	87	76	
14	08112	夏慧	文法	女	87	76	98	
15	08113	韩文信	化工	男	82	84	85	
16	08114	葛丽	化工	女	83	80	84	
17	08115	张小河	化工	男	88	82	93	
18	08116	韩燕	经管	女	81	81	82	
19	08117	刘江波	经管	男	72	91	81	
20	08118	王磊	机电	男	97	84	74	
21	08119	郝艳艳	机电	女	82	85	85	
22	08120	陶莉莉	机电	女	82	81	85	

Sheet1

图 4-69　成绩表

问题分析：创建工作表的前提是创建工作簿文件。本例的任务主要包括创建工作簿（工作表）、工作表数据输入、单元格与单元格区域的选定、工作表编辑与美化等基本操作。

2. 数据的输入

工作表中处理的数据有文本、数字、日期和时间等类型，不同类型数据的输入方式各不相同。输入数据时，首先选定要输入数据的单元格，然后输入数据，输入后按 [Enter] 键或单击编辑栏的“输入”按钮 ✔ 确认，活动单元格将自动下移；按 [Esc] 键或单击编辑栏的“取消”按钮 ✕ 将取消输入。

1）输入文本

输入文本是指向工作表中输入字符或者数字和字符的组合。文本输入时系统默认为左对齐。

【注意】输入数字字符串时应在数据前加单引号“'”，以判定其是数字字符串而不是数字数据，如要输入电话号码“06682923888”，应输入“'06682923888”。

如果输入的文字过多，超过了当前单元格的宽度，那么会产生两种结果：一是若右边相邻的单元格中没有数据，则超出的文字会显示，并盖住右边相邻的单元格；二是若右边相邻的单元格中含有数据，则超出单元格的部分不会显示，没有显示的部分在加大列宽或以换行方式格式化该单元格后，可以看到该单元格中的全部内容。

要使单元格中数据的输入强制性换行，按 [Alt]+[Enter] 快捷键即可，也可在“设置单元格格式”对话框中设置自动换行，如图 4-70 所示。

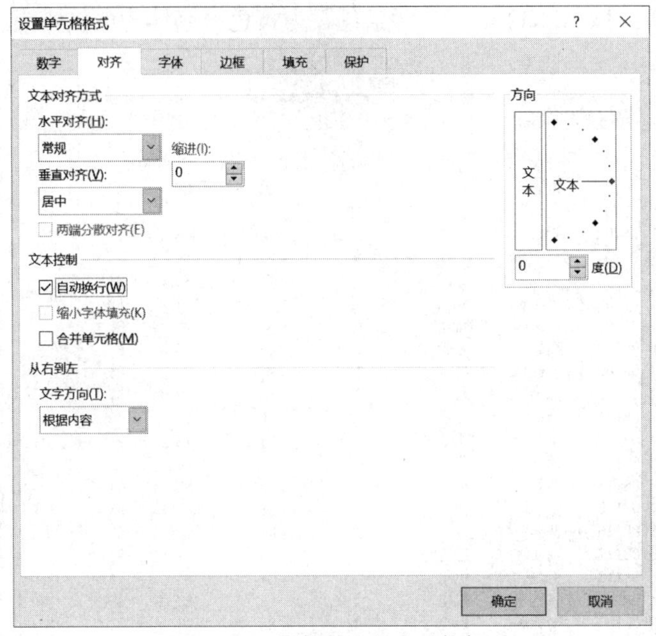

图 4-70　设置单元格自动换行

2）输入数字

Excel 中的数字除了由 0 ～ 9 组成外，还包括 +，−，E，e，$，/，%，小数点“.”和千位分隔符“,”等特殊字符。数值输入时系统默认为右对齐。

如果是正数，那么可以直接在单元格中输入；如果是负数，那么可以在数字前加一个减号，或者将数字放在圆括号内。例如，在单元格中输入“−100”和“（100）”都可以得到“−100”。

另外，Excel 还支持分数的输入，在整数和分数之间应有一个空格，如“4 3/6”。当分数小于 1 时，要在分数前加一个 0，如“0 3/6”。没加“0”会被 Excel 识别为日期型的数据。

当输入的数字太长时，在单元格中显示为科学记数法。例如，输入“123456789123456789”时，Excel 表示为“1.235E+17”。若单元格数字格式设置为两位小数，而输入的数据带 3 位小数的话，则在末位将进行四舍五入。

3）输入日期和时间

输入日期和时间时，单元格的格式就会自动转换为相应的日期或时间格式。日期和时间输入时系统默认为右对齐。

【注意】输入日期时，一般使用“/”（斜杠）或“-”（减号）分隔日期的年、月、日，如“2021/2/15”。如果在输入时省略了年份，那么以当前的年份作为默认值。输入时间时，在时、分、秒之间用冒号分开，如“2:16:20”。如果使用 24 小时制格式，那么不必使用 AM 或 PM；如果使用 12 小时制格式，那么在时间后加上一个空格，然后输入 AM 或 PM。

4) 数据自动填充

输入有规律的数据，如输入等差、等比、系统预定义序列和用户自定义序列等时，使用数据自动填充功能可以加快数据的输入。具体操作方法如下：选定初始值所在的单元格，将鼠标指针移到单元格右下角的小黑方块(称为“填充柄”)，当鼠标指针变为小黑十字形时，按住鼠标左键，在要填充序列的区域上拖动（向右（行）或向下（列）），最后释放鼠标左键即可。

一般情况下，对文本和数字的自动填充相当于复制，而对时间、日期、数字和文本的混合则按序列进行填充。

此外，用户经常需要输入单位部门设置、商品名称、课程科目、公司名称等，将这些数据新增为自定义序列，再利用自动填充功能便可节省输入工作量，提高效率。

添加自定义序列的操作方法如下：单击“文件”选项卡的“选项”命令，弹出“Excel 选项”对话框，在“高级”标签右侧的“常规”栏中，单击“编辑自定义列表”按钮，如图 4-71 所示，打开“自定义序列”对话框，在其中添加新序列。

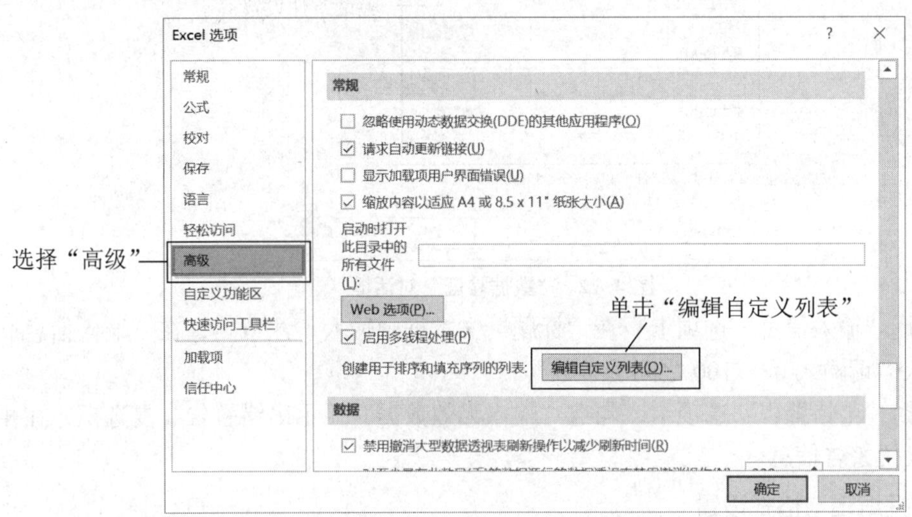

图 4-71　“Excel 选项”对话框

添加新序列有以下两种方法：

（1）在“输入序列”列表框中直接输入，每输入一个序列按一次 [Enter] 键，输入完毕后单击“添加”按钮。

（2）从工作表中直接导入。在“自定义序列”对话框中，单击“从单元格中导入序列”文本框右侧“折叠”按钮，选中工作表中的一系列数据，最后单击“导入”按钮即可。

例 4-6“成绩表”的数据输入：首先选中 A1 单元格，在其中输入“成绩表”，然后依次输入其他数据并保存。其中，在输入编号时，单击单元格 A3，先输入“'08101”，再拖动填充柄向下自动填充到单元格 A22。

5) 导入外部数据

单击“数据”选项卡下“获取外部数据”功能组中的相应命令按钮，可以导入其他数据库（如 Access，SQL Server）产生的文件，还可以导入文本文件、XML 文件等。

3. 设置数据验证

在默认情况下，可以在单元格中输入任何数据。通过 Excel 的数据验证设置限制规则（如内容、范围等），对某些单元格区域中的数据进行有效性验证，可以避免输入无效数据。例如，在例 4-6“成绩表”中，要求有效的成绩数据是 0～100 之间的整数，而不能是汉字、字母或超出该范围的数据等，这就有必要设置数据的验证条件。具体的操作过程如下：

① 选定单元格区域 E3:G22，在“数据”选项卡的“数据工具”功能组，单击“数据验证”命令按钮，弹出“数据验证”对话框，选择“设置”选项卡，可在其中进行相应的设置，如图 4-72 所示。

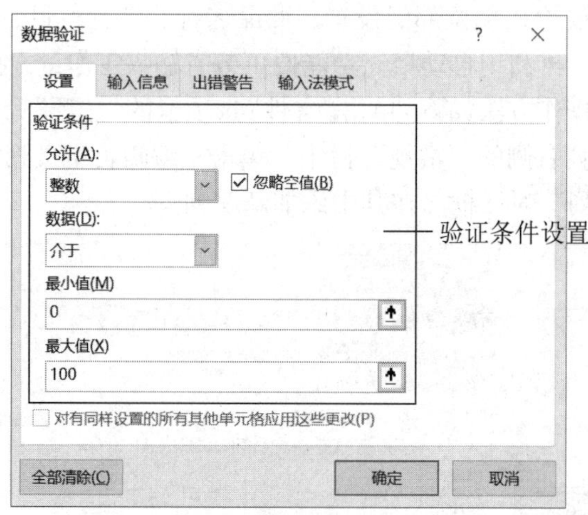

图 4-72 “数据验证”对话框

② 选择“输入信息”选项卡，在“标题”文本框中输入“注意”，在“输入信息”文本框中输入“请输入 0～100 之间的整数”；

③ 选择“出错警告”选项卡，勾选“输入无效数据时显示出错警告”复选框，在相应文本框中设置警告信息。

4. 数据编辑与格式设置

1）选择单元格

选择单元格包括选择一个单元格、选择单元格区域两种情况。

（1）选择一个单元格：单击要选择的单元格，或在名称框中输入单元格引用，如 A3，然后按 [Enter] 键。

（2）选择单元格区域：包括选择连续单元格、不连续单元格和全部单元格三种情况。

① 选择连续单元格：单击单元格区域的第一个单元格，拖动鼠标到要选定区域的最后一个单元格，释放鼠标左键即可；或选定第一个单元格，按住 [Shift] 键，然后单击最后一个单元格。

② 选择不连续单元格：按住 [Ctrl] 键，然后分别单击要选定的单元格。

③ 选择全部单元格：单击行号和列标的左上角交叉处的“全选”按钮，或按下 [Ctrl]+[A] 快捷键。

2) 插入与删除单元格

右击要插入单元格的位置，在弹出的快捷菜单中选择“插入”命令，在“插入”对话框中，选择一种插入方式，单击“确定”按钮即可。

同样，可在右键快捷菜单中进行删除单元格操作。

【注意】 删除单元格不仅删除单元格中的数据，而且删除被选中的单元格本身。

3) 合并与拆分单元格

（1）合并单元格：选定要合并的单元格区域，在右键快捷菜单中选择“设置单元格格式”命令，弹出“设置单元格格式”对话框，选择“对齐”选项卡，勾选“合并单元格”复选框，单击“确定”按钮即可。

（2）拆分单元格：选择要拆分的单元格，只需在“设置单元格格式”对话框中，取消“合并单元格”复选框，然后单击“确定”按钮即可。

4) 修改数据

修改工作表数据有以下两种情况：

（1）在单元格中修改。双击要修改数据的单元格，输入正确的内容后按 [Enter] 键确定。

（2）在编辑栏中修改。单击要修改数据的单元格，单击编辑栏文本框，对其中的内容进行修改即可。

5) 移动、复制数据

移动、复制单元格数据与 Word 文档操作类似，这里不再赘述。

6) 删除单元格数据格式或内容

选定要删除数据格式的单元格，在“开始”选项卡的“编辑”功能组中，单击“清除”命令按钮，选择“清除格式”命令，即可清除选定单元格中的字体格式，恢复系统默认格式。

如果选择“清除内容”命令，那么可删除选定单元格中的内容，但单元格中的数据格式并没有被删除。

7) 设置字体格式

此操作与 Word 文档类似，在“设置单元格格式”对话框的“字体”选项卡中进行设置即可。

其他如对齐方式、数字格式、表格的边框、表格填充效果等设置都可以在“设置单元格格式”对话框中进行，这里不再赘述。

8) 调整表格行高与列宽

新建工作表的所有单元格具有相同的宽度和高度。在默认情况下，当单元格中输入的字符数超过列宽时，超长的内容被截去，数字则显示为“########”。可以调整表格行高和列宽，以便于数据的完整显示。操作方法如下：

（1）粗略调整。把鼠标指针移到目标列的右边框线，或目标行的下边框线上，当指针变为“⇹”或“⇳”形状时，拖动鼠标即可改变列宽或行高。

（2）精确调整。在“开始”选项卡的“单元格”功能组中，单击“格式”命令按钮，

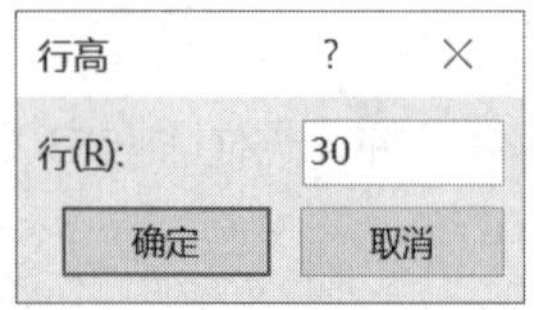

图 4-73 “行高”对话框

选择“行高”命令，在弹出的“行高”对话框的“行高”文本框中输入具体的值，如图 4-73 所示，单击“确定”按钮即可。“列宽”的调整同“行高”。

9）设置条件格式

设置条件格式是指对表格数据进行条件判断，若数据符合条件，则以特定的外观显示，如设置为不同的字体、边框、填充等效果。

条件格式可以突出显示所关注的单元格，使用“数据条”“色阶”和“图标集”来直观地显示数据。

例 4-6 成绩区域条件格式的设置：选定要突出显示的单元格区域 E3:G22，在“开始”选项卡的“样式”功能组中，单击“条件格式”命令按钮，在其下拉列表中选择“突出显示单元格规则”级联菜单中的“介于”命令，弹出“介于”对话框，输入两个界限值（如分别输入 85 和 90），在“设置为”下拉列表框中选择符合条件时显示的外观，如图 4-74 所示，单击“确定”按钮。

图 4-74 “介于”对话框

另外，例 4-6 的单元格区域 A2:G2 及 A3:G22 的其他格式设置，都可以在“设置单元格格式”对话框中进行，这里不再赘述。

根据以上操作，例 4-6 任务完成格式设置后的“成绩表”效果如图 4-75 所示。

	A	B	C	D	E	F	G
1	成绩表						
2	编号	姓名	系别	性别	高数	英语	计算机
3	08101	刘志飞	机电	男	91	87	90
4	08102	何许诺	机电	男	80	76	98
5	08103	崔娜	文法	男	88	83	77
6	08104	林成瑞	文法	女	87	80	98
7	08105	童磊	化工	男	78	85	88
8	08106	徐志林	化工	男	80	71	84
9	08107	何忆婷	化工	女	81	90	80
10	08108	高攀	经管	男	88	86	85
11	08109	陈佳佳	经管	女	90	80	84
12	08110	陈怡	机电	女	82	82	85
13	08111	周蓓	文法	女	86	87	76
14	08112	夏慧	文法	女	87	76	98
15	08113	韩文信	化工	男	82	84	85
16	08114	葛丽	化工	女	83	80	84
17	08115	张小河	化工	男	88	82	93
18	08116	韩燕	经管	女	81	81	82
19	08117	刘江波	经管	男	72	91	81
20	08118	王磊	机电	男	97	84	74
21	08119	郝艳艳	机电	女	82	85	85
22	08120	陶莉莉	机电	女	82	81	85

图 4-75 “成绩表”效果

4.3.3　公式与函数的应用

例 4-7　对例 4-6 所建立的“成绩表”进行如下数据计算：

① 计算每个学生的总分和平均分，要求平均分保留 1 位小数。

② 评定每个学生获得奖学金的情况。奖学金评定标准是平均分不低于 85 分的，能获得奖学金，否则留白。

问题分析：对工作表数据进行计算有按行与按列两种情况。本例是按行计算各个学生的总分和平均分。评定奖学金需要使用条件判断。在数据统计中要注意单元格地址的绝对引用与相对引用的问题。

1. 基本概念

1）公式

公式是对工作表中的数值进行计算的表达式，并将运算结果显示在单元格中。公式遵循一个特定的语法，即最前面是等号“=”，后面由参与计算的常量、单元格引用、函数和运算符等组成。例如，“=A3+100”就是一个 Excel 公式。

常量是一个固定的值，包括数值型常量（如数字 2.15，2021 等）、文本型变量（英文双引号引起来的字符串，如 " 优秀 ""ABC" 等）和逻辑型常量（如 True（真）和 False（假））。

2）函数

函数是 Excel 内置的预先设计好的公式，可以对一个或多个值进行运算，并返回函数值。

函数的一般格式为

函数名（参数 1，参数 2，…）

其中，参数可以是单元格引用、常量或函数等。

Excel 2016 提供了如 SUM（求和）、AVERAGE（平均值）、COUNT（数值计数）、MAX（最大值）和 MIN（最小值）等各种各样的函数。

3）公式中的运算符

运算符包括引用运算符、算术运算符、文本运算符和关系运算符等。

（1）引用运算符：冒号“:”、单个空格“　”、逗号“,”。

（2）算术运算符：加号“+”、减号“–”、乘号“*”、除号“/”、乘方“^”、百分号“%”等。

（3）文本运算符：连接“&”，可以将两个文本连接起来，其操作数可以是带引号的文字，也可以是单元格地址。

（4）关系运算符：等于“=”、小于“<”、大于“>”、小于等于“<=”、大于等于“>=”、不等于“<>”。比较运算符返回的计算结果是“True”或“False”。

运算符的运算优先级从高到低依次为引用运算符、算术运算符、文本运算符、关系运算符。公式根据运算符的特定顺序，运算顺序规则为：括号优先，先内后外，从左到右。

2. 使用公式计算

公式的输入可以在单元格中或在编辑栏中完成。

对例 4-7 而言，单击要输入公式的单元格 H3，在编辑栏文本框中输入“=E3+F3+G3”，

然后按 [Enter] 键或单击编辑栏中的“输入”按钮，即可在单元格 H3 中显示计算的总分结果。使用填充柄，完成其他学生的总分计算。

3. 单元格引用方式

单元格引用的作用是标识工作表的单元格或单元格区域，并指明公式中使用的数据位置。单元格引用有以下四种方式。

1）相对引用

相对引用是指基于包含公式和单元格引用的单元格的相对位置。相对引用是 Excel 默认的引用方式，如 B3，A2:G22 等。其特点是当公式在复制或移动到新位置时，单元格引用随着位置的改变而改变。

例如，单元格 H3 有公式“=E3+F3+G3”，当将公式复制到单元格 H4 时，公式将变为“=E4+F4+G4”。

2）绝对引用

绝对引用是指在工作表中固定位置的单元格，它的位置与包含公式的单元格无关。绝对引用要在列标和行号前加“$”，如 $B$3。其特点是当公式复制或移动到新位置时，单元格引用保持不变。

例如，单元格 H3 有公式“=$E$3+$F$3+$G$3”，当将公式复制到单元格 H4 时，公式仍为“=$E$3+$F$3+$G$3”。

3）混合引用

混合引用是指相对引用和绝对引用的混合使用，即单元格的列标或行号前加“$”，如 B$3。其特点是当公式复制或者移动到新位置时，公式中相对引用部分随位置变化，绝对引用部分不发生变化。例如，单元格 H3 有公式“=E3+$F3+$G$3”，当将公式复制到单元格 H4 时变为“=E4+$F4+$G$3”。

4）三维引用

三维引用是在两个或多个工作表之间进行的单元格引用。例如，在当前工作表“Sheet1”中的单元格中引用工作表“Sheet2”中单元格 B2 的方法是“=Sheet2!B2”。

4. 使用函数计算

函数的输入有以下两种方法：

（1）直接输入法。直接在单元格或编辑栏文本框内输入函数，适用于比较简单的函数。

（2）插入函数法。较第一种方法更常用，利用“插入函数”对话框进行相关操作，适用于比较复杂的函数或参数较多的函数。

例 4-7 使用插入函数法输入函数计算平均分，其操作过程如下：

① 选择要输入函数的单元格 I3，单击编辑栏上的“插入函数”按钮 *fx*，在弹出的“插入函数”对话框的“选择函数”列表框中，选择“AVERAGE”函数，单击“确定”按钮，

如图 4-76 所示；

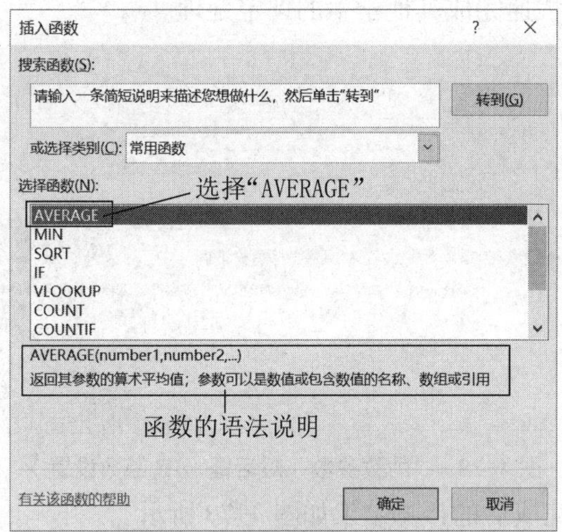

图 4-76　“插入函数”对话框

② 在弹出的“函数参数”对话框中设置参数（如输入数值、单元格引用或区域），单击“确定”按钮，如图 4-77 所示；

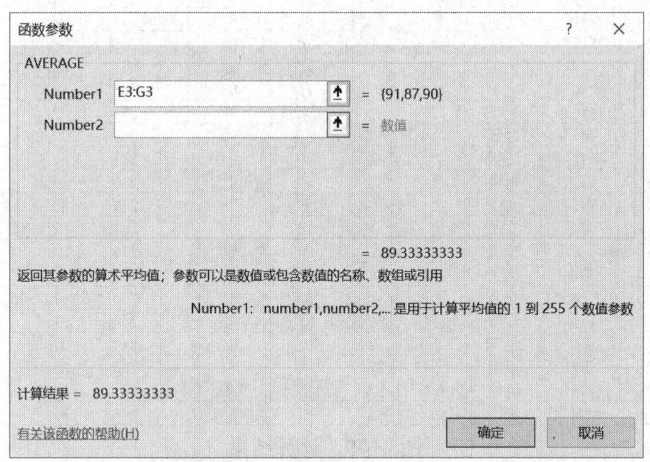

图 4-77　“函数参数”对话框（AVERAGE 函数设置）

③ 其他学生平均分的计算，可使用填充柄完成。

【提示】选中单元格区域 I3:I22，在“设置单元格格式”对话框的“数字”选项卡下，设置平均分的小数位数为 1。

5. IF 函数的使用

IF 函数是判断式的计算函数，用于测试条件是否成立。如果指定条件的计算结果为“TRUE”，那么 IF 函数将返回某个值；如果结果为“FALSE”，那么返回另一个值。

例 4-7 使用 IF 函数对学生奖学金进行评定，其操作过程如下：

① 选中单元格 J3，单击编辑栏上的“插入函数”按钮，弹出“插入函数”对话框；

② 在“或选择类别”下拉列表框中选择“逻辑”，在“选择函数”列表框中选择“IF”函数，单击“确定”按钮；

③ 弹出“函数参数”对话框，进行如图 4-78 所示的操作，完成该学生的评定处理。

④ 使用填充柄拖动快速完成其他学生的评定处理。

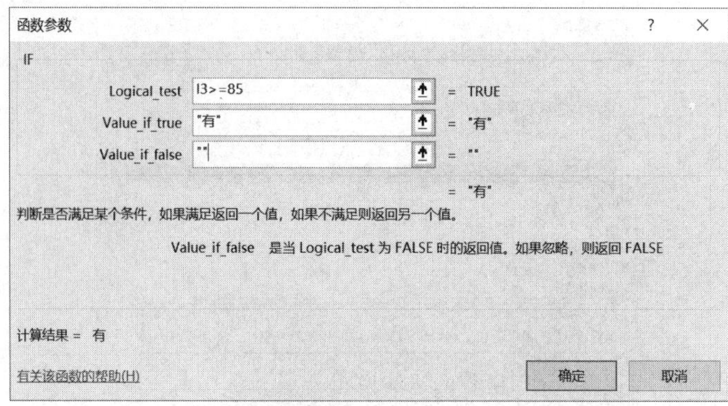

图 4-78 “函数参数”对话框（IF 函数设置）

至此，例 4-7 任务完成后的计算结果如图 4-79 所示。

成绩表									
编号	姓名	系别	性别	高数	英语	计算机	总分	平均分	奖学金
08101	刘志飞	机电	男	91	87	90	268	89.3	有
08102	何许诺	机电	男	80	76	98	254	84.7	
08103	崔娜	文法	男	88	83	77	248	82.7	
08104	林成瑞	文法	女	87	80	98	265	88.3	有
08105	童磊	化工	男	78	85	88	251	83.7	
08106	徐志林	化工	男	80	71	84	235	78.3	
08107	何忆婷	化工	女	81	90	80	251	83.7	
08108	高攀	经管	男	88	86	85	259	86.3	有
08109	陈佳佳	经管	女	90	80	84	254	84.7	
08110	陈怡	机电	女	82	82	85	249	83.0	
08111	周蓓	文法	女	86	87	76	249	83.0	
08112	夏慧	文法	女	87	76	98	261	87.0	有
08113	韩文信	化工	男	82	84	85	251	83.7	
08114	葛丽	化工	女	83	80	84	247	82.3	
08115	张小河	化工	男	88	82	93	263	87.7	有
08116	韩燕	经管	女	81	81	82	244	81.3	
08117	刘江波	经管	男	72	91	81	244	81.3	
08118	王磊	机电	男	97	84	74	255	85.0	有
08119	郝艳艳	机电	女	82	85	85	252	84.0	
08120	陶莉莉	机电	女	82	81	85	248	82.7	

图 4-79 计算结果

【注意】使用公式或函数进行计算，当涉及标点符号输入时，必须在英文状态下输入。在 IF 函数的使用中，若问题存在多个条件需要同时判断，则应采用 AND，OR 运算处理。

6. RANK 函数的使用

RANK 函数用于返回某数字在一列数字中相对于其他数值的大小排名。

例如，对于例 4-7 完成计算后的“成绩表”而言，如果要求根据每位学生的总分计算其在所有学生中的排名，可使用排位函数 RANK 完成。可以在单元格 K3 中直接输入“=RANK(I3,$I$3:$I$22,0)”，计算该学生的相对排名。也可以单击编辑栏上的“插入函数”按钮，在弹出的“插入函数”对话框的“或选择类别”下拉列表中选择“全部”，在“选择函数”列表框中选择“RANK”函数，单击“确定”按钮，在弹出的“函数参数”对话框中进行相关参数的设置即可完成计算，如图 4-80 所示。

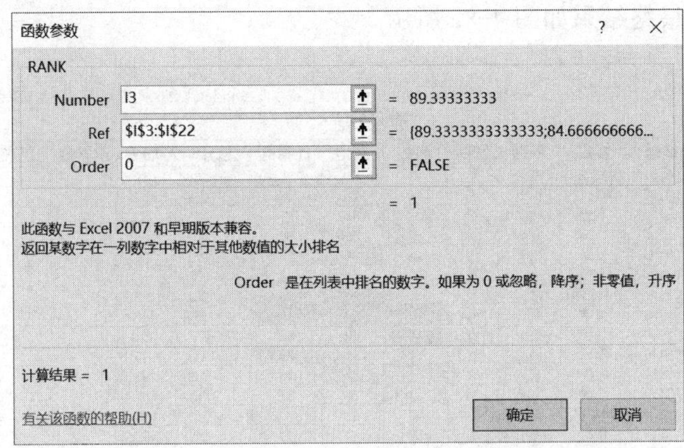

图 **4-80**　“函数参数”对话框（**RANK** 函数设置）

【注意】Ref 的设置需要使用绝对地址（如 $I$3:$I$22），以保证所有学生相对于同一数列进行排名。

按总分排名的结果如图 4-81 所示。

K3　=RANK(I3,$I$3:$I$22,0)

	A	B	C	D	E	F	G	H	I	J	K
1	成绩表										
2	编号	姓名	系别	性别	高数	英语	计算机	总分	平均分	奖学金	名次
3	08101	刘志飞	机电	男	91	87	90	268	89.3	有	1
4	08102	何许诺	机电	男	80	76	98	254	84.7		7
5	08103	崔娜	文法	男	88	83	77	248	82.7		15
6	08104	林成瑞	文法	女	87	80	98	265	88.3	有	2
7	08105	童磊	化工	男	78	85	88	251	83.7		10
8	08106	徐志林	化工	男	80	71	84	235	78.3		20
9	08107	何忆婷	化工	女	81	90	80	251	83.7		10
10	08108	高攀	经管	男	88	86	85	259	86.3	有	5
11	08109	陈佳佳	经管	女	90	80	84	254	84.7		7
12	08110	陈怡	机电	女	82	82	85	249	83.0		13
13	08111	周蓓	文法	女	86	87	76	249	83.0		13
14	08112	夏慧	文法	女	87	76	98	261	87.0	有	4
15	08113	韩文信	化工	男	82	84	85	251	83.7		10
16	08114	葛丽	化工	女	83	80	84	247	82.3		17
17	08115	张小河	化工	男	88	82	93	263	87.7	有	3
18	08116	韩燕	经管	女	81	81	82	244	81.3		18
19	08117	刘江波	经管	男	72	91	81	244	81.3		18
20	08118	王磊	机电	男	97	84	74	255	85.0	有	6
21	08119	郝艳艳	机电	女	82	85	85	252	84.0		9
22	08120	陶莉莉	机电	女	82	81	85	248	82.7		15

图 **4-81**　按总分排名的结果

7. 其他常用函数

其他一些常用的函数包括：

（1）最大值函数：MAX(number1,number2,…)。其功能是求参数数列中数值的最大值。

（2）最小值函数：MIN(number1,number2,…)。其功能是求参数数列中数值的最小值。

（3）统计个数函数：COUNT(value1,value2,…)。其功能是求参数数列中数值数据的个数。

例如，在单元格 E24 中输入“=MAX(E3:E22)”并按 [Enter] 键，即可求得高数的最高分，再使用填充柄求得英语及计算机的最高分。同理，分别使用 MIN 和 COUNT 函数求得各科最低分与总人数。最终结果如图 4-82 所示。

E24 =MAX(E3:E22)

成绩表

编号	姓名	系别	性别	高数	英语	计算机	总分	平均分	奖学金	名次
08101	刘志飞	机电	男	91	87	90	268	89.3	有	1
08102	何许诺	机电	男	80	76	98	254	84.7		7
08103	崔娜	文法	男	88	83	77	248	82.7		15
08104	林成瑞	文法	女	87	80	98	265	88.3	有	2
08105	童磊	化工	男	78	85	88	251	83.7		10
08106	徐志林	化工	男	80	71	84	235	78.3		20
08107	何忆婷	化工	女	81	90	80	251	83.7		10
08108	高攀	经管	男	88	86	85	259	86.3	有	5
08109	陈佳佳	经管	女	90	80	84	254	84.7		7
08110	陈怡	机电	女	82	82	85	249	83.0		13
08111	周蓓	文法	女	86	87	76	249	83.0		13
08112	夏慧	文法	女	87	76	98	261	87.0	有	4
08113	韩文信	化工	男	82	84	85	251	83.7		10
08114	葛丽	化工	女	83	80	84	247	82.3		17
08115	张小河	化工	男	88	82	93	263	87.7	有	3
08116	韩燕	经管	女	81	81	82	244	81.3		18
08117	刘江波	经管	男	72	91	81	244	81.3		18
08118	王磊	机电	男	97	84	74	255	85.0	有	6
08119	郝艳艳	机电	女	82	85	85	252	84.0		9
08120	陶莉莉	机电	女	82	81	85	248	82.7		15
			最高分	97	91	98				
			最低分	72	71	74				
			总人数		20					

图 4-82　最高分、最低分与总人数

清单

姓名	系别	金额
刘志飞	机电	100
何许诺	机电	100
崔娜	文法	300
林成瑞	文法	200
童磊	化工	200
徐志林	化工	100
何忆婷	化工	100
高攀	经管	300
陈佳佳	经管	100
陈怡	机电	100
周蓓	文法	300
夏慧	文法	200
韩文信	化工	200
葛丽	化工	100
张小河	化工	100
韩燕	经管	300
刘江波	经管	200
王磊	机电	200
郝艳艳	机电	100
陶莉莉	机电	300

图 4-83　清单

（4）统计满足特定条件的单元格数目函数：COUNTIF（range,criteria）。其功能是计算区域内满足特定条件的单元格的数目。其中，range 为用于条件判断的单元格区域；criteria 是条件，其形式可以是数字、表达式或文本等。条件一般要加引号。

（5）对满足条件的单元格求和函数：SUMIF（range,criteria,sum_range）。其功能是根据指定条件对若干单元格求和。其中，range 为用于条件判断的单元格区域，criteria 是条件，sum_range 为需要求和的区域。只有当 range 中的单元格满足条件时，才对 sum_range 中相应的单元格求和。

例如，分别使用 COUNTIF 与 SUMIF 函数统计如图 4-83 所示清单中的各系捐款人数及捐款金额。使用 COUNTIF 函数统计的结果如图 4-84 (a) 所示，使用 SUMIF 函数统计的结果如图 4-84 (b) 所示。

COUNTIF 函数使用混合引用

=COUNTIF($B$3:$B$22,E3)

捐款统计表

系别	人数	金额
机电	6	
文法	4	
化工	6	
经管	4	

选中 F3

(a) 使用 COUNTIF 函数

SUMIF 函数使用混合引用

=SUMIF($B$3:$B$22,E3,$C$3:$C$22)

捐款统计表

系别	人数	金额
机电	6	900
文法	4	1000
化工	6	800
经管	4	900

选中 G3

(b) 使用 SUMIF 函数

图 4-84　统计结果

4.3.4 数据图表

数据图表可使数据的表达更加直观。利用图表可以很容易发现数据间的对比或联系，并为进一步分析数据及决策提供依据。当工作表中的数据发生变化时，图表随之相应改变。

例 4-8 在例 4-6“成绩表”基础上，根据编号前 5 位学生的姓名、高数和计算机的成绩，建立簇状柱形图。要求图表标题改为“成绩表”，添加 X 轴标题“姓名”，Y 轴标题“分数”，绘图区的背景为“白色大理石”纹理。

问题分析：Excel 的数据图表种类很多，创建的方法大同小异。本例是根据成绩数据建立簇状柱形图。

1. 创建图表

在 Excel 2016 中，创建图表很便捷，只需要选择数据源，然后单击“插入”选项卡下“图表”功能组中的相应图表类型的下拉按钮，在下拉菜单中选择具体的子类型即可。

创建图表的具体操作过程如下：

① 在工作表中选定要创建图表的数据源（一般包含列标题），如例 4-8 的姓名列 B2:B7、两门课程的成绩列 E2:E7 与 G2:G7；

【注意】按住 [Ctrl] 键选择不连续区域。

② 在“插入”选项卡的“图表”功能组中选择所需的图表类型，如单击“插入柱形图或条形图”下拉按钮，在其下拉列表中的“二维柱形图”区选择“簇状柱形图”，如图 4-85 所示，创建的图表如图 4-86 所示。

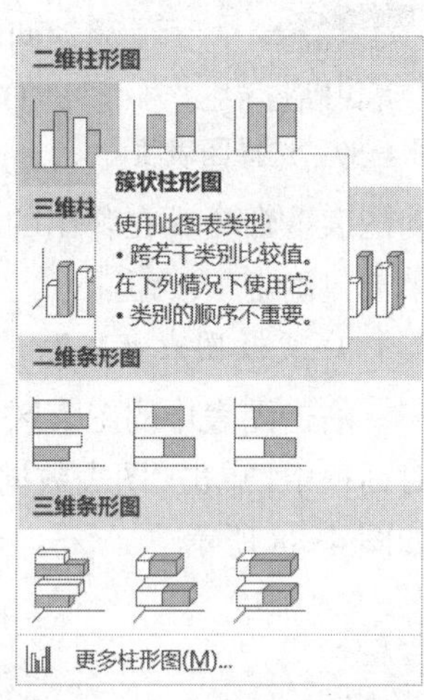

图 4-85 “插入柱形图或条形图”下拉列表

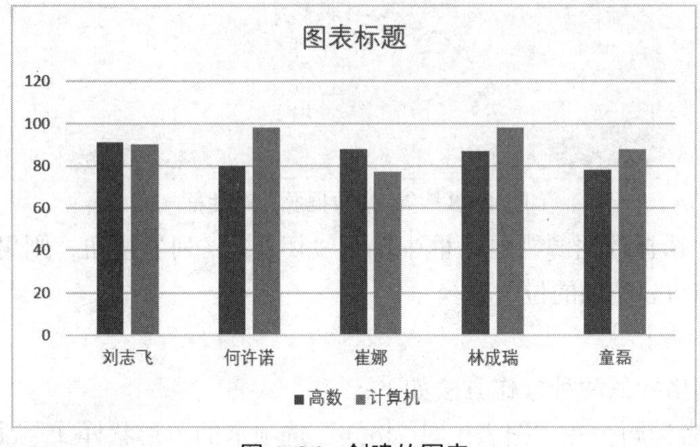

图 4-86 创建的图表

2. 编辑图表

选定已建好的图表，功能区将出现两个选项卡：“图表工具|设计”和“图表工具|格式”。通过这两个选项卡中的命令按钮，可以对图表进行各种设置和编辑（如更改图表类型、选择图表布局和图表样式等）。

1）选择图表项

选中图表，在“图表工具 | 格式”选项卡的“当前所选内容”功能组中，单击“图表元素”下拉列表框，选择要处理的图表项目，如图 4-87 所示。

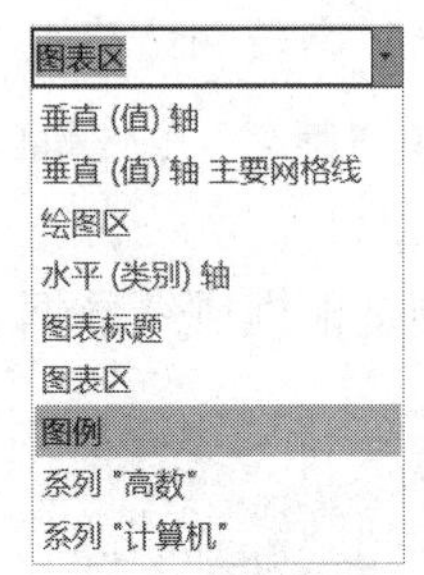

图 4-87　选择图表项

2）调整图表大小和位置

（1）调整图表大小：直接将鼠标指针移动到图表边框的控制点上，当指针变为双向箭头时，单击拖动即可调整图表的大小；也可以在“图表工具 | 格式”选项卡的“大小”功能组中精确设置图表的高度和宽度。

（2）调整图表位置：可分为在当前工作表中移动和在工作表之间移动两种情况。

① 在当前工作表中移动：单击图表区并按住鼠标左键进行拖动即可。

② 在工作表之间移动：右击图表中的图表区，在快捷菜单中选择“移动图表”命令，在弹出的“移动图表”对话框中，选择“对象位于”中的另一个工作表，单击“确定”按钮。

3）更改图表数据源

右击图表中的图表区，在快捷菜单中选择“选择数据”命令，在弹出的“选择数据源”对话框中，单击“图表数据区域”右侧的“折叠”按钮，即可返回工作表重新选择数据源区域，如图 4-88 所示。

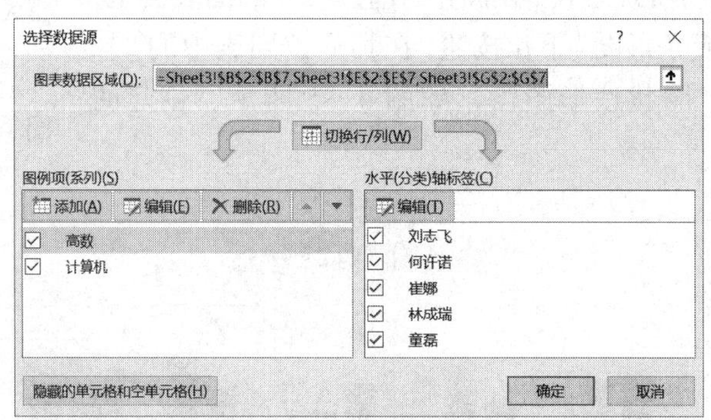

图 4-88　“选择数据源”对话框

另外，若在“选择数据源”对话框中单击“切换行 / 列”按钮，则可以完成交换图表的行与列，即图例与分类轴的位置交换。

4）设置图表标题格式

设置图表标题格式的两种操作方法如下：

（1）选择图表标题，在“图表工具 | 格式”选项卡的“形状样式”功能组中，单击形状样式库中的某一样式。

（2）右击图表标题，在快捷菜单中选择“设置图表标题格式”命令，在打开的“设置图表标题格式”窗格中，可以为标题设置填充、边框颜色、边框样式、阴影、三维格式以及对齐方式等。

5）设置坐标轴标题及格式

为了使水平和垂直坐标的内容更加明确，可以为坐标轴添加标题。具体操作方法如下：

在“图表工具 | 设计”选项卡的“图表布局”功能组中，单击“添加图表元素”下拉列表，选择“坐标轴标题”级联菜单中的“主要横坐标轴”命令（“主要纵坐标轴”命令），如图 4-89 所示，在“坐标轴标题”文本框中输入“姓名”（“分数”）。

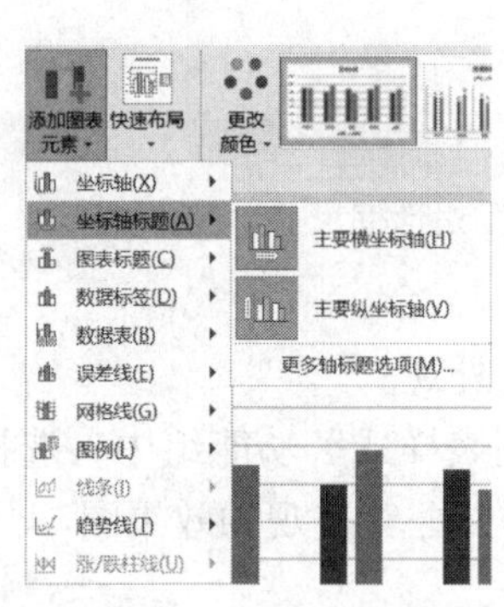

图 4-89　设置坐标轴标题

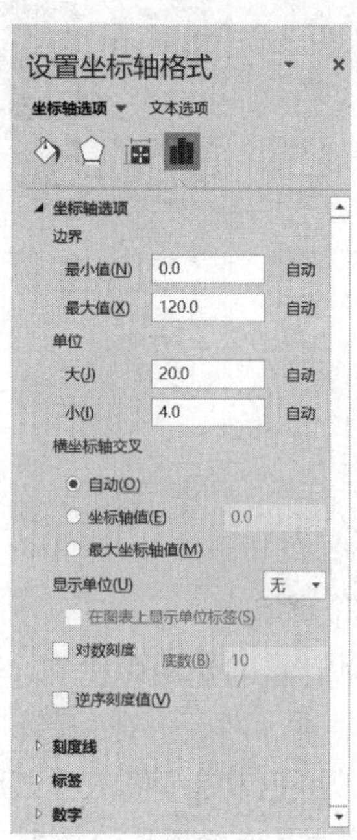

图 4-90　设置坐标轴格式

对于坐标轴格式，操作方法是右击横坐标或纵坐标内容，在快捷菜单中选择“设置坐标轴格式”命令，在打开的“设置坐标轴格式”窗格中对坐标轴进行格式设置，如图 4-90 所示。

6) 添加图例

图例中的图标代表每个不同的数据系列的标识。

选定图表，在“图表工具 | 设计”选项卡的“图表布局”功能组中，选择“添加图表元素”下拉列表的“图例”命令，在其级联菜单中选择一种放置图例的方式即可。

7) 添加数据标签

数据标签是显示在数据系列上的数据标记（数值）。

选定图表，在“图表工具 | 设计”选项卡的“图表布局”功能组中，选择“添加图表元素”下拉列表的“数据标签”命令，在其级联菜单中选择一种放置数据标签的位置即可。或在其级联菜单中选择“其他数据标签选项”命令也可以打开“设置数据标签格式”窗格，进行格式设置。

8) 更改图表类型

选择一个最佳表现数据的图表类型，有助于清晰地反映数据的差异和变化。

选定图表，在“图表工具 | 设计”选项卡的“类型”功能组中，单击“更改图表类型”命令按钮。在弹出的“更改图表类型”对话框中，从“所有图表”列表栏中选择所需的图表类型，再选择所需的子图表类型，如图 4-91 所示，单击“确定”按钮即可。

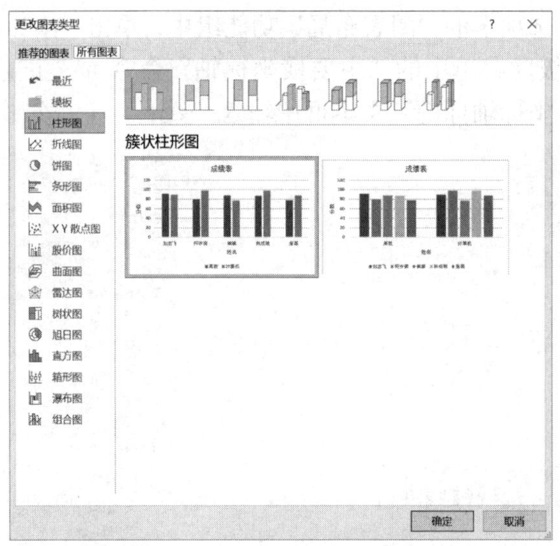

图 4–91　“更改图表类型”对话框

9）设置图表样式

利用系统提供的布局和样式可以快速设置图表的外观。

选定图表，在“图表工具 | 设计”选项卡的“图表样式”功能组中，选择图表的颜色搭配方案。更改颜色或选择图表样式后，即可快速得到非常美观的效果图。

10）设置图表区与绘图区的格式

图表区是放置图表及其他元素（包括标题与图形）的大背景。绘图区是放置图表主体的背景。设置两者的方法相同，下面以设置绘图区的格式为例。

在“图表工具 | 格式”选项卡的“当前所选内容”功能组中，单击“图表元素”下拉列表框，选择“绘图区”后单击“设置所选内容格式”命令按钮（或者直接双击“绘图区”），打开“设置绘图区格式”任务窗格。选中“填充”栏的“图片或纹理填充”单选按钮，在“纹理”下拉列表框中选择“白色大理石”，最后单击窗格的“关闭”按钮即可。

例 4–8 创建的图表通过以上各种编辑和美化设置之后，即可得到美观的效果，如图 4–92 所示。

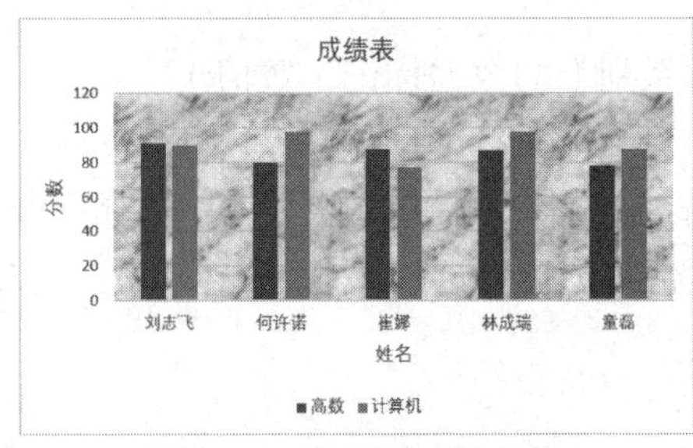

图 4–92　编辑图表的效果

4.3.5　数据管理和分析

Excel 不仅能对数据进行计算、处理，还具有数据库管理的部分功能。

例 4–9　对例 4–7 的“成绩表”进行以下数据分析：

① 选出全体学生中三科成绩都不低于 85 分的记录。

② 将全体记录先按系别排序（默认为升序），系别相同再按平均分高低排序（降序）。

③ 汇总各系学生各门课程的平均成绩。

问题分析：在 Excel 中，数据库可以作为一个工作表来看待。工作表的列相当于数据库中的字段，列标题相当于数据库中的字段名；工作表中的每一行相当于数据库中的一条记录。Excel 提供了一整套功能强大的数据库命令集和函数，使得其具备组织和管理大量数据的能力。在本例任务中，涉及的数据管理操作主要有数据筛选、数据排序及数据的分类汇总。

1．数据筛选

数据筛选是一种用于查找特定数据的快速方法，实现只显示满足条件的数据行。Excel 提供自动筛选、自定义筛选和高级筛选功能。

1）自动筛选与自定义筛选

（1）自动筛选是指按单一条件进行的数据筛选，显示符合条件的数据行，适合简单条件的筛选。

在进行自动筛选时，选择数据区域中的任意一个单元格，在“数据”选项卡的“排序和筛选”功能组中，单击“筛选”命令按钮，每个列标题的右侧将显示一个向下箭头。然后，单击“系别”右侧的向下箭头，在下拉菜单中取消“全选”复选框，勾选“化工”和“文法”复选框，如图 4-93 (a) 所示，单击“确定”按钮，自动筛选结果如图 4-93 (b) 所示。

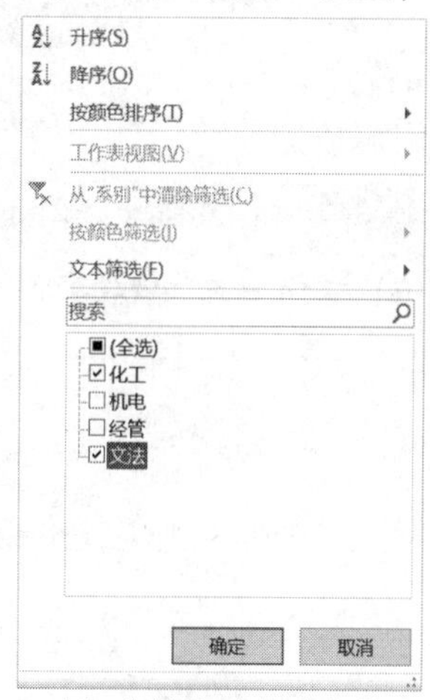

(a) 选择自动筛选条件

	A	B	C	D	E	F	G	H	I	J	K
1	成绩表										
2	编号	姓名	系别	性别	高数	英语	计算机	总分	平均分	奖学金	名次
5	08103	崔娜	文法	男	88	83	77	248	82.7		15
6	08104	林成瑞	文法	女	87	80	98	265	88.3	有	2
7	08105	童磊	化工	男	78	85	88	251	83.7		10
8	08106	徐志林	化工	男	80	71	84	235	78.3		20
9	08107	何忆婷	化工	女	81	90	80	251	83.7		10
13	08111	周蓓	文法	女	86	87	76	249	83.0		13
14	08112	夏慧	文法	女	87	76	98	261	87.0	有	4
15	08113	韩文信	化工	男	82	84	85	251	83.7		10
16	08114	葛丽	化工	女	83	80	84	247	82.3		17
17	08115	张小河	化工	男	88	82	93	263	87.7	有	3

(b) 自动筛选结果

图 4-93　自动筛选

若要取消某一列的筛选结果，则单击该列右侧的向下箭头，从下拉菜单中勾选“全选”复选框，单击“确定”按钮即可。若要退出自动筛选，则可在“数据”选项卡的“排序和筛选”功能组中，单击“筛选”命令按钮。

（2）在使用自动筛选时，对于某些特殊的条件，可以使用自定义自动筛选对数据进行筛选。例如，对“成绩表”要求筛选出“平均分”在 80 ~ 85 之间的记录。其具体操作方法如下：单击“平均分”右侧的向下箭头，从下拉菜单中选择“数字筛选”级联菜单中的“介于”命令，如图 4-94 (a) 所示。在“自定义自动筛选方式”对话框中，设置两个筛选条件，如图 4-94 (b) 所示。若两个条件要同时满足，则选中“与”单选按钮；若只需满足两个条件中的任意一个，则选中“或”单选按钮。最后，单击“确定”按钮即可。

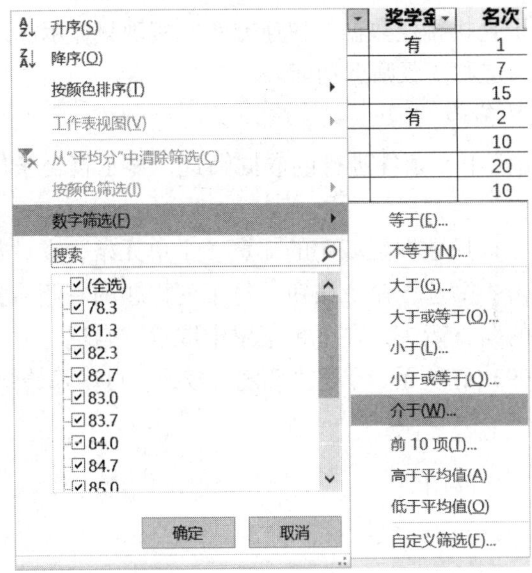

(a)“数字筛选”级联菜单

(b)“自定义自动筛选方式”对话框

图 4-94　自定义筛选

2）高级筛选

高级筛选是指根据条件区域设置筛选条件而进行的数据筛选，适合条件较为复杂的筛选，或多字段之间的逻辑关系。在进行高级筛选前，需建立筛选条件。筛选条件区域必须在数据区域外围建立，并至少占两行。

对于例 4-9 而言，高级筛选的操作方法如下：

（1）输入筛选条件。在条件区域的首行输入条件字段名，从第二行起输入筛选条件，输入在同一行上的条件关系为“逻辑与”（同时满足这些条件），输入在不同行上的条件关系为“逻辑或”关系（满足其中一个或者几个条件）。

（2）在“数据”选项卡的“排序和筛选”功能组中，单击“高级”命令按钮，在弹出的“高级筛选”对话框中，选择数据区域、条件区域和筛选结果的显示位置，单击“确定”按钮即可，如图 4-95 所示。

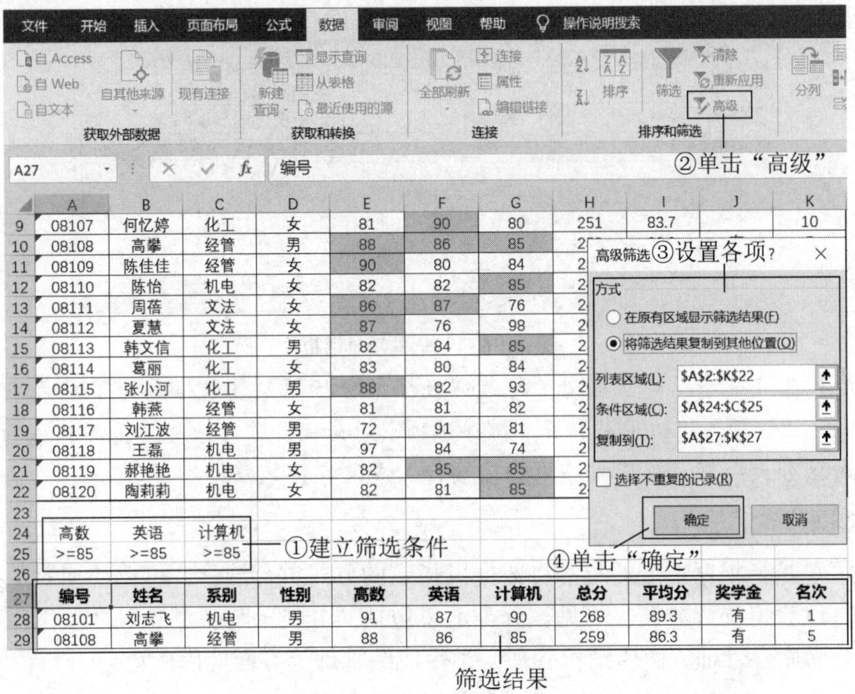

①建立筛选条件
②单击“高级”
③设置各项
④单击“确定”
筛选结果

图 4-95　高级筛选操作

【问题思考】如何显示“成绩表”中平均分高于 80 分或总分高于 240 分的所有记录？

2. 数据排序

数据排序可以使工作表中的数据记录按照规定的顺序排列，方便数据的查找和其他操作。数据排序一般有简单排序和复杂排序两种方法。

1）简单排序

简单排序是指对选定的数据区域按其中的一个字段名作为排序关键字进行排序。

例如，“成绩表”要求按系别升序排序，具体操作方法如下：

（1）单击数据区域“系别”列中的任意一个单元格，在“数据”选项卡的“排序和筛选”功能组中，单击“升序”按钮，即可快速完成排序。

（2）单击“排序和筛选”功能组中的“排序”命令按钮，在弹出的“排序”对话框中，单击“主要关键字”下拉列表，选择作为排序关键字的选项，如“系别”，在“次序”下拉列表框中选择“升序”，单击“确定”按钮即可。

2）复杂排序

复杂排序是指对选定的数据区域按两个及两个以上的关键字进行排序。对于例 4–9 而言，复杂排序的操作过程如下：

（1）在“排序”对话框中，选择“主要关键字”为“系别”，“次序”设置为“升序”；

（2）通过单击“添加条件”按钮，选择“次要关键字”为“平均分”，次序为“降序”，单击“确定”按钮，如图 4–96 所示。

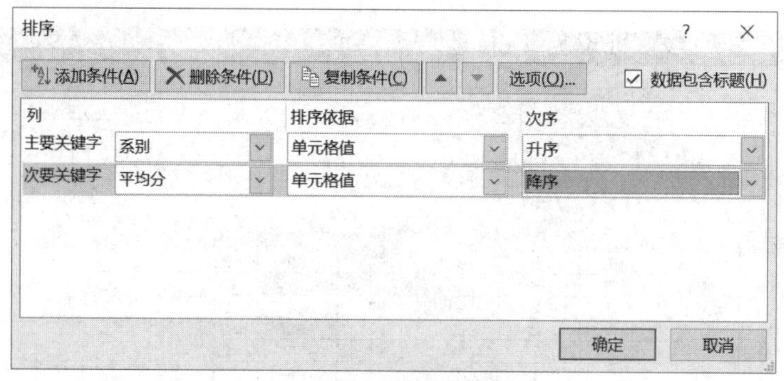

图 4–96 “排序”对话框

【提示】在“排序”对话框中，勾选“数据包含标题”复选框是为了避免字段名也成为排序对象；“选项”按钮用来打开“排序选项”对话框，进行一些与排序相关的设置（如排列字母时区分大小写、改变排序方向（按行）或汉字按笔画排序等）。

3. 数据分类汇总

分类汇总是指根据指定的类别将数据以指定的方式进行统计，可以快速对数据进行汇总与分析，以获得统计数据。可见，分类汇总包括“分类”与“汇总”两项工作。分类汇总操作在仓库库存管理、商店销售管理、学生成绩管理等方面应用广泛。

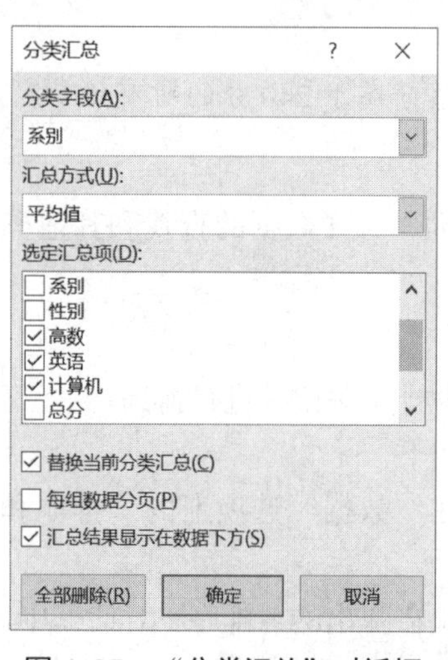

图 4–97 “分类汇总”对话框（“分类字段”为“系别”）

【注意】在分类汇总前，必须对分类字段排序；另外，在分类汇总时要清楚分类字段、汇总方式及选定汇总字段等，均可在“分类汇总”对话框中逐一设置。

对于例 4–9 而言，分类汇总的操作过程如下：

① 对需要分类汇总的数据区域按关键字排序，如“系别”，以实现将同系的学生记录放在一起；

② 单击数据区域中的任意一个单元格，在“数据”选项卡的“分级显示”功能组中，单击“分类汇总”命令按钮，弹出“分类汇总”对话框，如图 4–97 所示；

③ 在“分类汇总”对话框中，选择“分类字段”为“系别”，“汇总方式”为“平均值”，“选定汇总项”为“高数”“英语”和“计算机”，单击“确定”按钮。

分类汇总的结果如图 4–98 所示。

	A	B	C	D	E	F	G	H	I	J	K
1	成绩表										
2	编号	姓名	系别	性别	高数	英语	计算机	总分	平均分	奖学金	名次
3	08105	童磊	化工	男	78	85	88	251	83.7		10
4	08106	徐志林	化工	男	80	71	84	235	78.3		20
5	08107	何忆婷	化工	女	81	90	80	251	83.7		10
6	08113	韩文信	化工	男	82	84	85	251	83.7		10
7	08114	葛丽	化工	女	83	80	84	247	82.3		17
8	08115	张小河	化工	男	88	82	93	263	87.7	有	3
9			化工 平均值		82	82	85.66667				
10	08101	刘志飞	机电	男	91	87	90	268	89.3	有	1
11	08102	何许诺	机电	男	80	76	98	254	84.7		7
12	08110	陈怡	机电	女	82	82	85	249	83.0		13
13	08118	王磊	机电	男	97	84	74	255	85.0	有	6
14	08119	郝艳艳	机电	女	82	85	85	252	84.0		9
15	08120	陶莉莉	机电	女	82	81	85	248	82.7		15
16			机电 平均值		85.66667	82.5	86.16667				
17	08108	高攀	经管	男	88	86	85	259	86.3	有	5
18	08109	陈佳佳	经管	女	90	80	84	254	84.7		7
19	08116	韩燕	经管	女	81	81	82	244	81.3		18
20	08117	刘江波	经管	男	72	91	81	244	81.3		18
21			经管 平均值		82.75	84.5	83				
22	08103	崔娜	文法	男	88	83	77	248	82.7		15
23	08104	林成瑞	文法	女	87	80	98	265	88.3	有	2
24	08111	周蓓	文法	女	86	87	76	249	83.0		13
25	08112	夏慧	文法	女	87	76	98	261	87.0	有	4
26			文法 平均值		87	81.5	87.25				
27			总计平均值		84.25	82.55	85.6				

图 **4-98**　分类汇总结果

如果要在统计各门课程平均分的同时统计各系男、女生的人数，那么需要进行嵌套分类汇总。即对同一数据表进行多种不同方式的分类汇总，每次分类汇总的关键字各不相同。

例如，对“成绩表”分别以“系别”和“性别”为分类字段进行嵌套分类汇总。具体操作过程如下：

① 在“数据”选项卡的“排序和筛选”功能组中，单击“排序”命令按钮，在弹出的“排序”对话框中，将“主要关键字”设置为“系别”，将“次要关键字”设置为“性别”，“次序”为默认方式，单击“确定”按钮；

② 对“系别”进行第一次汇总，在“分类汇总”对话框中的设置如图 4-97 所示；

③ 对“性别”进行第二次汇总，具体设置如图 4-99 所示。

嵌套分类汇总效果如图 4-100 所示。

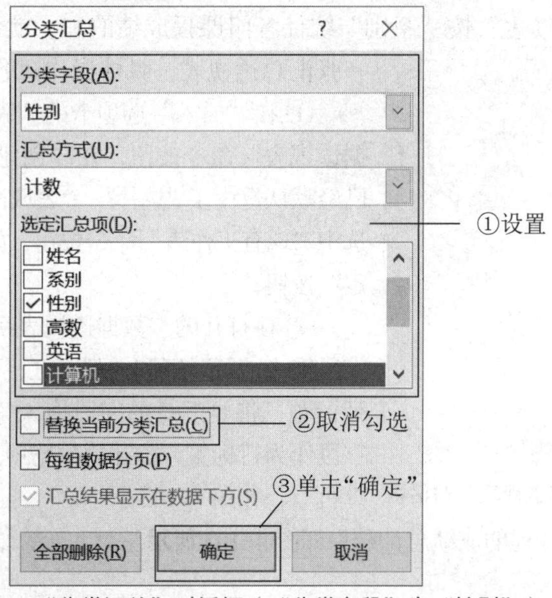

图 **4-99**　“分类汇总”对话框（“分类字段”为“性别”）

	A	B	C	D	E	F	G	H	I	J	K
1	成绩表										
2	编号	姓名	系别	性别	高数	英语	计算机	总分	平均分	奖学金	名次
3	08105	童磊	化工	男	78	85	88	251	83.7		10
4	08106	徐志林	化工	男	80	71	84	235	78.3		20
5	08113	韩文信	化工	男	82	84	85	251	83.7		10
6	08115	张小河	化工	男	88	82	93	263	87.7	有	3
7			男 计数	4							
8	08107	何忆婷	化工	女	81	90	80	251	83.7		10
9	08114	葛丽	化工	女	83	80	84	247	82.3		17
10			女 计数	2							
11			化工 平均值		82	82	85.66667				
12	08101	刘志飞	机电	男	91	87	90	268	89.3	有	1
13	08102	何许诺	机电	男	80	76	98	254	84.7		7
14	08118	王磊	机电	男	97	84	74	255	85.0	有	6
15			男 计数	3							
16	08110	陈怡	机电	女	82	82	85	249	83.0		13
17	08119	郝艳艳	机电	女	82	85	85	252	84.0		9
18	08120	陶莉莉	机电	女	82	81	85	248	82.7		15
19			女 计数	3							
20			机电 平均值		85.66667	82.5	86.16667				
21	08108	高攀	经管	男	88	86	85	259	86.3	有	5
22	08117	刘江波	经管	男	72	91	81	244	81.3		18
23			男 计数	2							
24	08109	陈佳佳	经管	女	90	80	84	254	84.7		7
25	08116	韩燕	经管	女	81	81	82	244	81.3		18
26			女 计数	2							
27			经管 平均值		82.75	84.5	83				
28	08103	崔娜	文法	男	88	83	77	248	82.7		15
29			男 计数	1							
30	08104	林成瑞	文法	女	87	80	98	265	88.3	有	2
31	08111	周蓓	文法	女	86	87	76	249	83.0		13
32	08112	夏慧	文法	女	87	76	98	261	87.0	有	4
33			女 计数	3							
34			文法 平均值		87	81.5	87.25				
35			总计数	20							
36			总计平均值		84.25	82.55	85.6				

图 4-100　嵌套分类汇总结果

要删除分类汇总，只需在“分类汇总”对话框中，单击“全部删除”按钮即可。

4. 数据透视表

分类汇总适用于按一个字段进行分类，对一个或多个字段进行汇总。如果要对多个字段进行分类并汇总，那么需要利用数据透视表来解决问题。

数据透视表是一种可以快速汇总大量数据的交互式方法，用于对多种来源数据（如数据库记录）进行汇总和分析，实质是域数据的统计报表。

例如，对“成绩表”按“系别”统计各门课程成绩的和，就可以通过“成绩表”建立一张汇总透视表。具体操作过程如下：

图 4-101　“创建数据透视表”对话框

① 在“插入”选项卡的“表格”功能组中，单击“数据透视表”命令按钮，在“创建数据透视表”对话框中，已经默认选中了“选择一个表或区域”（数据源）单选按钮，选中“现有工作表”命令按钮，如图 4-101 所示，单击“确定”按钮；

② 在打开的“数据透视表字段”窗格中，把要分类的字段拖入“行”区和“列”区，使之成为数据透视表的行、列标题，将要汇总的字段拖入“Σ 值”区。本例“系别”字段作为行标签，统计的数据项是“高数”“英语”和“计算机”，如图 4-102 所示。

各系学生各门课程的成绩总计结果如图 4-103 所示。

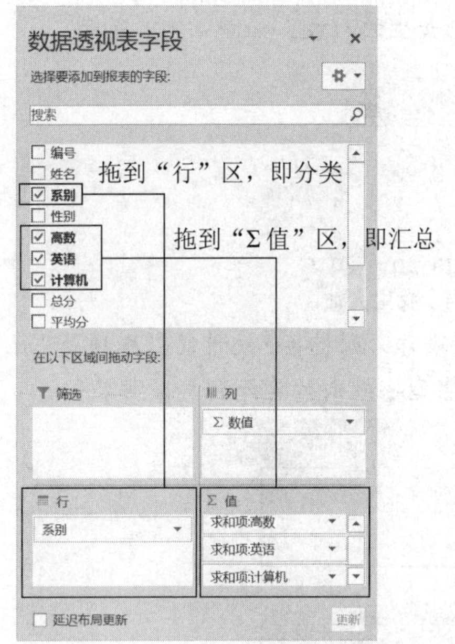

图 4-102　“数据透视表字段”窗格

24	行标签	求和项:高数	求和项:英语	求和项:计算机
25	化工	492	492	514
26	机电	514	495	517
27	经管	331	338	332
28	文法	348	326	349
29	**总计**	**1685**	**1651**	**1712**

图 4-103　各系学生各门课程的成绩总计

在创建数据透视表时，默认的汇总方式为求和，可以根据分析数据的要求随时改变汇总方式。

例如，统计各系学生的高数平均分、英语最高分、计算机最低分。具体操作过程如下：

① 在“数据透视表字段”窗格中，单击“Σ 值”区的汇总字段（如“高数”），在下拉菜单中选择“值字段设置”命令，打开“值字段设置”对话框；

② 在“值字段汇总方式”栏中选择所需的计算类型（平均值），“自定义名称”更改为“高数平均分”，如图 4-104 所示，单击“数字格式”按钮，设置数字格式（如保留 1 位小数），单击“确定”按钮；

③ 用同样的方法，更改英语最高分和计算机最低分。

统计高数平均分、英语最高分、计算机最低分结果如图 4-105 所示。

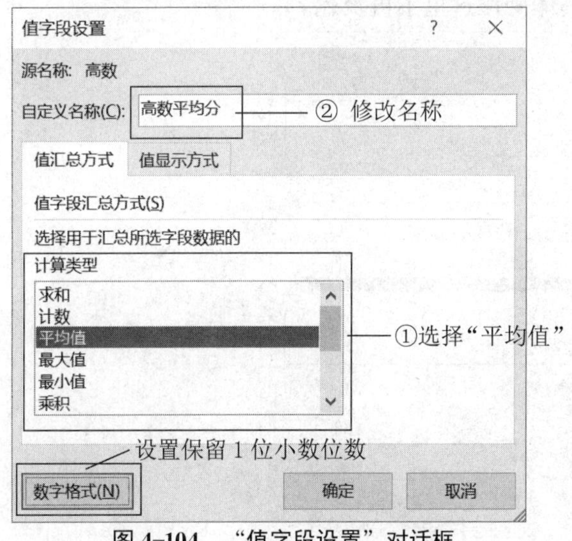

图 4-104　“值字段设置”对话框

24	行标签	高数平均分	英语最高分	计算机最低分
25	化工	82.0	90	80
26	机电	85.7	87	74
27	经管	82.8	91	81
28	文法	87.0	87	76
29	**总计**	**84.3**	**91**	**74**

图 4-105　统计高数平均分、英语最高分、计算机最低分

【问题思考】利用数据透视表统计出各系男、女生的人数，如图 4–106 所示。

计数项:性别	列标签		
行标签	男	女	总计
化工	4	2	6
机电	3	3	6
经管	2	2	4
文法	1	3	4
总计	10	10	20

图 4–106　统计各系男、女生人数

【提示】“系别”字段作为行标签，“性别”字段作为列标签，统计的数据项是“性别”，如图 4–107 所示。默认情况下，数据项若是非数字型字段则对其计数，否则求和。

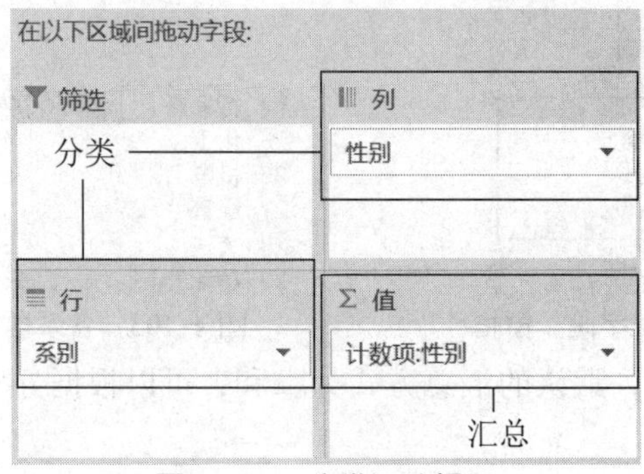

图 4–107　分类汇总提示

4.3.6　打印电子表格

Excel 2016 根据打印内容分为三种情况：打印活动工作表、打印整个工作簿、打印选定区域。这些可以通过单击“文件”选项卡的“打印”命令，在“打印”提示面板的“设置”栏中进行相应设置。

如果打印时需要为工作表加上页眉和页脚，那么可以单击“打印”提示面板最下面的“页面设置”链接，弹出“页面设置”对话框，单击“页眉 / 页脚”选项卡，在“页眉”和“页脚”区域内进行编辑，如图 4–108 所示，具体操作这里不再赘述。

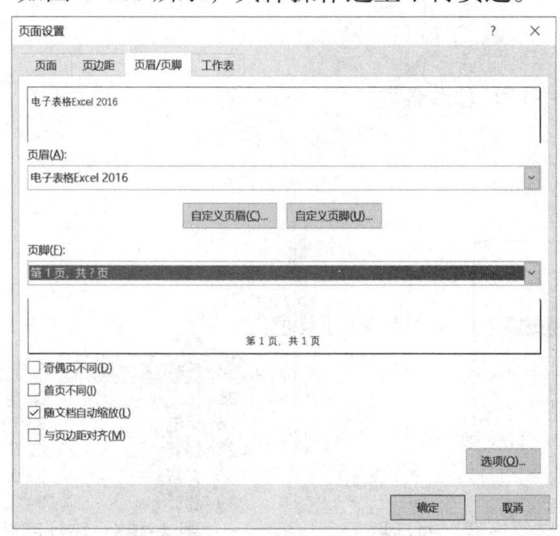

图 4–108　“页面设置”对话框

4.4　演示文稿 PowerPoint 2016

PowerPoint 2016 是 Office 2016 的一个重要组件，是专门用于设计会议报告、课程教学、广告宣传、产品演示等演示文稿的应用软件。制作的演示文稿可以在计算机上或投影屏幕上播放，也可以打印成幻灯片或透明胶片，还可以生成网页，在网络上展示。

演示文稿是 PowerPoint 中的文件，它由一系列幻灯片组成。幻灯片是演示文稿中既相互独立又相互联系的内容。每张幻灯片上可以有文本、表格、图形、声音、动画、视频等对象。

4.4.1　PowerPoint 2016 工作环境

PowerPoint 2016 的工作界面如图 4-109 所示。

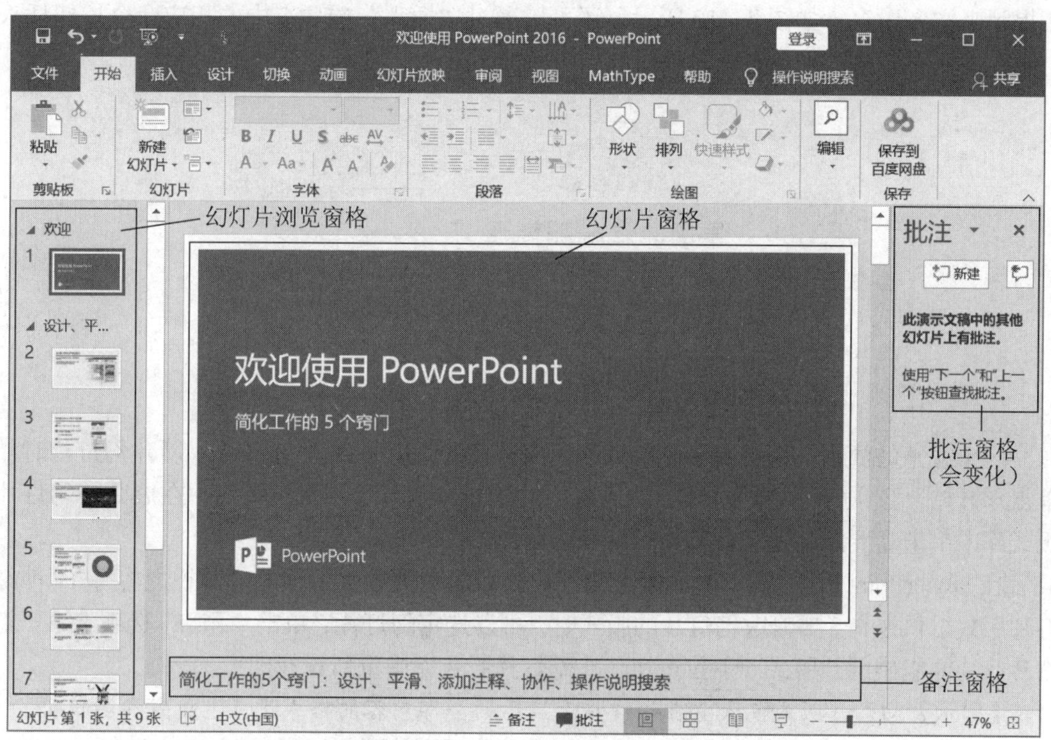

图 4-109　PowerPoint 2016 的工作界面

PowerPoint 为用户提供了五种不同的视图方式：普通视图、大纲视图、幻灯片浏览视图、备注页视图和阅读视图。每种视图都将用户的处理焦点集中在演示文稿的某个元素上，各视图之间的切换可以通过“视图”选项卡下“演示文稿视图”功能组中的相应命令按钮来实现。

4.4.2　演示文稿基本操作

演示文稿的设计与制作主要是幻灯片的设计与制作。

例 4-10　根据“丝状”主题创建一份“大学计算机”演示文稿，该演示文稿共有三张幻灯片。其中，第一张是标题幻灯片，标题文字设置为幼圆、48 磅、分散对齐，插入声音作为背景音乐；第二张是标题和内容幻灯片；第三张是由第二张幻灯片复制而成的，版式设置为“垂直排列标题与文本”。

问题分析：本例任务涉及的知识点有演示文稿、幻灯片的基本操作和幻灯片的编辑。

1. 创建演示文稿

创建演示文稿的方法主要有以下几种：

（1）创建空白演示文稿。启动 PowerPoint 2016，单击“空白演示文稿”，或者打开已有演示文稿，再单击“文件”选项卡，在主界面单击“空白演示文稿”，即可创建一个名为“演示文稿 1”的空白文稿。

新建的“演示文稿 1”的工作界面会出现一张空白的标题幻灯片，按照占位符中的文字提示来输入内容，如图 4-110 所示。还可以通过“插入”选项卡中的相应命令按钮插入自己所需要的各种对象，如表格、图形、图像、超链接、文本、符号、媒体等。

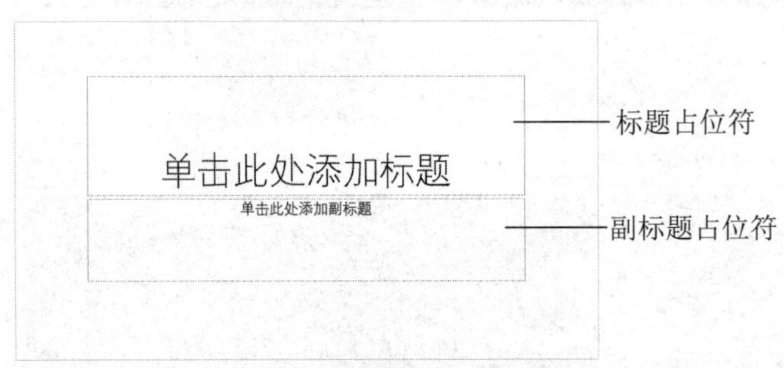

图 4-110 “标题幻灯片”版式

一个完整的演示文稿可由多张幻灯片组成，其默认扩展名为“pptx”。新建幻灯片时，单击“开始”选项卡下“幻灯片”功能组中的“新建幻灯片”下拉按钮，在展开的幻灯片版式库中单击需要的版式，开始新幻灯片的制作。

在 PowerPoint 2016 中预设了标题幻灯片、标题和内容、节标题、两栏内容等 11 种幻灯片版式以供选择。要修改幻灯片的版式时，可以选定幻灯片，单击“开始”选项卡下“幻灯片”功能组中的“版式”下拉按钮，在幻灯片版式库中重新选择即可。

【提示】幻灯片版式包含要在幻灯片上显示的全部内容的格式设置、位置和占位符。

版式是预先定义好的幻灯片上标题和副标题文本、列表、图片、表格、图表、形状和视频等元素的排列方式。版式包含了幻灯片的主题、字体、效果和背景。

占位符是一种带有虚线边缘的框，绝大部分幻灯片版式中都有这种框。在占位符中可以放置标题及正文，或者是图表、表格和图片等对象。

（2）利用“模板”或“主题”创建演示文稿。模板包括各种主题和版式，可以利用 PowerPoint 提供的内置模板自动、快速地形成每张幻灯片的外观，以节省格式设计的时间，专注于具体内容的处理。除内置模板外，还可以联机在 Office 上搜索下载更多的 PowerPoint 模板以满足要求。

单击“文件”选项卡中的“新建”命令，在“新建”窗格中，选择所需的“模板”或“主题”来创建演示文稿。例 4-10 选择“丝状”主题创建演示文稿，如图 4-111 所示。

图 4-111　利用“模板”或“主题”创建演示文稿

【提示】利用“模板”和“主题”均可以简化演示文稿的创建过程，快速实现演示文稿具有统一的风格。模板是预先定义好的基本结构、配色方案的演示文稿文件，包含版式、主题和背景样式，甚至还包含内容，其扩展名为“potx”；主题是一套独立的设计方案，直接应用于文件中，包含主题的颜色、字体和效果三者的组合。

（3）把现有的演示文稿作为新建演示文稿的模型创建。如果对所有的设计模板都不满意，而喜欢某一个现有文稿的设计风格和布局，那么可以打开现有文稿，直接在上修改内容来创建演示文稿。

2. 编辑演示文稿

演示文稿由一系列幻灯片组成，在制作演示文稿过程中，需要对幻灯片进行插入、删除、复制、移动等基本操作以及对每张幻灯片中的对象进行编辑操作。

1）编辑幻灯片

幻灯片的新建、移动、复制、删除等操作，通常在幻灯片浏览视图或普通视图的幻灯片窗格中通过编辑相关命令或编辑快捷操作方式来进行。

对于例 4-10 而言，在普通视图下，选定第一张幻灯片，利用右键快捷菜单中的“新建幻灯片”命令，即可插入第二张幻灯片；选定第二张幻灯片，单击“开始”选项卡下“幻灯片”功能组中的“版式”下拉按钮，在幻灯片版式库中选择“标题和内容”即可。选定第二张幻灯片，单击并拖动的同时按住 [Ctrl] 键形成第三张幻灯片，或利用右键快捷菜单中的“复制幻灯片”命令来实现；然后单击“开始”选项卡下“幻灯片”功能组中的“版式”下拉按钮，在幻灯片版式库中选择“竖排标题与文本”。

删除幻灯片可以通过选定需要删除的幻灯片，在右键快捷菜单中选择“删除幻灯片”命令即可。调整幻灯片顺序可以通过按住鼠标左键直接上下拖动幻灯片即可。

2）编辑幻灯片中的对象

在幻灯片上添加的对象主要包括文本框、图片、表格、组织结构图、公式、视频、音频、屏幕录制和超链接等元素。

在幻灯片上添加对象有两种方法：一是建立幻灯片时，通过选择幻灯片版式为添加的对象提供占位符，再输入需要的对象；二是通过“插入”选项卡中的相应命令按钮（“图片”“图表”“艺术字”等）来实现。

（1）添加文本。向幻灯片中添加文字，最简单的方式是直接将文本输入幻灯片的占位符中，如图 4-112 所示。

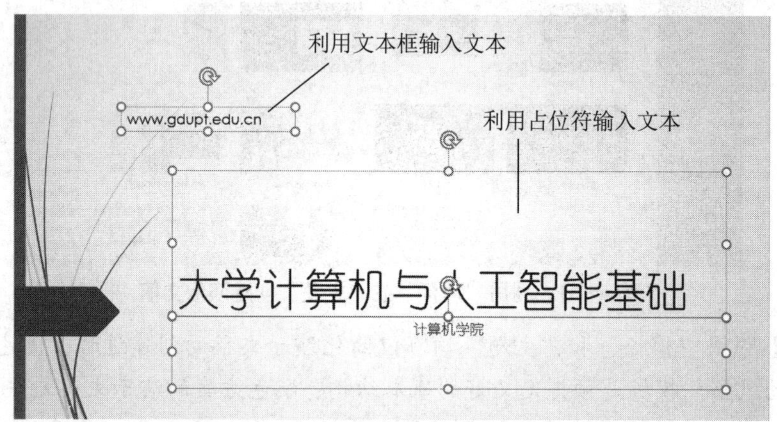

图 4-112　在占位符和文本框中输入文本

【提示】文本框是一种可移动、可调大小的文本容器。使用文本框可以在一张幻灯片中放置多个文本块，能够使不同的文本块按不同的方向排列。

（2）设置文本与段落格式。PowerPoint 2016 的文本与段落的格式设置和其他工具的文本操作基本相同，这里不再赘述。例 4-10 第二张幻灯片的设计效果如图 4-113 所示。

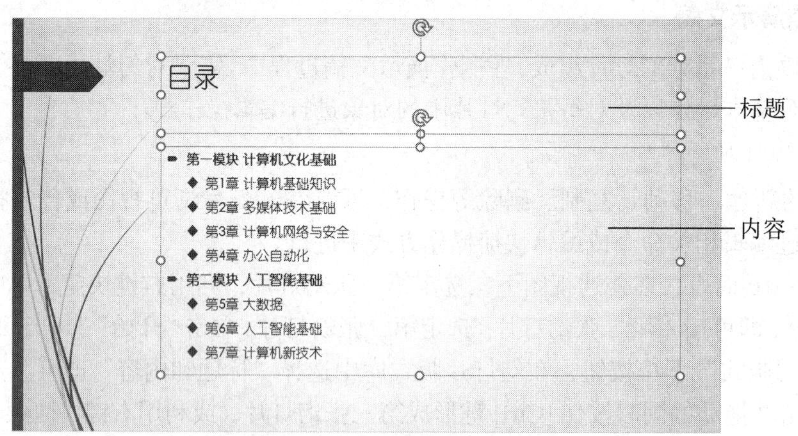

图 4-113　第二张幻灯片的设计效果

（3）插入对象。为了制作生动、有趣和富有吸引力的演示文稿，需要在幻灯片中添加如图片、图表、表格、声音、视频等对象素材。

在 PowerPoint 2016 中新建幻灯片时，只要选择包含内容的版式，就会在内容占位符上出现内容类型选择按钮。单击其中的一个图标按钮，即可在该占位符中添加相应的内容对象，如图 4-114 所示。

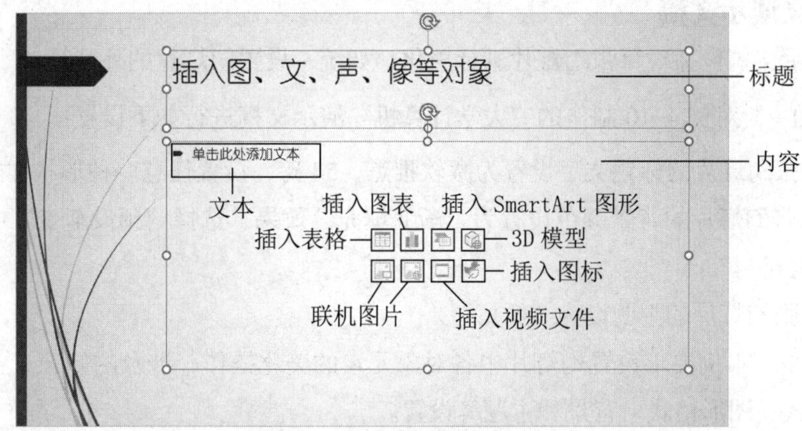

图 4-114　利用占位符插入对象

例 4-10 在第一张幻灯片中插入音乐，其具体操作过程如下：

① 选定第一张幻灯片，在“插入”选项卡的“媒体”功能组中，单击“音频”命令按钮，选择一种插入音频的方式（如“PC 上的音频”），此时幻灯片中出现一个声音图标和播放控制条，如图 4-115 所示；

图 4-115　插入“PC 上的音频”文件

② 在“音频工具 | 播放”选项卡的“音频选项”功能组中，单击“开始”下拉列表栏，选择一种播放方式；

③ 在“音频选项”功能组中完成需要的相应设置，如图 4-116 所示。

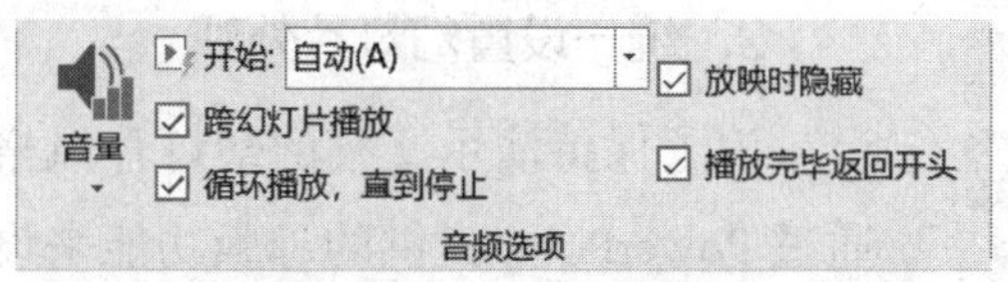

图 4-116　设置音频选项

PowerPoint 2016 支持 Windows 视频文件（AVI）、影片文件（MPG 或 MPEG）、Windows Media Video 文件（WMV）以及其他类型的视频文件，操作方法类似于插入音频文件，这里不再赘述。

4.4.3 美化演示文稿

美化演示文稿包括对每张幻灯片进行美化，如统一设置幻灯片的外观等。

例 4-11 对例 4-10 制作的“大学计算机”演示文稿进行如下设置：

① 第一张幻灯片的标题文字设置为微软雅黑、54 磅，设置任意一种形状样式。

② 第二张幻灯片的背景颜色设置为“渐变填充”效果，选择“预设渐变”中的“浅色渐变-个性色 6”。

③ 第三张幻灯片的主题设为“徽章”。

问题分析：本例要求设置幻灯片中各对象元素的美化操作，涉及的知识点主要有幻灯片的文本格式、图形格式、背景和主题等设置。

1. 美化幻灯片

用户在幻灯片中输入标题、文本后，通过单击“开始”选项卡下“字体”和“段落”功能组中的相应命令按钮来实现字符和段落格式化。对插入的文本框、图片、自选图形、表格、图表等其他对象，只要单击这些对象，在打开的相应选项卡中美化设置即可。

对于例 4-11 而言，在普通视图下，单击第一张幻灯片，选定标题文字，在“开始”选项卡的“字体”功能组中，设置“字体”为“微软雅黑”，“字号”为“54 磅”。在“绘图工具 | 格式”选项卡的“形状样式”功能组中，从样式库中选择所需的任意一种样式即可。

图 4-117 “设置背景格式”窗格

此外，还可以设置幻灯片主题和背景等，通过“设计”选项卡下“主题”和“自定义”功能组中的相应命令按钮来操作。

在普通视图下，选中第二张幻灯片，在“设计”选项卡的“自定义”功能组中，单击“设置背景格式”命令按钮，打开“设置背景格式”窗格。在“填充”标签中选中“渐变填充”单选按钮，单击“预设渐变”下拉按钮，在打开的预设渐变颜色库中选择“浅色渐变-个性色 6”即可，如图 4-117 所示。

在普通视图下，选中第三张幻灯片，在“设计”选项卡的“主题”功能组中，从主题库中右击“徽章”主题，在弹出的快捷菜单中选择“应用于选定幻灯片”命令。

2. 统一设置幻灯片外观

为了保持演示文稿的幻灯片风格一致和布局相同，可以通过 PowerPoint 提供的母版功能来设计好一张母版，使之应用于所有幻灯片，快速实现全部幻灯片具有一致的外观。

例 4-12 对例 4-10 制作的“大学计算机”演示文稿进行如下设置：

① 通过母版在全部幻灯片的右下角位置加入幻灯片编号。

② 在幻灯片下方正中间加入页脚，输入文字“大学计算机与人工智能基础”，设置标题幻灯片不显示。

③ 在右上角添加一个小图片作为 LOGO 标志。

问题分析：本例要求设置幻灯片的编号、页脚及 LOGO 标志，都是面向整体幻灯片的。涉及的知识点主要有幻灯片母版。

PowerPoint 提供了三种母版：幻灯片母版、讲义母版和备注母版。

幻灯片母版是最常用的，是幻灯片层次结构中的顶层幻灯片，用于存储有关演示文稿的主题和幻灯片版式的信息，包括背景、颜色、字体、效果、占位符大小和位置。每个演示文稿至少包含一个幻灯片母版，用于快速统一外观。如果要统一修改多张幻灯片的外观，那么只需要进行相应幻灯片版式的母版修改即可。如果用户希望某张幻灯片与幻灯片母版效果不同，那么直接修改该幻灯片即可。

母版与版式的关系是一张幻灯片可以应用多个母版，而每个母版又可以有多个不同的版式。

母版通常有五个占位符：标题、文本、日期、幻灯片编号和页脚。在母版中可以进行更改标题和文本样式，设置日期、页脚和幻灯片编号，向母版插入对象等操作。

例 4-12 使用幻灯片母版美化演示文稿，其具体操作过程如下：

① 在“视图”选项卡的“母版视图”功能组中，单击“幻灯片母版”命令按钮，进入幻灯片母版视图，如图 4-118 所示；

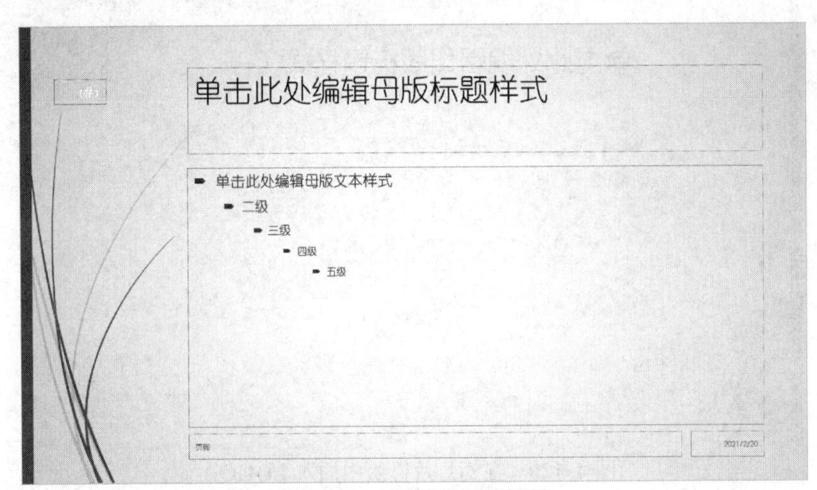

图 4-118　幻灯片母版视图

② 在幻灯片母版视图中，对相应的占位符进行位置、大小、文本字体、幻灯片背景等编辑与格式化设置；

【注意】母版中文本占位符中的文本内容不会反映到幻灯片上，只有其格式作用于幻灯片。若需要把母版文本内容显示于普通幻灯片，则可通过插入文本框并输入文本来实现。

③ 在“插入”选项卡的“文本”功能组中，单击“页眉和页脚”命令按钮，在弹出的“页眉和页脚”对话框中，勾选“幻灯片编号”“页脚”和“标题幻灯片中不显示”复选框，并在“页脚”文本框中输入“大学计算机与人工智能基础”，如图 4–119 所示，最后单击“全部应用”按钮；

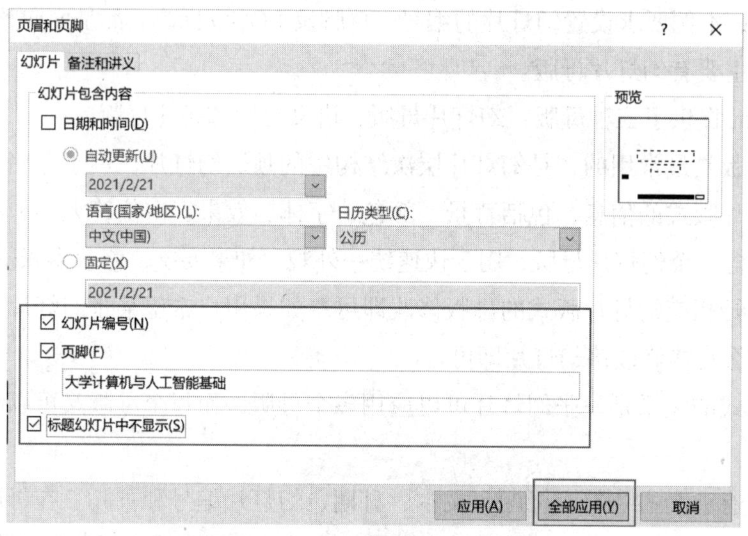

图 4–119 “页眉和页脚”对话框

④ 在“插入”选项卡的“图像”功能组中，选择“图片”下拉按钮中的“此设备”命令，插入一张作为 LOGO 标志的图片，调整图片的大小与位置，如图 4–120 所示；

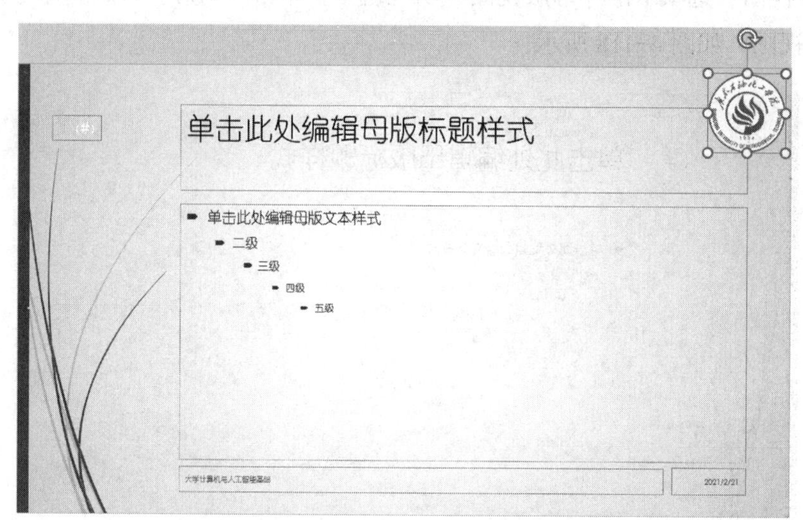

图 4–120 在幻灯片母版中插入 LOGO

⑤ 在“幻灯片母版”选项卡的“关闭”功能组中，单击“关闭母版视图”命令按钮，返回普通视图，查看整体效果。

讲义母版用于控制幻灯片以讲义形式打印的格式；备注母版主要提供演讲者备注使用的空间以及设置备注幻灯片的格式。具体操作可以通过“视图”选项卡下“母版视图”功能组中的“讲义母版”和“备注母版”命令按钮来进行。

4.4.4　幻灯片动画效果制作

给幻灯片添加动画效果是演示文稿的特色之一，能为演示文稿放映与切换增加效果。

例 4-13　对例 4-10 制作的“大学计算机”演示文稿进行如下设置：

① 将第二张幻灯片的第一行文字设计为以下划线表示的超链接，右下角设计以动作按钮表示的超链接。以上两种超链接均链接到下一张幻灯片。

② 为第二张幻灯片中的文本部分设置“飞入”动画，方向为“自左侧”，动画声音为“风铃”。

③ 在第三张幻灯片中设置幻灯片切换，换页方式为“单击鼠标时”，切换效果为“立方体”（方向为“自右侧”），放映声音为“无声音”，持续时间为 1 秒，自动换片时间为 4 秒。

问题分析：本例需要分别进行超链接、幻灯片动画和幻灯片切换三项设计。

超链接是幻灯片的一个很重要的元素，可使演示文稿按设计者的思路进行播放。对幻灯片设置动画，可以让原本静止的演示具备动感活力。幻灯片切换是演示文稿整体性设计的一个重要环节，能使演示文稿的演示更加生动。

1. 建立超链接

在 PowerPoint 中，超链接可以是从一张幻灯片到同一演示文稿或不同演示文稿中另一张幻灯片的链接，也可以是到某一电子邮件地址、网页或文件的链接。

动作按钮实际上是一种超链接，也可以为幻灯片中的文本或对象（如图片、图形、形状）创建超链接。

这里主要介绍如何给幻灯片中的文本或图形对象创建超链接。

对于例 4-13 而言，下面分别设置文本与动作按钮的超链接。

（1）设置文本超链接。具体操作过程如下：

① 在普通视图下，选择幻灯片中要建立超链接的文本；

② 选定“计算机基础知识”文本，在“插入”选项卡的“链接”功能组中，单击“链接”命令按钮，弹出“插入超链接”对话框；

③ 在“链接到”栏中选择超链接的类型，如“本文档中的位置”→“下一张幻灯片”，如图 4-121 所示；

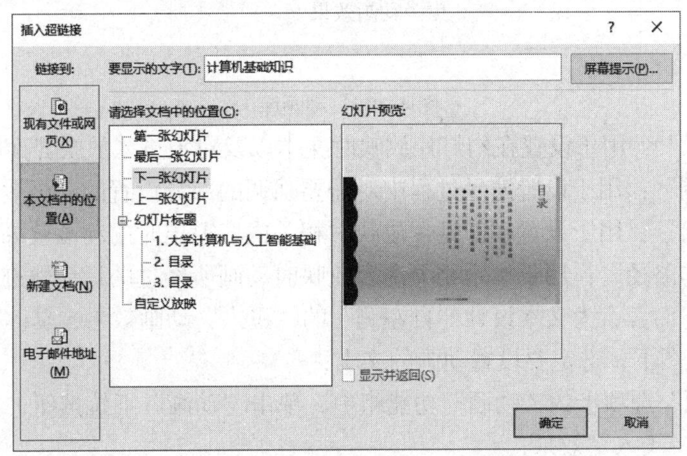

图 4-121　“插入超链接”对话框

④ 单击“确定”按钮。

如果要更改超链接的目标，那么右击要更改的超链接，在快捷菜单中选择“编辑链接”命令，在弹出的“编辑超链接”对话框中，重新输入目标地址或重新指定跳转的位置。

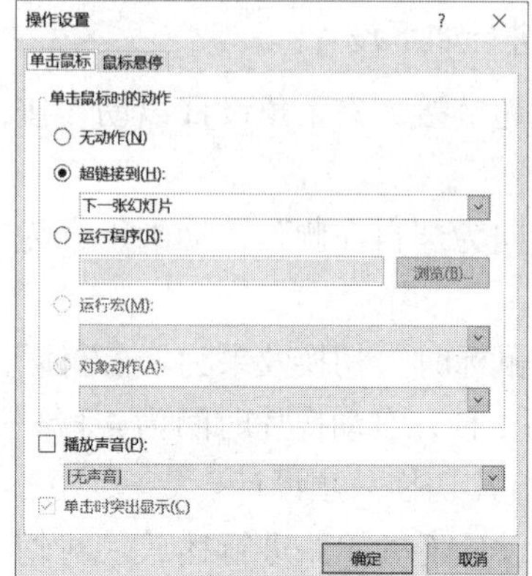

图 4-122 “操作设置”对话框

（2）设置动作按钮超链接。具体操作过程如下：

① 在普通视图下，选定要插入动作按钮的幻灯片；

② 在“插入”选项卡的“插图”功能组中，单击“形状”命令按钮，在下拉列表中选择“动作按钮”栏中的“前进或下一项”按钮；

③ 在幻灯片相应位置进行动作按钮的绘制，完成插入操作后，弹出“操作设置”对话框；

④ 在“操作设置”对话框中设置按钮要执行的动作，如图 4-122 所示，然后单击“确定”按钮。

2. 设置动画效果

设计动画效果有两个方面：一是设计幻灯片中对象的动画效果（片内动画）；二是设计幻灯片间切换的动画效果（片间动画）。

1) 设计幻灯片中对象的动画效果(片内动画)

为幻灯片中的对象设计动画时，可以通过“动画”选项卡下“动画”功能组中的动画库对它们的“进入”“强调”“退出”“动作路径”进行设置，如图 4-123 所示。

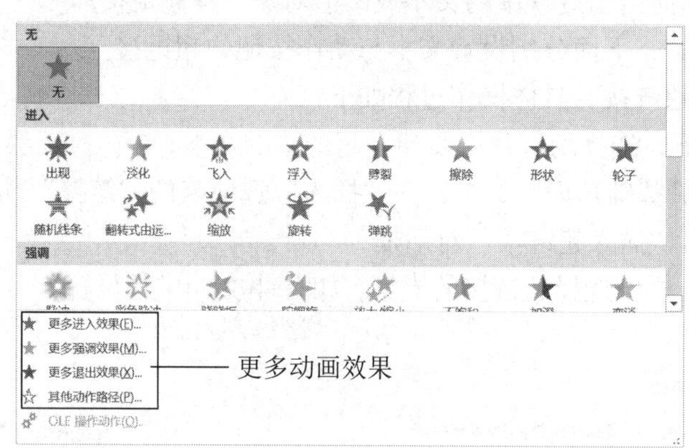

图 4-123 动画库

（1）“进入”：用于设置在幻灯片放映时文本以及对象进入放映界面时的动画效果。

（2）“强调”：用于设置演示过程中对需要强调的部分设置的动画效果。

（3）“退出”：用于设置在幻灯片放映时相关内容退出时的动画效果。

（4）“动作路径”：用于指定相关内容放映时动画所经过的运动轨迹。

对于例 4-13 而言，为文本设计“自左侧”的“飞入”动画效果，具体操作过程如下：

① 在普通视图下，选定要设置动画的文本；

② 在“动画”选项卡的“动画”功能组中，单击“动画”下拉按钮，在下拉列表中选择“进入”类的“飞入”效果；

③ 在“动画”选项卡的“高级动画”功能组中，单击“动画窗格”命令按钮，打开“动画窗格”任务窗格；

④ 单击某一个动画右侧的下拉按钮，在下拉列表中选择“效果选项”命令，弹出“飞入”对话框，设置动画效果的方向和声音，单击“确定”按钮，如图 4-124 所示。

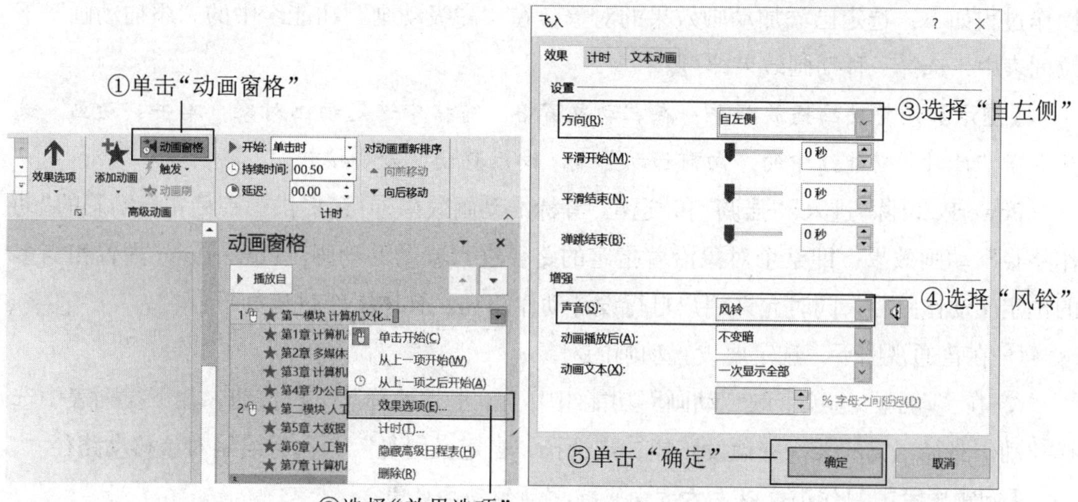

图 4-124　设置动画的方向及声音

每一个片内动画都可以设置计时功能，一般包括开始时间、延迟时间、播放速度、重复次数等。在“飞入”对话框的“计时”选项卡和“文本动画”选项卡中进行如图 4-125 所示的效果设置。

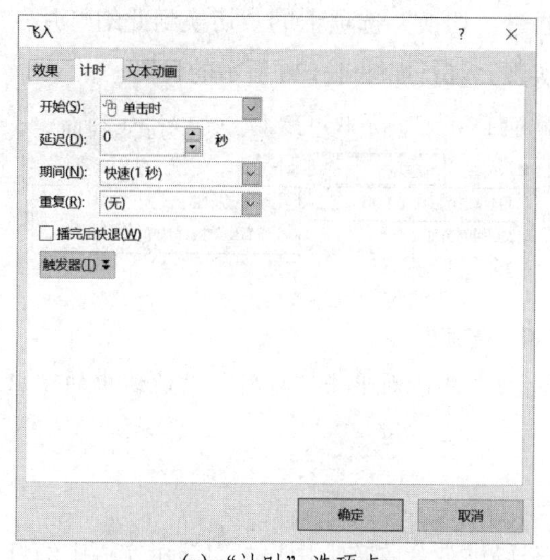

(a)“计时”选项卡

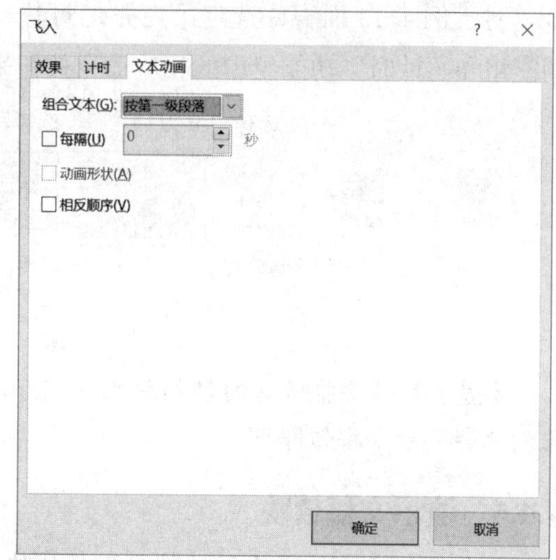

(b)“文本动画”选项卡

图 4-125　“飞入”对话框

【提示】“延迟”表示输入该动画与上一动画之间的延迟时间；“期间”表示选择动画的播放速度；“重复”表示设置动画的重复次数。动画的开始时间包括以下几种方式：

（1）“单击时”：表示当前动画在上一动画播放后，必须单击才能开始播放。

（2）“与上一动画同时”：表示当前动画与上一个动画同时播放。

（3）“上一动画之后”：表示上一个动画结束后自动开始播放。

为了让幻灯片播放时更加生动有趣，有时需要为同一个对象添加多种动画效果。具体操作过程如下：选定已添加动画效果的对象，在“高级动画”功能组中的“添加动画”下拉列表中，选择一种动画效果即可。

【提示】调整动画播放顺序：在“动画窗格”窗格中选定动画对象，单击“动画”选项卡下“计时”功能组中的“向前移动”或“向后移动”命令按钮。

PowerPoint除“进入”“强调”和“退出”等标准动画效果外，还提供了一种相当精彩的“动作路径”动画效果，即某个对象沿着指定的路径进行移动的动画。PowerPoint 内置相当多的预定义动作路径，同时允许用户自行设计动作路径。具体操作过程如下：

① 在普通视图下，选定要设置动画的对象；

② 在“动画”选项卡的“动画”功能组中，单击“动画”下拉按钮，在下拉列表中选择“动作路径”类的某一种预设路径，或选择“自定义路径”，自行绘制对象移动路径。

【问题思考】制作小球以左右方向来回摆动的动画效果。

2) 设计幻灯片间切换的动画效果(片间动画)

幻灯片切换效果是指两张连续的幻灯片之间的过渡效果，即从上一张幻灯片转到下一张幻灯片之间的屏幕显示效果。对幻灯片切换效果的设置中，包括切换方式、切换方向、切换声音和换片方式等。

对于例 4-13 而言，选定第三张幻灯片，通过“切换”选项卡的“切换到此幻灯片”功能组和“计时”功能组中的相应命令按钮来实现，进行如图 4-126 所示的设置。

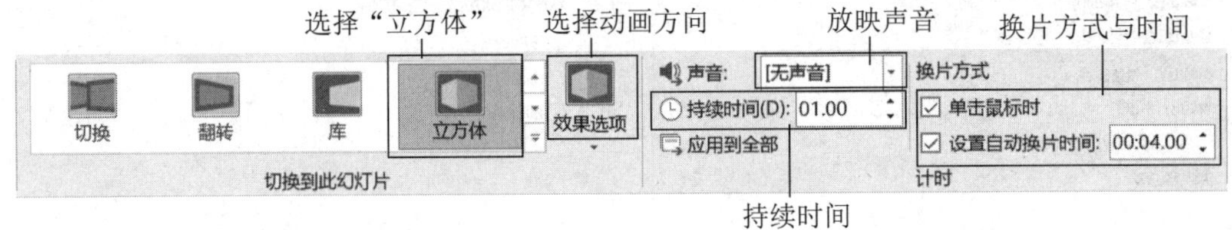

图 4-126 “切换”选项卡

【提示】若要将所选的动画效果应用于其他幻灯片，则单击“计时”功能组中的“应用到全部”命令按钮即可。

4.4.5 演示文稿放映

制作演示文稿的最终目的就是将其放映出来以供观众欣赏。用户可对演示文稿中幻灯片进行幻灯片隐藏、排练计时、幻灯片的放映方式等的设置。

1. 隐藏幻灯片

在普通视图下的幻灯片浏览窗格中，选定幻灯片，在右键快捷菜单中选择“隐藏幻灯片”

命令，或者单击“幻灯片放映”选项卡下“设置”功能组中的“隐藏幻灯片”命令按钮。

2. 排练计时

排练计时是对幻灯片的放映进行排练，对每个动画所使用的时间进行控制。整个演示文稿播放完毕后，系统会提示用户幻灯片放映总共所需要的时间并询问是否保留排练时间，单击“是”按钮，然后切换到幻灯片浏览视图下，会发现在每个幻灯片下方显示出放映所需要的时间。

幻灯片排练计时是通过单击“幻灯片放映”选项卡下“设置”功能组中的“排练计时”命令按钮来实现的。

3. 幻灯片放映方式

在播放演示文稿前，可以根据使用者的不同需要设置不同的放映方式。操作过程如下：在“幻灯片放映”选项卡的“设置”功能组中，单击“设置幻灯片放映”命令按钮，弹出“设置放映方式”对话框，如图 4-127 所示。

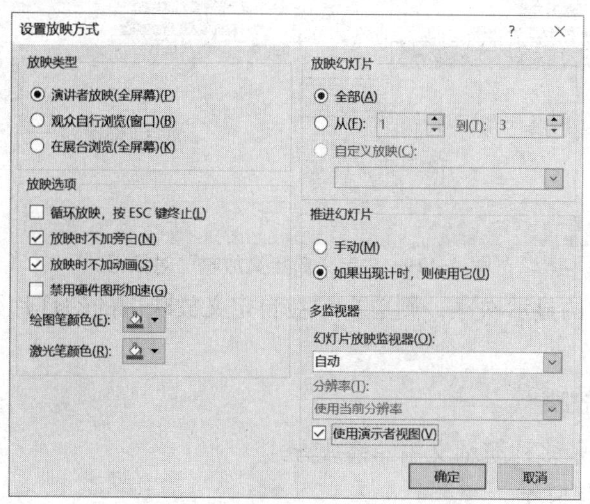

图 4-127　“设置放映方式”对话框

用户可以根据不同场合的需要，选择如下三种不同的放映方式：

（1）演讲者放映（全屏幕）：以全屏幕形式显示，演讲者可以控制全部放映过程，可用绘图笔勾画，适于大屏幕投影的会议、讲课。

（2）观众自行浏览（窗口）：以窗口形式显示，可编辑和浏览幻灯片，适于人数少的场合。

（3）在展台浏览（全屏幕）：以全屏幕形式在展台上进行演示，按事先预定的或通过“排练计时”命令按钮设置的时间和次序放映，不允许现场控制放映的进程。

放映幻灯片时，还可以设置全选幻灯片、部分幻灯片、自定义放映等。自定义放映是最灵活的一种放映方式，针对不同场合，可以设置演示文稿的放映内容或调整幻灯片放映的顺序。具体操作过程如下：

① 在“幻灯片放映”选项卡的“开始放映幻灯片”功能组中，单击“自定义幻灯片放映”命令按钮，选择下拉列表中“自定义放映”命令，弹出“自定义放映”对话框，如图 4–128 所示；

图 4–128 “自定义放映”对话框

② 单击“新建”按钮，在弹出的“定义自定义放映”对话框中的“在演示文稿中的幻灯片”列表框中，选择要添加到自定义放映的幻灯片，并单击“添加”按钮，如图 4–129 所示。

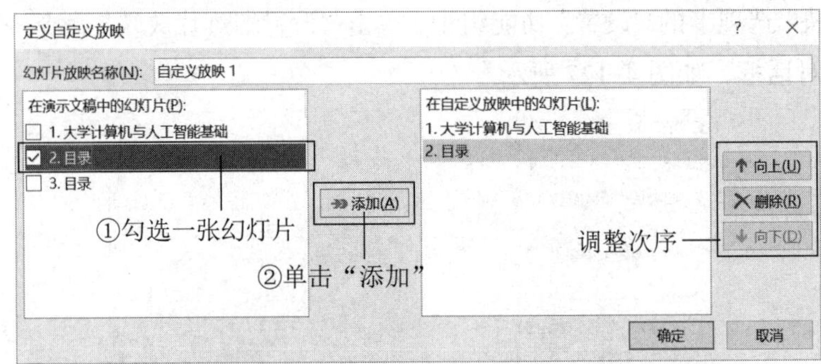

图 4–129 “定义自定义放映”对话框

若要调整幻灯片的显示次序，则单击“在自定义放映中的幻灯片”列表框右侧的向上或向下箭头调整次序。

4. 启动幻灯片放映

PowerPoint 提供了多种演示文稿的播放方式。

（1）直接按下 [F5] 键。

（2）单击“幻灯片放映”选项卡下“开始放映幻灯片”功能组中的“从头开始”或“从当前幻灯片开始”命令按钮。

（3）单击窗口底端的“幻灯片放映”按钮 。

其中，按 [F5] 键是从第一张幻灯片放映到最后一张幻灯片，按“幻灯片放映”按钮是从当前幻灯片开始放映。

【提示】幻灯片播放到最后一张时，单击可以退出。若在播放过程中需要提前结束，则按 [Esc] 键即可。

4.4.6 演示文稿打印

PowerPoint 2016 提供了四种打印形式，打印内容分别为幻灯片、讲义、备注和大纲。

选择“文件”选项卡中的“打印”命令，在“打印”面板中间的窗格中设置打印选项，如打印份数、每页打印幻灯片数等，最后单击“打印”按钮即可。

4.5　WPS Office 简介

WPS Office 是由金山公司自主研发的一款办公软件套装，可以实现办公软件最常用的文字、表格、演示、PDF 阅读等多种功能。它具有内存占用低、运行速度快、云功能多、强大插件平台支持、免费提供海量在线存储空间及文档模板的优点。

WPS Office 支持阅读和输出 PDF 文件，具有全面兼容微软 Office 97—2010 格式（doc/docx/xls/xlsx/ppt/pptx 等）独特优势，覆盖 Windows，Linux，Android，iOS 等多个平台。WPS Office 支持桌面和移动办公，WPS 移动版通过 Google Play 平台，已覆盖 50 多个国家和地区。WPS for Android 在应用排行榜上领先于微软及其他竞争对手。

WPS Office 校园版是一款针对校园、教师、学生等教育用户专用的全新 Office 套件，它功能强劲，便捷好用，除融合文档、表格、演示三大基础组件外，新增了 PDF 组件、协作文档、协作表格、云服务等功能。

WPS Office 校园版的特点如下。

1) 云文档、云服务

（1）团队：WPS 云文档支持团队创建，可以按照班级与自定义创建团队，方便课件、作业、资料的存储、共享、管理以及成员操作权限控制。

（2）协作：支持表格、文字、演示组件的多人多端实时协作，便捷进行文件的分发、流转、回收、统计与汇总。

（3）安全：支持云端备份、文档加密、历史版本追溯。

2) 智能 AI 工具

（1）PDF 转换工具集：支持 PDF 与 Word，Excel，PPT 之间的格式互转，支持各种格式文档输出为图片。

（2）OCR：支持文字识别技术抓取文档内容并整理形成新文档。

（3）PPT：支持一键美化，自动识别文档结构，快速匹配模板。

（4）文档翻译：支持多国语言划词、取词。

（5）智能校对：可通过大数据智能识别和更正文章中的字词错误。

3) 校园工具

（1）论文查重：可多平台选择，计算重复率，定位到重复段落，提供参考性替换内容。

（2）简历助手：可多平台选择简历模板库，一次填写，一键投递。

（3）答辩助手：提供答辩框架与模板。

（4）会议功能：远程课堂演示支持多人、多端、多屏同步播放，随时随地学习、讨论、分享。

（5）手机遥控：支持手机智能控制演讲。

（6）演讲实录：记录课堂讲演的每一分钟，便于课程整理、分享与传播。

4) 绘图工具

（1）思维导图：支持多种结构、多样板式。

（2）几何图、LaTeX 公式图：可满足学科计算机制图需求。

5）全面兼容、支持 PDF

全面兼容 Office 格式，新增 PDF 组建支持。

6）素材库和知识库

（1）素材库：模板、字体、动画、图表、图片、图标……资源持续更新。

（2）知识库：考试辅导、个人提升、职场技能、商业管理……名师课程持续更新。

本章小结

办公自动化的相关工具很多，功能与操作方法大同小异，Office 2016 是目前较常用的一种。本章主要介绍了 Word，Excel 和 PowerPoint 的基本功能与使用方法，如文本编辑、图文并茂文档的建立、长文档的制作；创建、编辑、格式化工作表，在工作表中创建图表、管理和分析数据；演示文稿的创建、浏览、修改、编辑与设计、放映及添加动画、自定义动画以及幻灯片切换方式等。这些功能与操作方法需要在学习过程中融会贯通，达到学以致用的效果。

思考与练习

一、选择题

1. Word 2016 在正常启动之后，新建空白文档默认名为（　　）。

A. 1.doc　　B. 1.txt　　C. DOC1　　D. 文档 1

2. 设置所有不同字形和不同效果都是通过（　　）对话框来设置的。

A. “字体”　　B. “段落”　　C. “字形”　　D. “字符”

3. 在 Word 2016 中，段落标记是在输入（　　）之后产生的。

A. 句号　　B. [Enter] 键

C. [Shift] ＋ [Enter] 快捷键　　D. 分页符

4. 在 Word 2016 文档中，要把多处同样的错误一次性更正，正确的方法是（　　）。

A. 插入光标逐字查找，先删除错误文字，再输入正确文字

B. 选择“替换”命令

C. 使用“撤消”命令

D. 使用“重复”命令

5. 关于页眉和页脚的描述，正确的是（　　）。

A. 只有页眉可以居中显示，页脚不行　　B. 只有页脚可以居中显示，页眉不行

C. 两者都可居中显示　　D. 两者都不可居中显示

6. 选择整个一行或一段后，（　　）就能删除其中的所有文本。

A. 按空格键　　B. 单击“剪切”命令按钮

C. 按 [Delete] 键　　D. B 和 C 都可以

7.（　　）标记包含前面段落格式的信息。

A. 段落结束　　B. 行结束　　C. 分页符　　D. 分节符

8. 按下（　　）快捷键可以保存文档。

A. [Ctrl]+[C]　　B. [Ctrl]+[V]　　C. [Ctrl]+[S]　　D. [Ctrl]+[D]

9. 在 Word 2016 中，视图的作用是（　　）。

A. 对文档进行重新排版　　B. 从不同的侧面展示一个文档的内容
C. 给文档增加不同的格式　　D. 改变文档的属性

10. 垂直方向的标尺只在(　　)中显示。
A. 页面视图　　B. 草稿视图　　C. 大纲视图　　D. Web 版式视图

11. “导航窗格”命令在(　　)选项卡中。
A. “开始”　　B. “插入”　　C. “视图”　　D. “布局”

12. Word 2016 中的(　　)视图使得显示效果与打印结果相同。
A. 草稿　　B. 大纲　　C. 页面　　D. Web 版式

13. Word 2016 具有分栏功能，下列关于栏的说法中正确的是(　　)。
A. 最多可以分 4 栏　　B. 各栏的宽度必须相同
C. 各栏的宽度可以不同　　D. 各栏之间的间距是固定的

14. 在 Word 2016 中的(　　)视图下，可以查看插入的页眉和页脚。
A. 草稿　　B. 大纲　　C. 页面　　D. Web 版式

15. 在 Word 2016 的编辑状态，要将文档中多次出现的“电脑”全部替换成“计算机”，可以使用(　　)命令。
A. “查找”　　B. “替换”　　C. “撤消”　　D. “保存”

16. Word 2016 中有一种已预先编辑好的特殊文档是(　　)。
A. 向导　　B. 样式　　C. 标题　　D. 模板

17. 在 Word 2016 中，如果要在文档中添加一些 Word 专有的符号，可以使用(　　)选项卡中的“符号”命令按钮。
A. “文件”　　B. “开始”　　C. “插入”　　D. “视图”

18. 设置段落间距的一种简单方法是在段落间按(　　)键来加入空白行。
A. [Shift]　　B. [Enter]　　C. [Ctrl]　　D. [Tab]

19. 在拖动图形对象时按住(　　)键可以复制出一个相同的对象，相当于执行了复制和粘贴操作。
A. [Shift]　　B. [Alt]　　C. [Ctrl]　　D. [Tab]

20. Word 2016 中包含(　　)种视图样式类型。
A. 3　　B. 4　　C. 5　　D. 6

21. Excel 2016 的运算符包括(　　)、关系运算符、文本运算符和引用运算符四种类型。
A. 算术运算符　　B. 计算运算符　　C. 数字运算符　　D. 运算运算符

22. 启动 Excel 2016 后，新建工作簿默认名为(　　)。
A. 文档 1　　B. Sheet1　　C. Book1　　D. 工作簿 1

23. (　　)是行和列的交叉部分，它是工作表中存放数据的最小单元。
A. 选项卡　　B. 编辑栏　　C. 单元格　　D. 工作表

24. 在单元格 A2 中输入(　　)，使其显示 0.4。
A. 2/5　　B. ＝2/5　　C. ＝"2/5"　　D. "2/5"

25. 在 Excel 2016 中，下列运算符中优先级最高的是(　　)。
A. ^　　B. *　　C. ＋　　D. %

26. 函数 AVERAGE(参数 1，参数 2，…)的功能是(　　)。
A. 求括号中指定的各参数的总和

B. 求括号中指定的各参数中的最大值

C. 求括号中指定的各参数的平均值

D. 求括号中指定的各参数中具有数值类型数据的个数

27. 如果要改变 Excel 2016 工作表的打印方向（如横向），那么可选择（　）。

A. “格式”→“工作表”命令　　B. “文件”→“打印区域”命令

C. “文件”→“页面设置”命令　　D. “插入”→“工作表”命令

28. 用筛选条件“数学 >70 且 总分 >360”对考生成绩数据表进行筛选后，在筛选结果中显示的是（　）。

A. 所有数学成绩大于 70 分的记录

B. 所有数学成绩大于 70 分且总分成绩大于 360 分的记录

C. 所有总分成绩大于 360 分的记录

D. 所有数学成绩大于 70 分或者总分成绩大于 360 分的记录

29. 在 Excel 2016 工作表中，当前单元格只能是（　）。

A. 单元格指针选定的一个　　B. 选中的一行

C. 选中的一列　　D. 选中的区域

30. 在 Excel 2016 中，给当前单元格输入数值型数据时，默认为（　）。

A. 居中　　B. 左对齐　　C. 右对齐　　D. 随机

31. 在 Excel 2016 工作表单元格中，输入下列表达式（　）是无效的。

A. ＝ (16 － A1)/3　　B. ＝ A2/C1

C. SUM(A2:A4)/2　　D. ＝ A2 ＋ A3 ＋ D4

32. 在 Excel 2016 的单元格中，输入“ 9/3”，则系统默认为（　）。

A. 3　　B. 9 月 3 日　　C. 9/3　　D. 9

33. 选择“冻结拆分窗口”命令需要切换到（　）选项卡中进行。

A. “视图”　　B. “数据”　　C. “审阅”　　D. “开始”

34. 在 Excel 2016 工作表的单元格里输入公式，其运算符有优先顺序，下列说法错误的是（　）。

A. 百分比优先于乘方　　B. 乘和除优先于加和减

C. 字符串连接优先于关系运算　　D. 乘方优先于负号

35. 在 Excel 2016 中，将修改或编辑过的工作簿另存一份，单击“文件”选项卡中的（　）命令。

A. “保存”　　B. “另存为”　　C. “新建”　　D. “关闭”

36. PowerPoint 2016 演示文稿的默认扩展名是（　）。

A. pptx　　B. ppzx　　C. potx　　D. ppsx

37. 放映演示文稿的快捷键是（　）。

A. [Enter]　　B. [F5]　　C. [Alt] ＋ [Enter]　　D. [F7]

38. 演示文稿与幻灯片的关系是（　）。

A. 演示文稿和幻灯片是同一个对象　　B. 幻灯片由若干个演示文稿组成

C. 演示文稿由若干张幻灯片组成　　D. 演示文稿和幻灯片没有关系

39. 幻灯片中占位符的作用是（　）。

A. 表示文本长度　　B. 限制插入对象的数量

C. 表示图形大小　　　　　　　　　　D. 为文本、图片预留位置

40. 在(　　)中，屏幕上可以同时看到演示文稿的多张幻灯片的缩略图。

A. 备注页视图　　　　　　　　　　　B. 幻灯片浏览视图

C. 大纲视图　　　　　　　　　　　　D. 阅读视图

41. 如果在母版视图的“单击此处编辑母版标题样式”中输入“PowerPoint”，字体是 48 磅宋体，关闭母版视图返回幻灯片编辑状态，则(　　)。

A. 所有幻灯片的标题栏都是“PowerPoint”，字体是 48 磅宋体

B. 所有幻灯片的标题栏都是“PowerPoint”，字体保持不变

C. 所有幻灯片的标题栏内容不变，字体是 48 磅宋体

D. 所有幻灯片的标题栏内容不变，字体保持不变

42. 幻灯片母版不能用于控制幻灯片的(　　)。

A. 标题的字号　　B. 背景色　　C. 项目符号样式　　D. 大小尺寸

43. 在幻灯片切换中，不可以设置(　　)。

A. 单击切换　　　　　　　　　　　　B. 按某个键切换

C. 在切换时伴有声音　　　　　　　　D. 切换速度

44. 在 PowerPoint 2016 幻灯片中插入的超链接，可以链接到(　　)。

A. Internet 上的 Web 页　　　　　　B. 电子邮箱地址

C. 本地磁盘上的文件　　　　　　　　D. 以上均可以

45. 在幻灯片中，(　　)不能设置超链接。

A. 文本对象　　B. 按钮对象　　C. 图片对象　　D. 声音对象

46. 在幻灯片“操作设置”对话框中设置的超链接，其对象不能是(　　)。

A. 下一张幻灯片　　　　　　　　　　B. 上一张幻灯片

C. 其他演示文稿　　　　　　　　　　D. 幻灯片中的某一对象

47. 在 PowerPoint 2016 中可以选择打印的内容有(　　)。

A. 幻灯片、讲义和普通视图　　　　　B. 幻灯片、备注页和普通视图

C. 幻灯片、讲义和备注页　　　　　　D. 以上都正确

48. 插入的新幻灯片的位置位于(　　)。

A. 当前幻灯片之前　　　　　　　　　B. 当前幻灯片之后

C. 整个文档的最前面　　　　　　　　D. 整个文档的最后面

49. 下列各种放映方式中，不能以全屏幕方式播放演示文稿的是(　　)。

A. 演讲者放映　　　　　　　　　　　B. 观众自行浏览

C. 在展台浏览　　　　　　　　　　　D. 循环播放

50. 下列说法中，错误的是(　　)。

A. 可以设置放映时不加旁白

B. 可以设置放映时不加动画

C. 可以设置放映时不显示幻灯片上的某一图片

D. 可以设置循环放映

51. 对 PowerPoint 2016，下列有关人工设置放映时间的说法中错误的是(　　)。

A. 只有单击时换页　　　　　　　　　B. 可以设置在单击时换页

C. 可以设置每隔一段时间自动换页　　D. B 和 C 两种方法均可以换页

52. 在 PowerPoint 2016 中，下列说法中错误的是（　　）。

A. 可以在幻灯片浏览视图下更改某张幻灯片上动画对象的出现顺序

B. 可以在普通视图下设置动态显示文本和对象

C. 可以在幻灯片浏览视图下设置幻灯片切换效果

D. 可以在普通视图下设置幻灯片切换效果

53. 在 PowerPoint 2016 中，下列有关在应用程序间复制数据的说法中错误的是（　　）。

A. 只能使用复制和粘贴的方法来实现信息共享

B. 可以将幻灯片复制到 Word 中

C. 可以将幻灯片移动到 Excel 中

D. 可以将幻灯片拖动到 Word 中

54. 在演示文稿中，超链接中所链接的目标不能是（　　）。

A. 另一个演示文稿　　B. 同一演示文稿的某一张幻灯片

C. 其他应用程序的文档　　D. 幻灯片中的某个对象

55. 如果将演示文稿置于另一台不带 PowerPoint 应用软件的计算机上放映，那么应该对演示文稿进行（　　）。

A. 复制　　B. 打包　　C. 移动　　D. 打印

二、填空题

1. Word 2016 文档文件的扩展名是________。

2. ________“格式刷”命令按钮，可以将源文本的格式复制到多个目标文本中。

3. 在 Word 2016 中，要把一篇文档中的“学生”全部替换为“老师”，应选择“________”命令。

4. 在 Word 2016 中，磅数越大，显示字符越________；字号越大，显示字符越________。

5. 在 Word 2016 中，段落的对齐方式有________、________、________、________、________。

6. 在 Word 2016 中，根据文本框中文本的排列方向，可将文本框分为________文本框和________文本框。

7. 在 Word 2016 中，进行查找文本时，当不知道查找内容的全部时，可以使用________代替。

8. 在 Word 2016 中，文档格式包括文本格式、________格式和页面格式三大类。

9. 在 Excel 2016 中，求出 D5，D6，D7 三个单元格中数字的最大值，将结果存放在单元格 D8 中，则在 D8 中应输入公式________。

10. 在 Excel 2016 中，如果要将工作表的单元格 A5 中的“电子表格”与单元格 A6 中的“软件”合并在单元格 B6 中，显示为“电子表格软件”，则在 B6 中应输入公式________。

11. Excel 2016 输入的数据类型分为________、________、________。

12. 在 Excel 2016 中，在一个单元格中输入公式时，应先输入________。

13. 在 PowerPoint 2016 中，模板是一种特殊文件，其扩展名为________。

14. 在 PowerPoint 2016 中，________效果是在演示期间从一张幻灯片切换到下一张幻灯片时出现的动画效果。

15. 在 PowerPoint 2016 中，有________、讲义母版、备注母版三种类型。

16. 在 PowerPoint 2016 中，系统默认的视图是________。

17. PowerPoint 2016 提供了四种不同类型的动画效果：________、强调、退出和动作路径。

18. ________是主题颜色、主题字体和主题效果三者的组合。

19. 在 PowerPoint 2016 中，__________可以是从一张幻灯片到同一演示文稿中另一张幻灯片的链接，也可以是从一张幻灯片到不同演示文稿中另一张幻灯片、到电子邮件地址、网页或文件的链接。

20. 在 PowerPoint 2016 中，__________是幻灯片层次结构中的顶层幻灯片，用于存储有关演示文稿的主题和幻灯片的信息，包括背景、颜色、字体、效果、占位符大小和位置。

三、简答题

1. 在 Word 2016 中，文档的字符排版、段落排版和页面排版主要包括什么内容？
2. 如何用模板创建新的 Word 文档？
3. 在 Word 文档的排版中使用样式有何优越性？
4. 在 Word 2016 中，如何使文档不同部分的页眉和页脚的内容不同？
5. 在 Word 2016 中，如何实现表格的拆分与合并？它与单元格的拆分与合并有何不同？
6. 在 Excel 2016 中，简述用自动填充功能输入某一等差数列的过程，如何输入等比数列？
7. 在 Excel 2016 中，如何设置条件格式实现突出显示符合条件的单元格？
8. 在 Excel 2016 中，创建图表最关键、最重要的一步是什么？编辑、格式化图表主要通过什么来操作？
9. 在 Excel 2016 中，数据透视表主要用来解决什么问题？
10. 在 PowerPoint 2016 中，有哪几种视图方式？各适用于何种情况？
11. 在 PowerPoint 2016 中，在页脚中可以加入哪些信息？
12. 在 PowerPoint 2016 中，设置动画效果主要有哪些方面的内容？
13. 如何使用排练计时放映幻灯片？
14. 如何实现演示文稿在无人操作的环境下自动播放？
15. 如何实现在一张打印纸上打印四张幻灯片？

四、操作题

1. 应用 Word 2016 制作如图 4-130 所示效果的文档。

关于 2021 年春季学期学生返校安排通知

根据广东省关于做好 2021 年春季学期开学工作的相关要求，结合当前疫情防控形势和我校实际，学生将分五批返校。具体时间安排如下：

- ◆ 2 月 24 日~2 月 25 日，有考试任务的学生、承担志愿服务的学生返校。
- ◆ 2 月 26 日，大一学生返校。
- ◆ 2 月 27 日，大二学生返校。
- ◆ 2 月 28 日，大三学生返校、第一周有毕业实习等教学任务的大四学生返校。
- ◆ 3 月 1 日，其余大四学生返校。

研究生返校由发展规划与学科建设处根据实际情况安排。

图 4-130　文档效果

具体要求如下：

（1）将文章标题的文字设置为二号，居中对齐，段后间距为 1 行。

（2）将文章正文各段的文字设置为宋体、小四号，两端对齐，首行缩进 2 字符，1.5 倍行距。

（3）文章正文第一段首字下沉 2 行，距正文 1 cm。

（4）文章正文第二至六段段前设置项目符号“◆”。

（5）在正文中插入一幅图片，设置图片的文字环绕方式为“四周型”。

（6）页面设置：上、下、左、右边距均为 2 cm，页眉 1.5 cm。

（7）页码设置：页面底端居中（“普通数字 2”样式）。

2. 应用 Word 2016 制作如图 4-131 所示效果的文档。

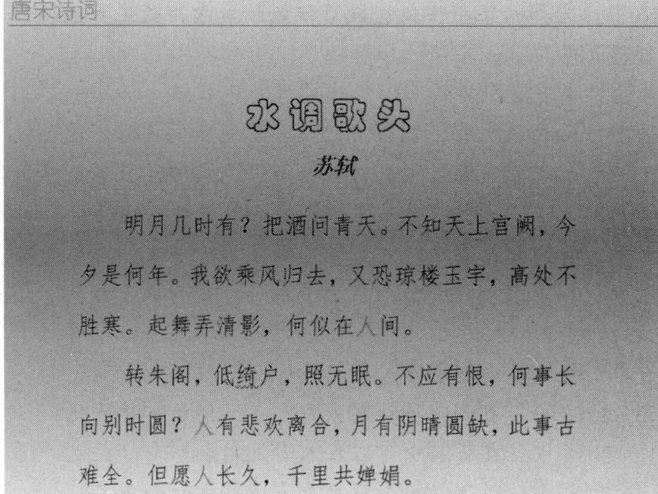
唐宋诗词

水调歌头

苏轼

明月几时有？把酒问青天。不知天上宫阙，今夕是何年。我欲乘风归去，又恐琼楼玉宇，高处不胜寒。起舞弄清影，何似在人间。

转朱阁，低绮户，照无眠。不应有恨，何事长向别时圆？人有悲欢离合，月有阴晴圆缺，此事古难全。但愿人长久，千里共婵娟。

图 4-131　文档效果

具体要求如下：

（1）将文档中所有的“人”字的颜色设置为红色。

（2）字符排版：第一行标题文本“水调歌头”设置为华文彩云、二号，加上浅绿色的双波浪下划线，字符间距加宽为 3 pt；将副标题“苏轼”设置为宋体、四号、粗斜体；正文第一段和第二段文字设置为仿宋、小三号。

（3）段落排版：设置标题为居中对齐，段前间距 30 pt；副标题为居中对齐，段后间距 6 pt；正文第一段和第二段为两端对齐，首行缩进 2 字符，左缩进 4 字符，右缩进 1.8 cm。

（4）页面排版：设置页眉内容为“唐宋诗词”，字体为幼圆、四号、红色、左对齐；在页面底端设置页码为“-1-”页码样式，居中对齐；设置页面背景为“雨后初晴”的填充效果。

3. 利用 Word 2016 制作如图 4-132 所示的三线表。

国家	金牌	银牌	铜牌	奖牌总数
中国	199	119	98	416
韩国	76	65	91	232
日本	48	74	94	216
伊朗	20	14	25	59
哈萨克斯坦	18	23	38	79

图 4-132　三线表

具体要求如下：

（1）利用公式分别计算各国的奖牌总数，表格的长度为 14 厘米，居中对齐。

（2）表格的列标题设置字体为楷体、15 磅、加粗，水平居中，底纹为浅蓝色。

（3）表格的顶线、底线设置均为蓝色、3 磅；设置其内部横框线为红色、1 磅，底纹为“白色，背景 1，深色 15%”的填充效果。

4. 确定某一主题，利用各种方法收集素材，制作一份图文并茂的手抄报，如图 4-133 所示。

图 4-133　电子板报样例

5. 制作一份出差旅费清单的文档，效果如图 4-134 所示。

出差旅费清单

姓　名		所属部门		职　位		出差日期	
出差事由							
年 月 日	起始地点	交通工具		交通费用	住宿费	膳食费用	总额
合　　计							
经记人民币（大写）:							

核准:　　复核:　　主管:　　出差人:

图 4-134　“出差旅费清单”样例

6. 建立与编辑如图 4-135 所示效果的工作表和图表。

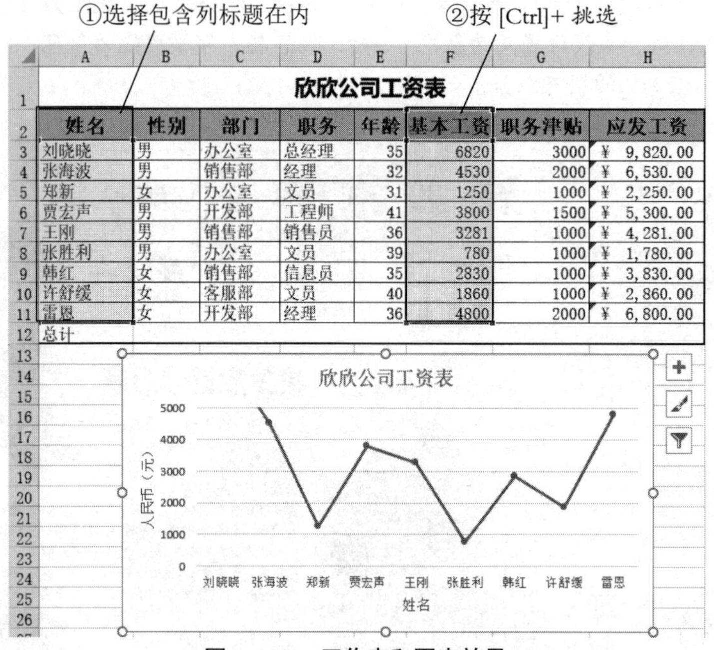

欣欣公司工资表

姓名	性别	部门	职务	年龄	基本工资	职务津贴	应发工资
刘晓晓	男	办公室	总经理	35	6820	3000	¥ 9,820.00
张海波	男	销售部	经理	32	4530	2000	¥ 6,530.00
郑新	女	办公室	文员	31	1250	1000	¥ 2,250.00
贾宏声	男	开发部	工程师	41	3800	1500	¥ 5,300.00
王刚	男	销售部	销售员	36	3281	1000	¥ 4,281.00
张胜利	男	办公室	文员	39	780	1000	¥ 1,780.00
韩红	女	销售部	信息员	35	2830	1000	¥ 3,830.00
许舒缓	女	客服部	文员	40	1860	1000	¥ 2,860.00
雷恩	女	开发部	经理	36	4800	2000	¥ 6,800.00
总计							

图 4-135　工作表和图表效果

具体要求如下：

（1）合并单元格区域 A1:H1，输入标题“欣欣公司工资表”，标题设置为微软雅黑、16 磅、加粗，水平和垂直两个方向均居中，行高为 30；表格（A2:H12）设置内细外粗的边框线；列标题（A2:H2）的字体加粗，背景颜色设为浅绿色，水平和垂直两个方向均居中。

（2）选定“姓名”和“基本工资”数据列（A2:A11 与 F2:F11），建立“带数据标记的折线图”的图表。设置图表标题为“欣欣公司工资表”，主要横坐标轴标题为“姓名”，主要纵坐标轴标题为“人民币（元）”；垂直（值）轴刻度的最小值为 0，最大值为 5000。

7. 建立如图 4-136 所示的工作表。

姓名	学科	语文	数学	平均分	总分	综合分	评定等级
钟尔慧	理科	90	74	82.0	164	78.8	合格
李建波	文科	73	64	68.5	137	70.3	合格
张越	理科	81	61	71.0	142	67.0	合格
张宏	理科	92	60	76.0	152	69.6	合格
吴彩霞	文科	56	87	71.5	143	65.3	合格
陈醉	理科	55	73	64.0	128	67.6	合格
黄少峰	理科	57	60	58.5	117	59.1	不合格
徐浩明	文科	95	66	80.5	161	86.3	优秀
赖晓毅	文科	60	49	54.5	109	56.7	不合格
马甫仁	理科	93	94	93.5	187	93.7	优秀

图 4-136　工作表效果

具体要求如下：

（1）计算各人的平均分、总分和综合分，然后根据综合分评定各学生等级，要求平均分保留 1 位小数。

（2）综合分评分标准：文科生语文占综合分的 70%、数学占 30%；理科生语文占综合分的 30%、数学占 70%。

（3）评定等级标准：综合分大于等于 80 分者为“优秀”，大于等于 60 分小于 80 分者为“合格”，小于 60 分者为“不合格”。

【操作提示】

（1）计算综合分。选定单元格 G2，输入公式“=IF(B2=" 文科 ",C2*0.7+D2*0.3,C2*0.3+D2*0.7)”，计算该生的综合分，然后使用填充柄计算其他学生的综合分。

【思考】若选择“理科”作为条件，如何设置参数 2 和参数 3？

（2）计算等级。选定单元格 H2，输入公式“=IF(G2>=80," 优秀 ",IF(G2>=60," 合格 "," 不合格 "))”，或通过如图 4-137 所示插入函数，计算该生的等级，然后使用填充柄计算其他学生的等级。

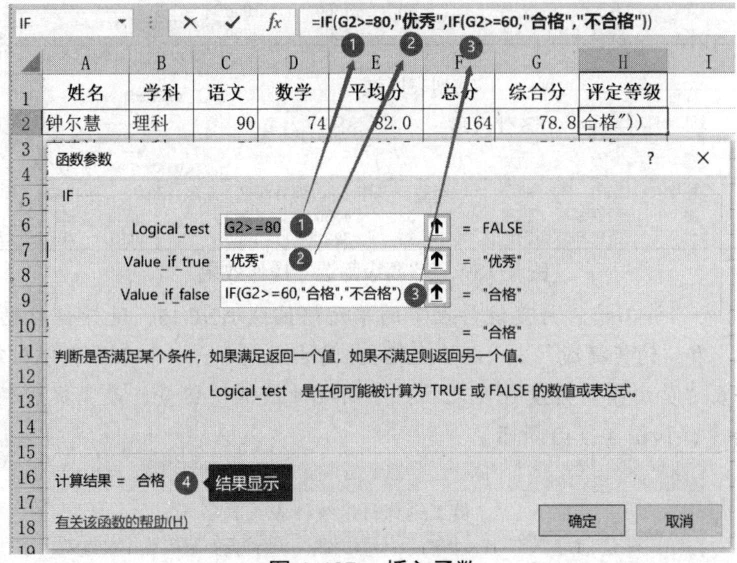

图 4-137　插入函数

8. 建立如图 4-138 所示的工作表“Sheet1”，完成以下任务：

	A	B	C	D	E	F	G	H	I	J
1	欣欣公司工资表									
2	姓名	性别	部门	职务	年龄	基本工资	职务津贴	应发工资	所得税	实发工资
3	刘晓晓	男	办公室	总经理	35	6820	3000	9820	883.8	8936.2
4	张海波	男	销售部	经理	32	4530	2000	6530	587.7	5942.3
5	郑新	女	办公室	文员	31	1250	1000	2250	0	2250
6	贾宏声	男	开发部	工程师	41	3800	1500	5300	477	4823
7	王刚	男	销售部	销售员	36	3281	1000	4281	214.05	4066.95
8	张胜利	男	办公室	文员	39	780	1000	1780	0	1780
9	韩红	女	销售部	信息员	35	2830	1000	3830	191.5	3638.5
10	许舒缓	女	客服部	文员	40	1860	1000	2860	0	2860
11	雷恩	女	开发部	经理	36	4800	2000	6800	612	6188
12	总计									

图 4-138　工作表“Sheet1”

（1）将工作表“Sheet1”中的数据分别复制到工作表“Sheet2”“Sheet3”“Sheet4”中。

（2）对工作表“Sheet2”进行排序。排序时，先按“部门”降序排序，若“部门”相同，则按“性别”升序排序；若“部门”相同且“性别”相同，则按“基本工资”降序排序。

（3）对工作表“Sheet3”进行分类汇总。统计各部门的所得税、实发工资的总和；在原有分类汇总的基础上，再汇总出各部门的平均基本工资和平均实发工资。

（4）对工作表“Sheet4”筛选出销售部、男职工的全部记录，条件区域放在从单元格 A14 开始的区域，在单元格 A18 开始的区域显示筛选结果，如图 4-139 所示。

	A	B	C	D	E	F	G	H	I	J
1	欣欣公司工资表									
2	姓名	性别	部门	职务	年龄	基本工资	职务津贴	应发工资	所得税	实发工资
3	刘晓晓	男	办公室	总经理	35	6820	3000	9820	883.8	8936.2
4	张海波	男	销售部	经理	32	4530	2000			42.3
5	郑新	女	办公室	文员	31	1250	1000			2250
6	贾宏声	男	开发部	工程师	41	3800	1500			4823
7	王刚	男	销售部	销售员	36	3281	1000			6.95
8	张胜利	男	办公室	文员	39	780	1000			1780
9	韩红	女	销售部	信息员	35	2830	1000			38.5
10	许舒缓	女	客服部	文员	40	1860	1000			2860
11	雷恩	女	开发部	经理	36	4800	2000			6188
12	总计									
13										
14	部门	性别								
15	销售部	男								
16										
17										
18	姓名	性别	部门	职务	年龄	基本工资	职务津贴	应发工资	所得税	实发工资
19	张海波	男	销售部	经理	32	4530	2000	6530	587.7	5942.3
20	王刚	男	销售部	销售员	36	3281	1000	4281	214.05	4066.95

高级筛选 ? ×
方式
○ 在原有区域显示筛选结果(F)
◉ 将筛选结果复制到其他位置(O) ③
列表区域(L): $A$2:$J$12 ①
条件区域(C): $A$14:$B$15 ②
复制到(T): $A$18:$J$18
☐ 选择不重复的记录(R)
确定 取消

①列表区域
②条件区域
③筛选结果

图 4-139 “高级筛选”操作效果

9. 选择工作表“员工销售月度统计表”的单元格区域 A2:G15，选择性粘贴（数值）到工作表“销售达人”和“销售提成”中（以单元格 A1 为左上角）。三个工作表分别完成下列任务：

（1）工作表“员工销售月度统计表”：分别统计最低销售量、最高提成额、员工人数、达标人数和达标率，如图 4-140 所示。

	A	B	C	D	E	F	G
1	员工销售月度统计表						
2	工号	员工姓名	分部	销售数量	销售金额	是否达标	提成金额
3	NL_001	刘志飞	销售1部	56	34950	达标	3495
4	NL_002	何许诺	销售2部	20	12688	不达标	380.64
5	NL_003	崔娜	销售3部	59	38616	达标	3861.6
6	NL_004	林成瑞	销售2部	24	19348	不达标	580.44
7	NL_005	金璐忠	销售2部	32	20781	达标	1039.05
8	NL_006	何佳怡	销售1部	18	15358	不达标	460.74
9	NL_007	李菲菲	销售3部	30	23122	达标	1156.1
10	NL_008	华玉凤	销售3部	31	28290	达标	1414.5
11	NL_009	张军	销售1部	17	10090	不达标	302.7
12	NL_010	廖凯	销售1部	25	20740	达标	333.9
13	NL_011	刘琦	销售3部	19	11130	不达标	1037
14	NL_012	张怡聆	销售1部	20	30230	达标	3023
15	NL_013	杨飞	销售2部	68	45900	达标	4590
16							
17							
18	统计表						
19	最低销售量	最高提成额	员工人数	达标人数	达标率		
20							

图 4-140 工作表“员工销售月度统计表”

（2）工作表“销售达人”：按“提成金额”降序排序，选择“员工销售月度统计表”前五名的数据（单元格区域 B1:B6 和 G1:G6），创建如图 4-141 所示的“三维簇状柱形图”。

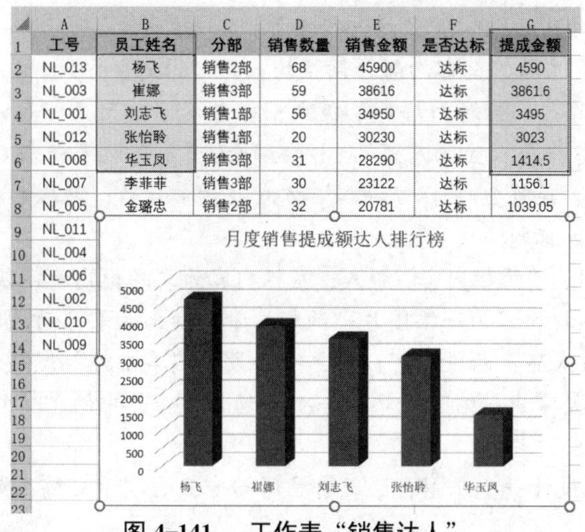

	A	B	C	D	E	F	G
1	工号	员工姓名	分部	销售数量	销售金额	是否达标	提成金额
2	NL_013	杨飞	销售2部	68	45900	达标	4590
3	NL_003	崔娜	销售3部	59	38616	达标	3861.6
4	NL_001	刘志飞	销售1部	56	34950	达标	3495
5	NL_012	张怡聆	销售1部	20	30230	达标	3023
6	NL_008	华玉凤	销售3部	31	28290	达标	1414.5
7	NL_007	李菲菲	销售3部	30	23122	达标	1156.1
8	NL_005	金璐忠	销售2部	32	20781	达标	1039.05
9	NL_011						
10	NL_004						
11	NL_006						
12	NL_002						
13	NL_010						
14	NL_009						

图 4-141　工作表“销售达人”

（3）工作表“销售提成”：统计各分部的提成金之和；利用各分部的提成额汇总数据，建立三维饼图，如图 4-142 所示。

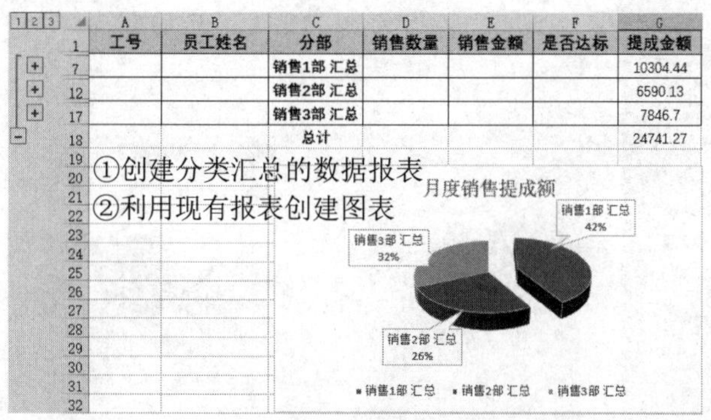

	A	B	C	D	E	F	G
1	工号	员工姓名	分部	销售数量	销售金额	是否达标	提成金额
7			销售1部 汇总				10304.44
12			销售2部 汇总				6590.13
17			销售3部 汇总				7846.7
18			总计				24741.27

(a) 三维饼图 1

	A	B	C	D	E	F	G
1	工号	员工姓名	分部	销售数量	销售金额	是否达标	提成金额
2	NL_001	刘志飞	销售1部	56	34950	达标	3495
3	NL_002	何许诺	销售2部	20	12688	不达标	380.64
4	NL_003	崔娜	销售3部	59	38616	达标	3861.6
5	NL_004	林成瑞	销售2部	24	19348	不达标	580.44
6	NL_005	金璐忠	销售2部	32	20781	达标	1039.05
7	NL_006	何佳怡	销售1部	18	15358	不达标	460.74
8	NL_007	李菲菲	销售3部	30	23122	达标	1156.1
9	NL_008	华玉凤	销售3部	31	28290	达标	1414.5
10	NL_009	张军	销售1部	17	10090	不达标	302.7
11	NL_010	康凯	销售1部	25	20740	达标	333.9
12	NL_011	刘琦	销售3部	19	11130	不达标	1037
13	NL_012	张怡聆	销售1部	20	30230	达标	3023
14	NL_013	杨飞	销售2部	68	45900	达标	4590

行标签	求和项:提成金额
销售1部	7615.34
销售2部	6590.13
销售3部	7469.2
总计	21674.67

①创建透视表的数据报表
②利用现有报表创建图表

月度销售提成额

销售3部 35%　销售1部 35%　销售2部 30%

销售1部　销售2部　销售3部

(b) 三维饼图 2

图 4-142　工作表“销售提成”

10. 按照以下要求对 PowerPoint 文档进行操作：

（1）采用“画廊”主题，全部幻灯片切换均采用“闪光”方式。

（2）第一张幻灯片：“标题幻灯片”版式；以艺术字作为主标题，字体为华文彩云，字号为 40 磅，内容为“奋斗是人生的基石”；副标题为“永不放弃是成功的保证”；动画顺序设置“上一动画之后”、延时 2 s，以“浮入”方式显示主标题；动画顺序设置“单击时”，以“随机线条”方式显示副标题。

（3）第二张幻灯片：“两栏内容”版式；左栏内容为文本框内有两段励志格言（内容自定，不少于 20 个汉字），右栏内容为一幅图片；两栏均带有动画效果，动画顺序设置“单击时”、延时 2 s，以“弹跳”方式显示两段文字；动画顺序设置“单击时”，以“自底部”“飞入”方式显示图片，同时伴有鼓掌声；右下角添加一个“动作按钮”中的“转到开头”按钮 ⏮，单击该按钮可跳转到第一张幻灯片。

11. 参考图 4-143，设计一个介绍自己或自己所学专业的演示文稿，要求图文并茂、有动感、有音效等，能吸引观众。

图 4-143　演示文稿幻灯片样例

12. 以一节课的授课内容为素材，制作一个用于授课的演示文稿，要求能结合教学内容要求与教学设计思路进行制作。

第二模块

人工智能基础

在信息社会向智能社会过渡之际，大数据与人工智能成为世界发展的新引擎，是国家的发展战略。对大数据技术、人工智能和物联网等新知识、新技术认识越深、了解越多，就越能确保我们能够站在发展的前沿，立于不败之地。

第5章 大 数 据

大数据的数据来源受益于物联网，物体虚拟化使原本很难收集和使用的数据得以利用，从而使得数据量呈爆炸式增长。大数据中海量数据的获取、控制和服务等实际运算的问题从云计算中解决。信息社会发展的趋势是运用大数据技术对运营数据进行分析、挖掘，进而指导业务应用。因此，找出数据源、确定数据量和选择合适的数据处理方法是大数据的核心问题。

5.1 大数据概述

5.1.1 数据科学

1. 数据科学的定义

数据科学（data science）就是从数据中提取知识的研究。数据科学集成了多个领域的不同元素，包括信号处理、数学、概率模型理论和技术、机器学习、计算机编程、统计学、数据工程、模式识别和学习、可视化、不确定性建模、数据仓库以及从数据中析取规律和产品的高性能计算等。数据科学并不局限于大数据，但是数据量的扩大使得数据科学的地位更加重要。

2. 数据科学时期

数据、信息和知识，是大数据处理的基础概念。这些概念通常容易互相混淆，我们可以从它们的内涵分析关联逻辑，并深入讨论获取知识规则的认知途径。

（1）数据是对客观存在的描述与记录。数据是一种特殊的表达形式及形式化的外延，用人工的方式或者用自动化的装置进行通信翻译转换或加工处理。它有明确的表达对象和内容及定义中的事实、概念或指令，即数据应该能够反映客观存在的事物或现象的各种特征。根据这个定义，通常意义下的数值、文字、图形、声音、活动、图像以及各种自然现象的实际描述等都可以被认为是数据，而不仅仅局限于那些常见的可比较其大小的数字。

（2）信息是对人有用的数据，可以影响人们的行为和决策。信息论奠基者香农（Shannon）认为，信息是用来消除随机不确定性的东西。这一定义被人们看作信息的经典性定义并加以引用。中国人工智能学会原理事长钟义信教授则认为，信息是事物存在方式或运动状态，以这种方式或状态直接或间接的表述。综合上述有关信息的定义内容，我们可以提取信息一词的核心含义是有用的数据。

（3）知识是让数据转化成有用信息的转化规则。所谓知识，是指就它反映的内容而言，是客观事物的属性与联系的反映，是客观世界在人脑中的主观印象，即有时表现为主体对事物的感性知觉或表象（属于感性知识），有时表现为关于事物的概念或规律（属于理性知识）。知识是从大量客观存在的描述和记录中发现有用信息的研判规则，这里的“有用”体现为能够影响人们的行为和决策。

数据变信息的转化规则，既有助于催生认知结果的推理手段和判断依据，也是知识不可或缺的组成部分。规则可以演变，规则背后的逻辑也可以演变，这个过程就是数据增值的过程。而数据的增值又会产生新的转化规则，这一螺旋式上升的认知方式和认知途径，有效地推动了人类文明的不断发展。

我们结合具体实例，分析数据、信息和知识的内在演化与关联逻辑。例如，马路上的交通信号灯，不管人们是否能看到，它都是客观存在的，这是数据；人们过马路的时候需要寻找信号灯的位置，这从视野中提取出来的是信息；而年龄非常小的小朋友并不知道“红灯停绿灯行”的规则，是因为小朋友并不具备交通规则的知识。

伴随科学技术的发展，人类对未知世界中发现知识过程的认知方式经历了几个重要发展阶段：

（1）实验科学是人类最早出现的科学研究，主要以记录和描述自然现象为特征，如中国古代术士们（以葛洪为代表）在炼丹过程中发明了火药，居里夫人（Marie Curie）通过大量的化学实验发现了镭元素的存在，这些都是实验科学的伟大胜利。我国药学家屠呦呦带领的团队发现青蒿素的过程就是一个典型案例，通过实验发现新生事物（疟疾疫苗）的过程是中国传统的中医实验，此项实验对全人类做出了伟大贡献。

（2）理论科学中往往是先定义规则的存在，然后在科学实践中加以验证。实验科学受各种实验条件和实验手段的限制，仅仅通过实验观察，难以完成对自然现象更精确的理解。于是科学家们开始尝试尽量简化实验模型，在原有实验观察的基础上去掉某些干扰项。例如，在物理题中，去掉足够光滑，足够长的时间，空气足够稀薄等令人费解的条件描述就是去掉某些干扰项的过程。如果实践证明了某些理论中规则的正确性，那么这些规则就可以在更大的范围和领域内推广指导实践工作。牛顿（Newton）发现并定义的经典力学的各种理论规则以及天体物理中各种理论体系都是理论科学成功的经典案例。杨振宁和李政道先提出“弱相互作用中宇称不守恒理论”，然后实验物理学家吴健雄教授通过科学实验，从自然现象上证明了这一理论的正确性，这是理论科学和实验科学的完美结合。

（3）计算科学为主的发展阶段以计算机作为科研工具和手段，以实验归纳模型推演仿真模拟和数据密集型科学发现。计算科学，本质上是问题驱动的应用模式，它针对特定环境下问题抽象提出可能的理论假设，再收集大量的数据，然后通过仿真计算验证真伪。

（4）图灵奖得主、关系型数据库事务处理技术的鼻祖吉姆·格雷（Jim Gray）在 2007 年提出数据密集型科学发现模式，数据科学这时从计算科学中分离出来。当时大数据还没有正式提出。这种新的科学现象，就是科学家们在没有成熟的理论体系指导前提下，先拥

有了大量观察数据。这些数据与实验科学中观察数据相比，在样本空间和样本规模上不可同日而语。此外，借助计算机网络和分布式高性能计算集群，通过对大规模数据样本内在关系的挖掘，能够实现一些此前无法完成的理论突破，这种科研模式突破了传统科学研究的思维惯例，大大提升了人类探索未知世界过程分析和处理大规模复杂问题的能力。

21 世纪以来，数据的爆炸式增长以及大数据概念的正式诞生，不断验证吉姆·格雷对未来科学发展预言的正确性。围绕丰富的数据资源，对数据之间内在的依赖关系进行挖掘和分析，将实现计算思维模式向数据思维模式的过渡，进而实现理论和应用创新。

结合具体实例，分析体会实验科学、理论科学、计算科学和数据科学的核心思想。假设在城市中驾车出行，我们需要考虑交通路径的最优路线。实验科学的做法是结合城市路网对所有可能的交通路径全部走完；理论科学的做法是对所有可能的交通路径，计算每条路径的具体长度；计算科学的做法是结合理论科学计算结果，选择最短路径和若干距离较短路径，并结合路径的摄像设备进行采样分析，仿真优化选择；数据科学的做法是从城市交通数据库中提取所有两地区域交通数据（包括 GPS 数据，数据科学开展的前提是有良好的数据采集系统），并对这些数据进行挖掘和分析。交通领域路径优化是大数据创新的典型应用。值得注意的是，数据科学家自身结合了多种以前被分离的技能，成为一个单一的角色。以前是不同的人用于一个项目的各个方面，如有的人去应对业务线上的终端用户，另外的具有技术和定量专长的人去解决分析问题，而数据科学家则是这些方面的结合体，有助于提供连续性的分析过程。

5.1.2　大数据的定义与特征

1. 大数据的定义

大数据（big data，或称为海量数据、巨量数据），我国在《促进大数据发展行动纲要》中指出，大数据是以容量大、类型多、存取速度快、应用价值高为主要特征的数据集合。通俗来说，大数据是一个体量规模巨大、数据类别特别多的数据集，并且无法通过目前主流软件工具，在合理的时间内达到提取、管理、处理并整理成为有用信息。

处理大数据需采用新型计算架构和智能算法等新技术，应用强调新的理念，强调在线闭环的业务流程优化。

大数据有如下两点共性：

（1）大数据的数据量标准是随着计算机软硬件的发展而不断增长的。例如 1 GB 的数据量，在 20 年前可以称为大数据，然而当今的数据量已上升到了太字节（TB）、拍字节（PB）量级。

（2）大数据不仅体现在数据规模上，更体现在技术上，如数据的获取、存储、分析与管理能力。

2. 大数据的来源

美国互联网数据中心指出，互联网上的数据每年将增长 50%，每两年便将翻一番。这些数据 85% 并非人为发布，而是由传感器和计算机设备自动生成的。例如，一个计算不同地点车辆流量的交通遥测应用，就会产生大量的数据。

大数据来源主要有如下几个方面。

1）非结构化数据

非结构化数据主要包括：

（1）视频。视频图像需要以几十帧/秒的速度持续记录运动着的物体，即使经过压缩，1小时的标准清晰度视频也在吉字节（GB）量级，高清晰度视频的数据量更大。

（2）图片。当前用户每日向Facebook上传超过20亿张图片，如果平均每张图片大小为1 MB，那么每日新增的图片的总数据量约为2 PB。

（3）日志。网站日志记录了用户对网站的访问，电信日志记录了用户拨打和接听电话的信息。以5亿用户电信日志为例，如果每个用户每天呼出呼入10次，每条日志为400 B，保存5年，那么总数据量是5亿 ×10×365×400 B×5≈3.24 PB。

各种非结构化数据占大数据总量的90%以上。

2）半结构化数据

网页是一种半结构化数据。截至2018年12月，我国网页数量为2 816亿个。假设平均每个网页为25 kB，2 816亿个网页的数据总量约为6.4 PB。

3）结构化数据

结构化数据通常是指在传统数据库中保存，可以用二维表结构来逻辑表达实现的数据。这类数据在全部数据总量中所占的比例很小，但所起的作用非常关键，如银行账户系统、信用卡系统、股票和证券系统、民航票务系统、应用传统数据库的企业资源计划（enterprise resource planning，ERP）系统等。

3. 大数据的特征

大数据特征存在不同的解读。

1）IBM 解读

国际商业机器公司（International Business Machines，IBM）认为，可以用三个特征相结合来定义大数据：数量（volume，或称为容量）、种类（variety，或称为多样性）和速度（velocity），如图5-1所示，或者简单地表示为3V，即数量庞大、速度极快和种类丰富的数据。

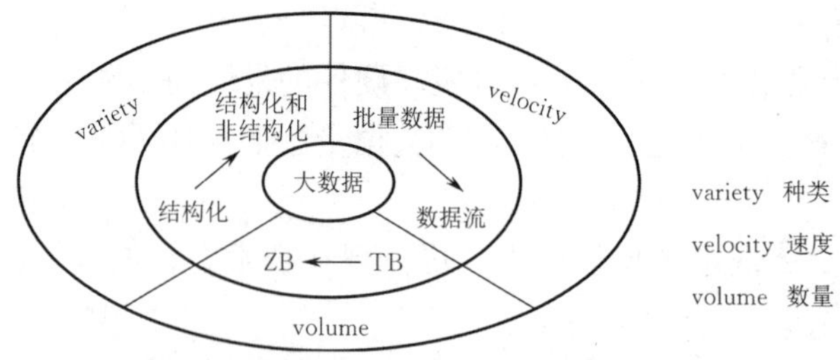

图5-1 按数量、种类和速度来定义大数据

（1）volume。大数据有着用现有技术无法管理的数据量。从现状来看，数据计量单位已从B、kB、MB、GB、TB发展到PB、EB（艾字节）、ZB（泽字节）、YB（尧字节）甚至更高，并且随着技术的进步，这个数值也会不断变化。数据存储单位如表5-1所示。

表 5-1　数据的存储单位

储存单位	说明
字节（byte，B）	文件储存容量的最小单位
千字节（kilobyte，kB）	1 024 B
兆字节（megabyte，MB）	1 024 kB
吉字节（gigabyte，GB）	1 024 MB
太字节（terabyte，TB）	1 024 GB
拍字节（petabyte，PB）	1 024 TB
艾字节（exabyte，EB）	1 024 PB
泽字节（zettabyte，ZB）	1 024 EB

随着可供使用的数据量不断增长，可处理、理解和分析的数据所占的比例却不断下降。大数据并没有明确的界限，它的标准随着计算机软硬件技术的发展是可变的。大数据时代数据的采集也不再是技术问题，问题是面对如此众多的数据，我们该怎样才能找到其内在规律。

（2）variety。随着传感器、智能设备以及社交协作技术的激增，各类数据也变得更加复杂，如传统的关系型数据和来自网页、互联网日志文件（包括单击流量数据）、音频、视频、图片、电子邮件、文档、地理位置等信息以及各类主动或被动传感器数据生成的原始、半结构化和非结构化数据。这些多类型的数据对数据的处理能力提出了更高要求，除存储外，还需要对这些大数据进行分析，并从中获得有用的信息。例如，超市、便利店等监控摄像机中的数据，最初目的是防范盗窃，但现在也出现了使用监控摄像机的视频数据来分析顾客购买行为的案例。例如，美国高级文具制造商万宝龙（Montblanc）过去是凭经验和直觉来决定商品陈列布局的；现在尝试利用监控摄像头对顾客在店内的行为进行分析，通过分析监控摄像机的数据，将最想卖出去的商品移动到最容易吸引顾客目光的位置，使得销售额提高了 20%。

（3）velocity。数据产生和更新的频率，是衡量大数据的一个重要特性指标，也是大数据区别于传统数据的显著特征。收集和存储的数据量和种类在发生变化，生成和需要处理数据的速度也在变化。目前，仅淘宝和天猫两家公司每天新增的数据量，就不少于一个人连续不断地看 28 年的电影的数据量。在过去几年，全球的数据量以惊人的速度增长。预计从 2020 年至 2025 年，全球数据总量将从 50 ZB 增加到 163 ZB。

另外，不要将“速度”的概念限定为与数据存储相关的增长速率，应动态地将它应用到数据，即数据流动的速度。有效处理大数据，需要在数据变化的过程中，对它的“数量”和“种类”进行分析，而不只是在它静止后进行分析，如遍布全国的便利店每 24 小时产生的 POS 机（point of sales，销售点情报管理系统）数据、电商网站中由用户访问所产生的网站点击流数据、全国公路上安装的交通堵塞探测传感器和路面状况传感器产生的数据等都是庞大的变化着的数据。

现在，IBM 在 3V 的基础上又归纳总结了第四个 V：veracity（真实和准确）。只有真实而准确的数据才能让对数据的管控和治理真正有意义。随着社交数据、企业内容、交易与应用数据等新数据源的兴起，传统数据源的局限性被打破，企业更加需要有效的信息治理，以确保其真实性及安全性。

2）IDC 解读

互联网数据中心（Internet Database Connector，IDC）认为，大数据并不是新生事物。然而，它确实正在进入主流，并得到重大关注。其原因是廉价的存储、传感器和数据采集技术的快速发展、通过云和虚拟化存储设施增加的信息链路以及创新软件和分析工具，正在驱动着大数据技术发展。大数据不是一个“事物”，而是一个跨多个信息技术领域的动力 / 活力。大数据技术描述了新一代的技术和架构，其被设计用于：通过使用高速（velocity）的采集、发现和 / 或分析，从超大容量（volume）的多样（variety）数据中经济地提取价值（value）。

IDC 的定义揭示了大数据的 4V 特征，即 volume，variety，velocity 和 value。大数据实现的主要价值，可以基于以下三个评价准则中的一个或多个进行评判：

（1）它提供了更有用的信息吗？

（2）它改进了信息的精确性吗？

（3）它改进了响应的及时性吗？

数据价值密度的高低与数据总量的大小成反比，如何通过强大的机器算法，更迅速地完成数据的价值“提纯”，成为目前大数据背景下亟待解决的难题。

大数据的广泛应用，将重塑人们的生活、工作和思维方式。拥有大数据不但意味着掌握过去，更意味着能够预测未来。

总之，大数据是一个动态的定义，不同行业根据其应用的不同有着不同的理解，其衡量标准也在随技术的进步而改变。大数据与传统数据的比较如图 5-2 所示。

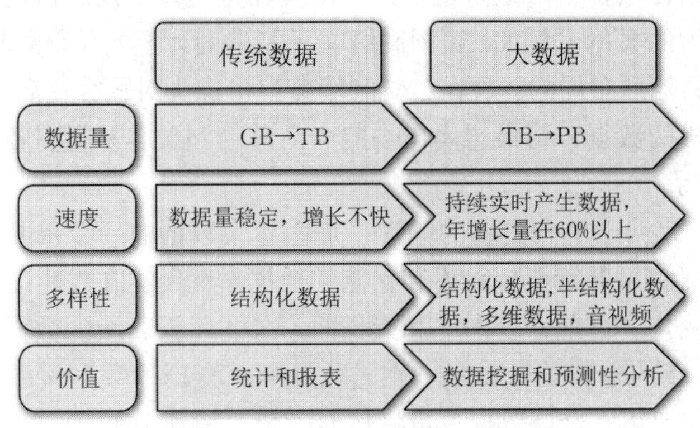

图 5-2　大数据与传统数据的比较

5.1.3　大数据时代及思维变革

1. 大数据时代

大数据时代就是建立在通过互联网、物联网等现代网络渠道广泛收集大量数据资源基础上的数据存储、价值提炼、智能处理和展示的信息时代。在这个时代，人们能够从任何大数据中获得可转换为推动人们生活方式变化的有价值的知识。

大数据时代的基本特征主要体现在以下几个方面：

① 社会性。在大数据时代，从社会角度看，世界范围的计算机互联使越来越多的领域以数据流通取代产品流通，将生产演变成服务，将工业劳动演变成信息劳动。信息劳动的产品不需要离开它的原始占有者就能够被买卖和交换，这类产品能够通过计算机网络大量复制和分配，而不需要额外增加费用，其价值增加是通过知识而不是手工劳动来实现的。实现这一价值的主要工具就是计算机软件。

② 广泛性。在大数据时代，随着互联网技术的迅速崛起和普及，计算机技术不仅促进自然科学和人文社会科学各个领域的发展，而且全面融入人们的社会生活中。人们在不同领域采集到的数据之大，达到了前所未有的程度。同时，数据的产生、存储和处理方式发生了革命性的变化，人们的工作和生活基本上都可以实现数字化。

③ 公开性。大数据时代展示了从信息公开到数据技术演化的多维画卷。在大数据时代会有越来越多的数据被开放，被交叉使用。在这个过程中，虽然会考虑对于用户隐私的保护，但开放的、公共的网络环境是大势所趋。这种公开性或公共性的实现，取决于若干个网络开放平台或云计算服务以及一系列受到法律支持或社会公认的数据标准和规范。

④ 动态性。人们借助计算机通过互联网进入大数据时代，充分体现了大数据是基于互联网的实时动态数据，而不是历史的或严格控制环境下产生的内容。由于数据资料可以随时随地产生，因此不仅数据资料的收集具有动态性，而且数据存储技术、数据处理技术也随时更新，即处理数据的工具也具有动态性。

大数据是信息科技高速发展的产物，要全面深入地理解大数据的概念，必须理解大数据产生的时代背景。我们可以从两个角度来理解大数据：如果把“大数据”看成形容词，那么它描述的是大数据时代下数据的特点；如果把“大数据”看成名词，那么它体现的是数据科学研究的对象。

2. 大数据与思维变革

数据在以前不被重视，现在被视为资产，这是大数据时代的重要变革。

当社会各阶层各行业都意识到大数据对日常生活、企业经营和政府治理带来的转变时，相关大数据的分析平台和软件随即产生，支撑这个大数据的技术也逐渐成熟。我们知道，微信、微博、人人网、Facebook 和 Twitter 等社交平台的使用，已经改变了人们交流的方式。同时，在社交网站中，用户数量不断增加，网上活动频率不断增长，留下了大量用户行为的痕迹。而在这些行为痕迹的背后，隐藏着很多有商业价值的消费者行为倾向，商家据此推出适合消费者的商品，并通过网络验证广告投放的效果。另外，政府相关部门也可以通过分析社交网络上的大数据来实施舆情监控。

海量的社交数据没有具体的量化衡量标准，它们到底有什么意义？之间有怎样的关联？有多少可利用的价值？这些都是社交大数据值得深入挖掘与探讨的课题。

大数据时代，数据处理变得更加容易、快速，人们更容易发现和理解信息内容及信息之间的关系。实际上，大数据的精髓在于分析信息时的三个转变，这些转变是相互联系、相互作用的。

第一个转变：在大数据时代，我们可以分析更多的数据，甚至可以处理和某个特别现象相关的所有数据，而不再只依赖随机采样。在过去，当大量数据需要分析时，都只依赖随机采样，这是模拟数据时代的产物，是一种人为的限制。在大数据时代，大数据揭示了一些随机采样无法发现的细节，提高了对数据分析的精确性。

第二个转变：由于研究的数据量大，因此追求精确度更难。以往我们测量事物的能力有限时，侧重于关注最重要的事情和获取最精确的结果。大数据时代，追求精确度有时已经变得不可行，甚至不受欢迎了。这时，绝对的精准不再是我们追求的主要目标。大数据纷繁多样，优劣掺杂，分布在全球多个服务器上。拥有了大数据，我们不再需要对一个现象刨根究底，只要掌握大体的发展方向即可。当然，我们也不是完全放弃了精确度，只是适当忽略微观层面上的精确度，会让我们在宏观层面拥有更好的洞察力。

第三个转变：我们不再热衷于寻找因果关系，这是前两个转变促成的。寻找因果关系，是人类长久以来的习惯，即使确定因果关系很困难，而且用途不大，人类还是习惯性地寻找缘由。在大数据时代，我们无须再紧盯事物之间的因果关系，而应该寻找事物之间的相互关系。事物之间的相互关系会提供非常新颖的有价值的观点，它也许不能准确地告知我们某件事情为何发生，但是它会提醒我们：这件事情正在发生。这对我们的帮助已经足够。

例如，如果数百万条电子医疗记录显示某种药物和阿司匹林的特定组合可以治疗癌症，那么找出具体的药理机制，就没有这种治疗方法本身来得重要。同样，只要我们知道什么时候是买机票的最佳时机，就算不知道机票价格疯狂变动的原因也没关系。大数据告诉我们“是什么”而不是“为什么”。在大数据时代，不必知道现象背后的原因，只要让数据自己发声，我们不再需要在还没有收集数据之前，就把分析建立在早已设立的少量假设的基础之上。

在我国，庞大的人口基数使得应用市场具有广阔的前景。因其复杂性高并且充满变化，我国也成为世界上拥有最复杂的大数据的国家。解决大数据引发的问题，探索以大数据为基础的解决方案，是我国产业升级、提高效率的重要手段。因此，解决大数据引发的问题，不仅能提高企业的竞争力，也能提高国家的竞争力。

5.2 大数据技术

5.2.1 大数据结构类型

大数据不仅内容多，而且结构非常复杂，不能再以如二维表来简单存储。大量的数据来自非结构化的数据类型，如办公文档、文本图片、XML[①]、HTML[②]、各类报表、图片、音频和视频等，这些半结构化数据、准结构化数据和非结构化数据占了数据总量的90%以上。实际上，全球结构化数据增速为32%，而非结构化数据的增速高达63%。大数据结构类型如图5-3所示。

①XML：可扩展标记语言（extensible markup language），一种用于标记电子文件使其具有结构性的标记语言。

②HTML：超文本标记语言（hypertext markup language），是WWW的描述语言，目的是能把存放在不同的计算机中的文本或图形方便地联系在一起，形成有机的整体。

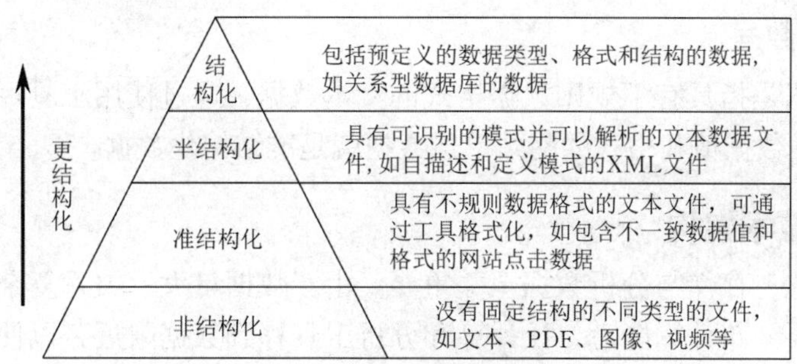

图 5-3　大数据结构类型

1. 结构化数据

简单来说，结构化数据是指可以使用关系型数据库来表示和存储的，表现为二维形式的数据。

它的一般特点是：数据以行为单位，一行数据表示一个实体的信息，每一行数据的属性是相同的；每一列数据具有相同的数据类型，并且都不可以再进行细分。

例如：

```
id     name     age    gender
1      lyh      12     male
2      liangyh  13     female
3      liang    18     male
```

结构化数据的存储和排列是很有规律的，这对查询和修改等操作很有帮助。

2. 非结构化数据

顾名思义，非结构化数据就是没有固定结构的数据，它是与结构化数据相对的，不适合由关系型数据库来表示。非结构化数据是非纯文本类数据，没有标准格式，无法直接解析出相应的值。非结构化数据不易收集和管理，难于直接进行查询和分析。例如，所有格式的办公文档、XML、HTML、各类报表、图片、音频和视频等信息，这类数据一般以二进制的数据格式进行整体存储，广泛应用于全文检索和各种多媒体信息处理领域。

非结构化数据库中的字段长度可变，每个字段的记录可以由可重复或不可重复的子字段构成，这样既可以处理结构化数据如数字、字符等信息，也可处理非结构化数据如全文文本、声音、图像、超媒体等。

3. 半结构化数据

半结构化数据就是介于完全结构化数据与完全非结构化数据之间的数据，如邮件、HTML、报表、具有定义模式的 XML 数据文件等。典型应用于邮件系统、档案系统、教学管理系统等。

半结构化数据的格式一般为纯文本数据，格式较为规范，可以通过某种方式解析得到其中的每一项数据，输出形式一般是纯文本形式，便于管理和维护。

半结构化数据是结构化数据的一种形式，是不符合关系型数据库或其他数据表形式的关联起来的数据模型结构。它包含相关标记，用来分隔语义元素以及对记录和字段进行分层。因此，它也被称为自描述结构。例如，建立存储员工简历的数据，由于每个员工的简历不大相同，因此这类数据就是半结构化数据。

4. 准结构化数据

准结构化数据是指具有不规则数据格式的文本数据，通过使用工具可以使之格式化。例如，包含不一样数据值和格式的网站单击数据就是准结构化数据。

5.2.2 大数据技术架构

在大数据时代，存储与分析数据至关重要。由于数据量大、关系复杂、网络传送速度受限等原因，需要分布计算能力，让计算和分析工具移到数据附近，以便能在接近用户的位置进行数据分析处理。因此，云计算模式对于大数据的作用很大，它在从大数据中提取有用价值的同时也能为我们提供一种选择，以实现大数据分析所需的效率、可扩展性、数据便携性和经济性。当然，仅存储和提供数据还不够，还必须以新的方式合成、分析和关联数据。部分大数据分析方法要求处理未经建模的数据，需要对毫不相干的数据源进行不同类型数据的比较和模式匹配，这使得大数据分析能以新视角挖掘传统数据。基于上述考虑，大数据技术架构为四层堆栈式架构，如图 5-4 所示。

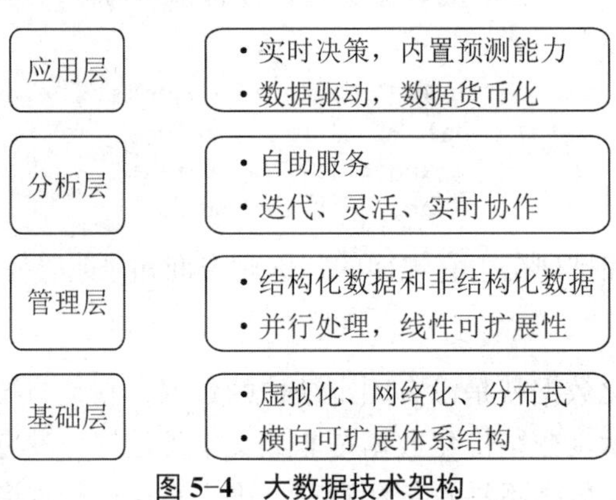
应用层
• 实时决策，内置预测能力
• 数据驱动，数据货币化
分析层
• 自助服务
• 迭代、灵活、实时协作
管理层
• 结构化数据和非结构化数据
• 并行处理，线性可扩展性
基础层
• 虚拟化、网络化、分布式
• 横向可扩展体系结构

图 5-4 大数据技术架构

1）基础层

基础层是整个大数据技术架构的最底层。要实现大数据规模的应用，需要一个高度自动化的、可横向扩展的存储和计算平台，这个基础设施需要从过去的存储孤岛发展为具有共享能力的高容量存储池。其容量、性能和吞吐量必须可以线性扩展。

云模型鼓励访问数据，并提供弹性资源池来应对大规模问题，解决了如何存储大量数据以及如何积聚所需的计算资源来操作数据的问题。在云中，数据在多个节点之间调配和分布，使得数据更接近需要它的用户，从而缩短响应时间和提高效率。

2）管理层

要支持在多源数据上做深层次的分析，大数据技术架构中需要一个管理平台，使结构化和非结构化数据管理融为一体，具备实时传、查与计算的功能。管理层包括数据的存储和管理，也涉及数据的计算。并行性和分布式是大数据管理平台所必须考虑的要素。

（1）并行性是指计算机系统具有可以同时进行运算或操作的特性，在同一时间完成两种或两种以上工作。它包括同时性与并发性两种含义。并行处理是相对于串行处理的处理方式，它着重处理计算过程中存在的并发事件。

（2）分布式系统（distributed system）架构就是运行在多个处理器上的软件构架设计。

它是建立在网络上的软件系统，具有高度的内聚性和透明性。

3）分析层

分析层提供基于统计学的数据挖掘和机器学习算法，用于分析和解释数据集，帮助我们获得对数据价值深入的领悟。可扩展性、使用灵活的大数据分析平台是数据科学家的利器，对分析数据起到事半功倍的效果。

4）应用层

大数据的价值体现在帮助人们做决策和为终端用户提供服务：一方面，不同的新型商业需求驱动了大数据的应用；另一方面，大数据应用为企业提供的竞争优势使得企业更加重视大数据的价值。新型大数据应用对大数据技术不断提出新的要求，大数据技术也因此在不断地发展变化中日趋成熟。

5.2.3 大数据基本技术

大数据技术是从各种类型的数据中快速获得有价值信息的技术。相对于大数据处理的过程，大数据应用技术一般包括大数据采集、大数据预处理、大数据存储及管理、大数据分析及挖掘、大数据展现和应用（大数据检索、大数据可视化、大数据应用、大数据安全等）。

1. 大数据技术生态

大数据的基本处理流程与传统数据处理流程并无太大差异，主要区别在于：由于大数据要处理大量、非结构化的数据，因此在各处理环节中都可以采用并行处理。目前，Hadoop，MapReduce① 和 Spark② 等分布式处理方式已经成为大数据处理各环节的通用处理方法。

Hadoop 是一个由 Apache 基金会开发的大数据分布式系统基础架构。用户可以在不了解分布式底层细节的情况下，轻松地在 Hadoop 上开发和运行处理大规模数据的分布式程序，充分利用集群的威力高速运算和存储。Hadoop 是一个数据管理系统，作为数据分析的核心，它汇集了结构化和非结构化的数据，这些数据分布在传统的企业数据栈的每一层。Hadoop 也是一个大规模并行处理框架，拥有超级计算能力，定位于推动企业级应用的执行。Hadoop 又是一个开源社区，为解决大数据的问题提供工具和软件。虽然 Hadoop 提供了很多功能，但仍然应该把它归类为多个组件组成的 Hadoop 生态圈，这些组件包括数据存储、数据集成、数据处理和其他进行数据分析的专门工具。

2. 大数据应用技术

1）数据采集

大数据的采集是指利用多个数据库来接收发自客户端（Web，App 或者传感器形式等）的数据，并且用户可以通过这些数据库来进行简单的查询和处理工作。

在大数据的生命周期中，数据采集处于第一个环节。抽取、转换、装载（extract transform load，ETL）工具负责将分布的、异构数据源中的数据（如关系数据、平面数据文件等）抽取到临时中间层后进行清洗、转换、集成，最后加载到数据仓库或数据集市中，

① MapReduce 是一种编程模型，用于大规模数据集（大于 1 TB）的并行运算。Map: 映射；Reduce: 归约。
② Spark 是一种与 Hadoop 相似的开源集群计算环境。

成为联机分析处理、数据挖掘的基础。按照 MapReduce 产生数据的应用系统来分类，大数据的采集主要有四种来源：管理信息系统、Web 信息系统、物理信息系统、科学实验系统。也可以把数据采集的渠道划分为内部数据源（如企业内部系统、数据库等存储的大量内部数据）以及外部数据源（如互联网资源、物联网自动采集的数据资源等）。

数据采集时需要做好以下工作：

（1）有针对性地采集数据。

（2）尽量拓展数据采集渠道（如文字、图片等）。

（3）注重多场景数据的采集（如晴天、雨天等）。

传统的数据采集机制（如问卷调查、抽样统计等）由于受各种实际因素影响，导致收集的数据往往与实际情况有所偏离，有较大的局限性。目前，互联网资源成为数据来源的主要渠道。网络爬虫（也称为网页蜘蛛）是这样的一段计算机程序，它按照一定的步骤与算法规则自动地抓取和下载网页。网络爬虫也是网络搜索引擎的重要生成部分，如百度之所以能够找到用户需要的资源，就是通过大量的网络爬虫时刻在互联网上获取数据。例如，百度爬虫有 Baiduspider（百度网页爬虫）、Baiduspider-image（百度图片爬虫）。

2) 导入 / 预处理

若要对采集的大数据进行有效分析，则应该将这些数据导入一个集中的大型分布式数据库，或者分布式存储集群，并且在导入基础上做一些简单的预处理工作如抽取、清洗等。

（1）抽取。因获取的数据可能具有多种结构和类型，如文件、XML 树、关系表等，故数据抽取可将这些复杂的数据转化为单一的或者便于处理的结构和类型，为后续查询和分析处理提供统一的数据视图，以达到快速分析处理的目的。

（2）清洗。大数据并不全是有价值的，因此需要对数据进行过滤“去噪”，提取有效数据。针对管理信息系统中异构数据库集成技术、Web 信息系统中的实体识别技术和 DeepWeb 集成技术、传感器网络数据融合技术已经有很多研究工作取得了较大的进展，已经推出了多种数据清洗和质量控制工具，如赛仕软件公司 SAS 的 DataFlux，IBM 的 DataStage，Informatica 的 Informatica PowerCenter。

3) 存储与管理

传统数据的存储和管理以结构化数据为主，关系数据库管理系统（relational database management system，RDBMS）即可满足各类应用需求。大数据以半结构化和非结构化数据为主，结构化数据为辅，而且各种大数据应用通常是对不同类型的数据内容进行检索、交叉比对、深度挖掘与综合分析。面对这类应用需求，传统数据库无论在技术上还是功能上都难以实现。

总体上，按数据类型的不同，大数据的存储和管理大致可以分为三类不同的技术路线：

第一类主要面对的是大规模的结构化数据。针对这类大数据，通常采用新型数据库集群。它们通过列存储或行列混合存储以及粗粒度索引等技术，结合大规模并行处理（massively parallel processing，MPP）架构高效的分布式计算模式，实现对 PB 量级数据的存储和管理。这类集群具有高性能和高扩展性特点，在企业分析类应用领域已获得广泛应用。

第二类主要面对的是半结构化和非结构化数据。应对这类应用场景，基于 Hadoop 开源体系的系统平台更为擅长。通过对 Hadoop 生态体系的技术扩展和封装，实现对半结构化和非结构化数据的存储和管理。

第三类面对的是结构化和非结构化混合的大数据。针对这类数据，采用 MPP 并行数据库集群与 Hadoop 集群的混合来实现对 EB 量级数据的存储和管理。一方面，用 MPP 来管理计算高质量的结构化数据，提供强大的 SQL 和联机事务处理（online transaction processing，OLTP）型服务；另一方面，用 Hadoop 来实现对半结构化和非结构化数据的处理，以支持诸如内容检索、深度挖掘与综合分析等新型应用。这种混合模式将是大数据存储和管理未来发展的趋势。同时，还应注意如下两点：

（1）开发新型数据库技术。数据库分为关系型数据库、非关系型数据库以及数据库缓存系统。其中，非关系型数据库主要指的是 NoSQL 数据库，分为键值数据库、列存数据库、图层数据库以及文档数据库等类型。关系型数据库包含了传统关系数据库系统和 NewSQL 数据库。

（2）开发大数据安全技术。大数据安全技术包括改进数据销毁、透明加解密、分布式访问控制数据审计等技术；突破隐私保护和推理控制、数据真伪识别和取证、数据持有完整性验证等技术。

4）数据挖掘

数据挖掘就是从大量的、不完全的、有噪声的、模糊的、随机的实际应用数据中，提取隐含在其中的、人们事先不知道的、但又是潜在有用的信息和知识的过程。它包括分类、估计、预测、相关性分组或关联规则、聚类、描述和可视化、复杂数据类型挖掘（Text、Web、图形图像、视频、音频）等。

挖掘任务可分为分类或预测模型发现、数据总结、聚类、关联规则发现、序列模式发现、依赖关系或依赖模型发现、异常和趋势发现等。挖掘对象可分为关系数据库、面向对象数据库、空间数据库、时态数据库、文本数据源、多媒体数据库、异质数据库、遗产数据库以及互联网 Web。根据挖掘方法可粗分为机器学习方法、统计方法、神经网络方法和数据库方法。在机器学习方法中可细分为归纳学习方法（决策树、规则归纳等）、基于范例学习法、遗传算法等。在统计方法中可细分为回归分析（多元回归、自回归等）、判别分析 [贝叶斯（Bayes）判别、费希尔（Fisher）判别、非参数判别等]、聚类分析（系统聚类、动态聚类等）、探索性分析（主元分析法、相关分析法等）等。数据挖掘技术分类如图 5-5 所示。

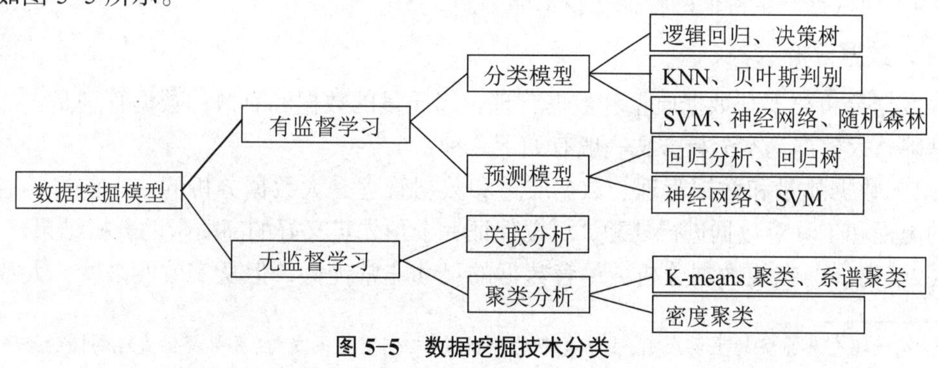

图 5-5 数据挖掘技术分类

5）大数据展现与应用

在我国，大数据将重点应用于商业智能、政府决策、公共服务三大领域，如商业智能技术、政府决策技术、电信数据信息处理与挖掘技术、气象信息分析技术、环境监测技术、警务云应用系统、影视制作渲染技术等。

在大数据时代，人们迫切希望在由普通机器组成的大规模集群上实现高性能的以机器学习算法为核心的数据分析，为实际业务提供服务和指导，进而实现数据的最终变现。与传统的在线联机分析处理（online analytical processing, OLAP①）不同，对大数据的深度分析主要基于大规模的机器学习技术。基于机器学习的大数据分析具有迭代性、容错性和参数收敛的非均匀性的特点，这些特点决定了理想的大数据分析系统的设计和其他计算系统的设计有很大不同。若将传统的分布式计算系统应用于大数据分析，则大部分的资源都浪费在通信、等待、协调等非有效计算上。

6）大数据计算模式与系统

所谓大数据计算模式，是指根据大数据的不同数据特征和计算特征，从多样性的大数据计算问题和需求中提炼并建立的各种高层抽象（abstraction）或模型（model），如MapReduce的并行计算抽象、加州大学伯克利分校著名的Spark系统中的“分布内存抽象弹性分布式数据集（resilient distributed dataset，RDD）”、卡内基·梅隆大学著名的图计算系统GraphLab中的“图并行抽象（graph parallel abstraction）”等。传统的并行计算方法，主要从体系结构和编程语言的层面定义了一些较为底层的并行计算抽象和模型，而大数据处理问题具有很多高层的数据特征和计算特征，因此大数据处理需要更多地结合这些高层特征，考虑更为高层的计算模式。

根据大数据处理多样性的需求和以上不同的特征维度，目前出现了多种典型和重要的大数据计算模式。与这些计算模式相适应，出现了很多对应的大数据计算系统和工具。由于单纯描述计算模式比较抽象和空洞，因此在描述不同计算模式时，将同时给出相应的典型计算系统和工具，这将有助于对计算模式的理解以及对技术发展现状的把握，并有利于在实际大数据处理应用中对合适的计算技术和系统工具的选择使用。

总而言之，发展大数据处理技术需要以下四个层面的支持：

（1）硬件支持，如大量机房和机器资源。

（2）在机器资源之上的软件能力，即云计算的能力。

（3）建立配套的数据管理系统和数据查询系统，以支持更高级的数据分析。

（4）使数据产生价值的智能化技术能力。

3. 大数据分析

大数据分析离不开数据质量和数据管理，高质量的数据和有效的数据管理是大数据分析的基础。大数据基本分析方法一般有如下几种：

（1）数据质量和数据管理。数据质量和数据管理是大数据分析的一个前提。通过标准化的流程和工具对数据进行处理，可以保证一个预先定义好的高质量的分析结果。

（2）离线与在线数据分析。尽管数据的尺寸非常庞大，但从实效性来看，大数据分

①OLAP是数据仓库系统的主要应用，支持复杂的分析操作，侧重决策支持，并且提供直观易懂的查询结果。

析和处理通常分为离线数据分析和在线数据分析。

① 离线数据分析用于较复杂和耗时的数据分析和处理。由于大数据的数据量已经远远超过当今单个计算机的存储和处理能力，当前的离线数据分析通常构建在云计算平台之上，如开源 Hadoop 分布式文件系统（Hadoop distributed file system，HDFS）和 MapReduce 运算框架。

② 在线数据分析即联机分析处理，用来处理用户的在线请求，它对响应时间的要求比较高（通常不超过若干秒）。许多在线数据分析系统构建在以关系数据库为核心的数据仓库之上。一些在线数据分析系统构建在云计算平台之上的 NoSQL 数据库系统，如 Hadoop 的 HBase。

（3）语义引擎。由于非结构化数据的多样性带来了大数据分析的新的挑战，因此人们需要一系列的工具去解析、提取及分析数据。语义引擎需要被设计成能够从“文档”中智能提取信息。

（4）可视化分析。大数据分析的使用者有大数据分析专家，同时还有普通人员。大家对于大数据分析最基本的要求就是可视化分析，因为可视化分析能够直观地呈现大数据的特点，容易被读者接受。

（5）数据挖掘算法。大数据分析的理论核心是数据挖掘算法。各种数据挖掘算法只有基于不用的数据类型和格式，才能更加科学地呈现出数据本身具备的特点。同时，也因为有这些数据挖掘算法，才使大数据处理更加快捷。

（6）预测性分析。大数据分析最重要的应用领域之一就是预测性分析。从大数据中挖掘出数据特征，通过科学建模之后代入新的数据，从而预测未来的数据。

5.2.4　大数据应用简介

大数据应用的关键与必要条件就在于“IT 技术”与“经营”的融合。在大数据的驱动下，企业有两种转型途径：一种是循序渐进式的增量提高途径；另一种是颠覆性的途径。循序渐进的方式是依赖数据分析产生洞察力来提升业务流程的，虽提升效率不高，但对于很多领域来说，即便只有 1% 的提升，也能带来巨大的经济效益和社会效益。相比之下，颠覆性的途径，其目标往往是 10 倍以上的性能提升。例如，谷歌的自动驾驶技术就是革命性创新的典例。

百度搜索、Facebook 的帖子和微博消息等，使得人们的行为和情绪的细节化测量成为可能。挖掘用户的行为习惯和喜好，可以从凌乱的数据背后，找到符合用户兴趣和习惯的产品和服务，并对这些产品和服务进行针对性的优化，这就是大数据的价值。目前，大数据的应用遍及各行各业。

（1）医疗行业：Seton Healthcare 是采用 IBM 最新沃森技术用于医疗保健内容分析预测的首个客户。该技术允许相关部门找到大量病人相关的临床医疗信息，通过大数据处理，更好地分析病人的信息。例如，采用分类模型识别，进行医学肿瘤判断。首先，通过一系列指标刻画细胞特征（如细胞半径、质地、周长、面积、光滑度、对称性等），构成细胞的特征数据。然后，在细胞特征表的基础上，通过搭建分类模型，进行肿瘤细胞的判断。

（2）通信行业：中国移动通过大数据分析，对企业运营的全业务进行针对性的监控、预警和跟踪。系统在第一时间自动捕捉市场变化，再以最快捷的方式推进给指定负责人，使他在最短的时间内获知市场行情。NTT DoCoMo（日本一家电信公司）把手机位置信息和互联网上的信息结合起来，为顾客提供附近的餐饮店信息；接近末班车时间时，提供末班车信息服务。

（3）零售业：有零售业企业监控客户的店内走动情况及与商品的互动，并将这些数据与交易记录结合来展开分析，从而在销售哪些商品、如何摆放货品及何时调整售价方面给出意见。此类方法已经帮助某领先零售企业减少了 17% 的存货。同时，在保持市场份额的前提下，增加了高利润率自有品牌商品的比例。

（4）政府部门：为了应对大量数据的实时分析，美国政府和 IBM 于 2002 年合作开发了一个高度可扩展的集群基础架构。2010 年，美国总统科技顾问委员会出台了《数字未来设计：联邦资助的网络与信息技术研发》的报告，其中阐明了大数据策略。美国奥巴马政府于 2012 年发表了《大数据研究和发展倡议》，这是一项 2 亿美元的投资。该项目的主要目标包括推进现有的核心尖端大数据技术、加速科学与工程发现、加强国家安全、改革教学以及增加开发和使用大数据技术的劳动力等。

在我国，国家统计局于 2012 年成立课题组，对大数据在政府统计中的应用进行了调查和研究，并在 2013 年与阿里巴巴、百度等 11 家企业签订了大数据战略合作框架协议。如前所述，2015 年 9 月 5 日，《国务院关于印发促进大数据发展行动纲要的通知》（国发〔2015〕50 号）正式发布。《促进大数据发展行动纲要》是国家大数据发展的顶层设计，吹响了大数据强国战略的冲锋号角。

2015 年，北京发布了京津冀大数据产业布局图，提出“十三五”期间要重点建设以“北京中关村数据研发服务——天津数据装备制造——张家口、承德数据存储”为主线的“京津冀大数据走廊”。工业和信息化部制定了《大数据产业发展规划（2016—2020 年）》的总体思路、规划定位、发展重点和重要举措等内容。

2015 年 9 月 18 日，贵州省正式启动了国家大数据（贵州）综合试验区建设，重点围绕七个方面开展先行先试，分别是数据资源共享开放试验、数据中心整合利用试验、大数据创新应用试验、大数据产业聚集试验、大数据资源流通试验、大数据国际合作试验和大数据制度创新试验等，为国家先行积累了有益的经验。

本章小结

为迎接信息技术和互联网的快速发展以及数据量的爆炸式增长，支持海量数据的获取、存储、分析和应用过程的大数据应运而生。本章主要介绍大数据的定义与特征、大数据技术基础知识与大数据分析等内容，旨在对大数据有整体性认识。

思考与练习

一、选择题

1. 当前大数据技术的基础是由（　　）首先提出的。

A. 微软　　B. 百度　　C. 谷歌　　D. 阿里巴巴

2. 大数据的起源是(　　)。

A. 金融　　B. 电信　　C. 互联网　　D. 公共管理

3. 智能健康手环的应用开发，体现了(　　)的数据采集技术的应用。

A. 统计报表　　B. 网络爬虫　　C.API 接口　　D. 传感器

4. 2012 年，(　　)政府发布了《大数据研究和发展倡议》，标志着大数据已经成为重要的时代特征。

A. 中国　　B. 美国　　C. 日本　　D. 英国

5. 大数据的最显著特征是(　　)。

A. 数据规模大　　B. 数据类型多样　　C. 数据处理速度快　　D. 数据价值密度高

6. 下列关于大数据特点的说法中，错误的是(　　)。

A. 数据规模大　　B. 数据类型多样　　C. 数据处理速度快　　D. 数据维护性好

7. 当前社会中，最为突出的大数据环境是(　　)。

A. 互联网　　B. 物联网　　C. 综合国力　　D. 自然资源

8. 医疗健康数据的基本情况不包括以下哪项？(　　)

A. 诊疗数据　　B. 个人健康管理数据

C. 健康档案数据　　D. 公共安全数据

9. 下列关于计算机存储容量单位的说法中，错误的是(　　)。

A.1 kB ＜ 1 MB ＜ 1 GB　　B. 基本单位是字节

C. 一个汉字需要一个字节的存储空间　　D. 一个字节能够存储一个英文字符

10. 在数据生命周期管理实践中，(　　)是执行方法。

A. 数据存储和备份规范　　B. 数据管理和维护

C. 数据价值发掘和利用　　D. 数据应用开发和管理

11. 大数据时代，数据使用的关键是(　　)。

A. 数据收集　　B. 数据存储　　C. 数据分析　　D. 数据再利用

12. 大数据的本质是(　　)。

A. 联系　　B. 挖掘　　C. 洞察　　D. 搜集

13. 规模巨大且复杂，用现有的数据处理工具难以获取、整理、管理以及处理的数据，这指的是(　　)。

A. 大数据　　B. 贫数据　　C. 富数据　　D. 繁数据

14. 信息技术的发展非常快，表现在(　　)。

A. 集成电路的规模每 18 到 24 个月翻一番

B. 信息的存储能力每 9 个月翻一番

C. 信息的存储能力每 18 个月翻一番

D. 光通信的速率和容量每年翻一番

15. 与大数据密切相关的技术是(　　)。

A. 蓝牙　　B. 云计算　　C. 博弈论　　D. WiFi

16. 大数据应用需依托的新技术有(　　)。

A. 大规模存储与计算　　B. 数据分析处理

C. 智能化　　D. 以上三个选项都是

17. 数据科学就是从（　　）中提取知识的研究。

A. 流量　　B. 互联网　　C. 数据　　D. 人群

18. IBM 在 3V 的基础上又归纳总结了第 4 个 V 是指（　　）。

A. 真实和准确　　B. 无时不在　　C. 巨量　　D. 极速

19. IDC 的定义除揭示大数据传统 3V 基本特征，即 volume，variety 和 velocity 外，还增添了一个新特征是（　　），也称为 4V 特征。

A. 量大　　B. 速度快　　C. 应用广　　D. 价值

20. 大数据的（　　）体现在大数据是基于互联网的实时动态数据，而不是历史的或严格控制环境下产生的内容。

A. 社会性　　B. 广泛性　　C. 公开性　　D. 动态性

21.（　　）数据的最大特点是表现为以行、列组成的二维形式。

A. 结构化　　B. 半结构化　　C. 准结构化　　D. 非结构化

22. 大数据处理的过程首先是（　　）。

A. 大数据存储及管理　　B. 大数据展现应用

C. 大数据集处理　　D. 大数据采集

23. 由于大数据要处理大量、非结构化的数据，因此在各处理环节中都可以采用（　　）处理。

A. 串行　　B. 并行　　C. 逻辑　　D. 科学

24. 数据（　　）和数据管理是大数据分析的基础。

A. 质量　　B. 时效　　C. 数量　　D. 规模

25. 大数据分析和处理通常分为离线数据分析和在线数据分析。当前的离线数据分析通常构建在（　　）平台之上。

A. 科学　　B. 数据　　C. 云计算　　D. 网络

26. 大数据分析的理论核心就是（　　）算法。

A. 聚类分析　　B. 科学计算　　C. 云计算　　D. 数据挖掘

二、多选题

1. 在网络爬虫的爬行策略中，最为基础的应用是（　　）。

A. 深度优先遍历策略　　B. 广度优先遍历策略

C. 高度优先遍历策略　　D. 反向链接策略

E. 大站优先策略

2. 当前，大数据产业发展的特点是（　　）。

A. 规模较大　　B. 规模较小　　C. 增速很快　　D. 增速缓慢

E. 多产业交叉融合

3. 大数据人才整体上需要具备（　　）等核心知识。

A. 数学与统计知识　　B. 计算机相关知识

C. 马克思主义哲学知识　　D. 市场运营管理知识

E. 在特定业务领域的知识

4. 对大数据的管理和使用包括（　　）。

A. 大数据的应用　　B. 大数据的存储

C. 大数据的运营　　D. 大数据的挖掘

5. 信息技术主要包括（　　）。
A. 通信技术　　B. 计算机技术　　C. 传感技术　　D. 微电子技术
6. 下列说法正确的有（　　）。
A. 机器的智能方式和人是完全一样的
B. 机器的智能方式是结果导向的
C. 机器的智能方式和人的智能不同
D. 机器产生智能的方式是通过数据、数学模型进行处理
7. 大数据作为一种数据集合，它的含义包括（　　）。
A. 数据量很大　　B. 变化很快　　C. 很有价值　　D. 构成复杂
8. 大数据的主要特征表现为（　　）。
A. 商业价值高　　B. 数据类型多　　C. 处理速度快　　D. 数据容量大
9. 信息社会经历的发展阶段包括（　　）。
A. 大数据时代　　B. 计算机时代　　C. 互联网时代　　D. 云计算时代
10. 大数据的价值体现在（　　）。
A. 大数据给思维方式带来了冲击
B. 大数据为政策制定提供科学论据
C. 大数据助力智慧城市提升公共服务水平
D. 大数据实现了精准营销
E. 大数据的发力点在于预测
11. 当前大数据技术的基础包括（　　）。
A. 分布式文件系统　　B. 分布式并行计算
C. 关系型数据库　　D. 分布式数据库
12. 下列关于计算机存储容量单位换算关系的公式中，正确的是（　　）。
A. 1 kB=1 012 B　　B. 1 kB=1 024 B
C. 1 GB=1 024 kB　　D. 1 GB=1 012 kB
E. 1 GB=1 024 MB
13. IBM 用 3 个 V 来描述大数据的 3 个基本特征，这 3V 是（　　）。
A. 数量　　B. 规模　　C. 速度　　D. 种类
E. 复杂性
14. 下列关于云计算和数据库的说法中，错误的是（　　）。
A. 获取样本的代价很高
B. 获取足够大的样本数据乃至全体数据非常容易
C. 比抽样调查数据更全面
D. 比抽样调查更能反映整个群体的特征与规律
E. 可以为发现新的商业机会提供决策支持
15. 从大数据的不同定义，可以总结其（　　）两点共性。
A. 大数据的数据量标准是随着计算机软硬件的发展而不断增长的
B. 大数据无人不知
C. 大数据不仅体现在数据规模上，更体现在技术上
D. 大数据不分国界

16. 大数据的主要来源包括（　　）。

A. 图片　　B. 网页　　C. 视频　　D. 传统数据库

17. 大数据基础架构构建为堆栈式技术架构，包括（　　）。

A. 基础层　　B. 管理层　　C. 分析层　　D. 挖掘层

E. 应用层

18. 大数据时代的基本特征主要体现在（　　）等几个方面。

A. 社会性　　B. 广泛性　　C. 公开性　　D. 动态性

19.（　　）等信息是没有固定结构的数据，属非结构化数据，（　　）等一些纯文本数据属半结构化数据。

A. 图片　　B. 邮件　　C. 音频　　D. 视频

E. 员工简历

三、判断题

1. 对于大数据而言，最基本、最重要的要求就是减少错误、保证质量。因此，大数据收集的信息量要尽量精确。（　）

2. 一般而言，分布式数据库是指物理上分散在不同地点，但在逻辑上是统一的数据库。因此，分布式数据库具有物理上的独立性、逻辑上的一体性、性能上的可扩展性等特点。（　）

3. 大数据的思维会把原来销售的概念变成服务的概念。（　）

4. 2015 年 8 月 31 日，国务院印发了《促进大数据发展行动纲要》。（　）

5. 数据可视化便于人们对数据的理解。（　）

6. 大数据技术和云计算技术是两门完全不相关的技术。（　）

7. 当前，企业提供的大数据解决方案大多基于 Hadoop 开源项目。（　）

8. 数据科学家能够从堆积如山的大量数据中找到金矿，并将其价值以易懂的形式传达给决策者，最终得以在业务上实现。（　）

9. 数据价值密度的高低与数据总量的大小成反比。（　）

10. 在大数据时代，我们无须再紧盯事物之间的因果关系。（　）

11. 大数据既能告诉我们“是什么”，也能告诉我们“为什么”。（　）

12. 数据挖掘就是从大量的、不完全的、有噪声的、模糊的、随机的实际应用数据中，提取隐含在其中的、人们事先不知道的、但又是潜在有用的信息和知识的过程。（　）

13. 大数据应用的关键与必要条件，就在于“IT 技术”与“经营”的融合。（　）

四、填空题

1. 大数据最具潜能的三大应用领域分别为商业智能、公共服务和_______。

2. 1 PB=______TB=______GB=______MB=______kB。

3. 大数据的 4V 特征分别是_____、_____、_____和价值密度低。

4. 数据产生和______的频率，是大数据区别于传统数据的最显著特征。

5. 大数据时代的根本特征就是能够从任何______中获得有价值的知识。

6. 大数据的动态，一是指数据资料的______具有动态性，二是指处理数据的______也具有动态性。

7. 大数据时代的重要变革体现在_______从在以前不被重视，到现在被视为资产。

8. 大数据的结构类型主要有______、半结构化、准结构化和_______四种。

9. 大数据技术是从各种类型的______中快速获得有价值信息的技术。

10. 在大数据的生命周期中，数据采集处于第______个环节。

11. 要对采集的大数据进行有效分析，应将这些数据导入一个集中的大型______数据库或存储集群。

12. 对采集的大数据进行有效分析，应将这些数据导入数据库或存储集群，并且在导入基础上做______与______的预处理工作。

13. 数据挖掘可分为______、______、神经网络和数据库方法。

14. 对大数据的深度分析主要基于大规模的______学习技术。

15. 基于机器学习的大数据分析具有______、容错性和参数收敛的非均匀性的特点。

第6章　人工智能基础

2017年7月8日，国务院发布的《新一代人工智能发展规划》一度引爆AI（artificial intelligence，人工智能）圈，5个月后，工业和信息化部印发了《促进新一代人工智能产业发展三年行动计划（2018—2020年）》，也提出了针对智能产品、软硬件基础、智能制造等的发展规划。2018年4月，教育部发布《高等学校人工智能创新行动计划》，从科研、教学、成果转化三个方面给高等教育体系下了“任务”，引导高等学校瞄准世界科技前沿，提高人工智能领域科技创新、人才培养及国际合作交流等能力。可以看出，人工智能发展作为国家战略，必将引起新一轮改革浪潮。

6.1　人工智能概述

6.1.1　人工智能基本概念

1. 人工智能的诞生

二十世纪四五十年代，数学家和计算机工程师已经开始探讨用机器模拟智能的可能。

1950年，图灵在他的论文《计算机器与智能》（*Computing Machinery and Intelligence*）中提出了著名的图灵测试[①]（Turing test）。

1951年夏天，在普林斯顿大学数学系学习的研究生马文·明斯基（Marvin Minsky）建立了世界上第一台神经网络计算机SNARC（stochastic neural analog reinforcement calculator）。SNARC的目的是学习如何穿过迷宫，其组成中包括40个“代理”和一个对成功给予奖励的系统。在这个只有40个神经元的小网络里，人们第一次模拟了神经信号的传递。这项开创性的工作是人工智能研究中最早的尝试之一，为人工智能奠定了深远的基础。

1955年，艾伦·纽厄尔（Allen Newell）、赫伯特·西蒙（Herbert Simon）和克里夫·肖（Cliff Shaw）建立了一个名为“逻辑理论家”（logic theorist）的人工智能程序来模拟人

①图灵测试：测试人在与被测试者（一个人和一台机器）隔开的情况下，通过一些装置（如键盘）向被测试者随意提问。如果被测试者超过30%的答复不能使测试人确认出哪个是人、哪个是机器的回答，那么这台机器就通过了测试，并被认为具有人类智能。

类解决问题的技能。这个程序成功证明了一部大学数学教科书里面 52 个定理中的 38 个，甚至还找到了比教科书更优美的证明。

1956 年，在美国新罕布什尔州的达特茅斯学院召开了用机器模拟人类智能的专题讨论会，会上科学家们运用数理逻辑和计算机的成果，提供关于形式化计算和处理的理论，模拟人类某些智能行为的基本方法和技术，构造具有一定智能的人工系统，让计算机去完成需要人的智力才能胜任的工作。特别地，会议提议用“人工智能”作为这一交叉学科的名称，标志着人工智能学科的诞生。

由上可知，人工智能是伴随着科技的发展和社会的需求而出现的。智能化是自动化发展的必然趋势，它是继机械化、自动化之后，人类生产和生活中的又一技术特征。另外，研究人工智能也有助于探索人类自身的奥秘。通过计算机对人脑进行模拟，探索和发现人类智能活动的机理和规律从而揭示人脑的工作原理。

2. 人工智能的定义

我们知道，计算机是一种用于信息处理的机器，能以人类远不能及的速度和准确性完成大量而复杂的任务。计算机可以模拟人脑的某些功能，所以人们又称计算机为“电脑”。目前，计算机还不具备人脑的智能，缺乏自适应、自学习、自优化等能力，只能被动地按照人们事先设计好的程序进行工作。因此，计算机的功能和作用受到很大的限制，难以满足越来越复杂、越来越广泛的社会需求。

什么是智能？至今还没有一个统一的定义。

一般而言，智能仅指人类智能，又叫作自然智能，是人脑的属性或产物，是指人在认识和改造客观世界的活动中，由思维过程和脑力活动所体现出来的智慧和能力。

人们普遍认为，智能是知识与智力的总和，其中知识是智能行为的基础，而智力是获取知识并运用知识求解问题的能力。

人类智能的基本特征表现在以下四个方面：

（1）感知。人们通过各种感官器官（如眼、耳、鼻、手等）来获取客观世界中的各种信息（如图像、声音、气味等），然后将这些信息传入人脑以进行知识处理和识别等智能活动。

（2）思维。思维能力是指人脑对客观事物能动的、间接的和概括的反映，包括逻辑思维、形象思维和创新思维。它以人类语言为工具，通过归纳、联想、比较、分析、判断等方法对获取的知识进行加工和处理。

（3）学习及自适应。学习是人类智能的主要标志，也是人类获取知识的基本手段。人们通过与环境的相互作用，不断地进行学习，通过学习，积累知识，增长才干，适应环境的变化，并根据环境的变化不断地改变自己的行为。

（4）行为。人们通常通过语音、表情、眼神、肢体动作等对外界的刺激做出反应，传达信息。

而什么是人工智能？也存在不同的表述。

我们知道，最早研究人工智能的是图灵，而第一次提出“人工智能”概念的是斯坦福大学的计算机科学家约翰•麦卡锡（John McCarthy）。麦卡锡在 1956 年达特茅斯会议上提出的人工智能的定义是：人工智能就是要让机器的行为看起来就像是人表现出的智能行为一样。

目前，普遍认为人工智能是研究、开发用于模拟、延伸和扩展人的智能的理论、方法、技术及应用系统的一门新的技术学科。

人工智能不是人的智能，但能像人一样思考，甚至可能超过人的智能。人工智能作为计算机科学的一个分支，它试图了解智能的实质，并生产出一种新的能以人类智能相似的方式做出反应的智能机器。对该领域的研究包括机器人、语言识别、图像识别、自然语言处理和专家系统等。人工智能是一门极富挑战性的科学，从事这项工作的人必须懂得计算机知识、心理学和哲学。

3. 人工智能的特点

目前，人工智能的主要特点可概括为以下四点：

（1）人工智能是一门由计算机科学、数学、哲学、认知科学、脑科学、生理学、心理学等多种学科相互渗透发展起来的新学科。

（2）人工智能研究的内容很广，包括机器感知、机器思维、机器行为、机器学习、智能系统及智能机器人等。

（3）人工智能研究的目标是使机器智能化，并制造出新的智能化机器。

（4）人工智能技术在很多领域都有广泛的应用，它与其他科学技术相结合，极大地提高了应用技术的智能化水平。

综上所述，人工智能的基本特征主要表现在感知、思维、学习和行为等方面。相应地，人工智能的基本内容包括机器感知、机器思维、机器学习和机器行为四个方面。人工智能的基本内容及其之间的关系如图 6-1 所示。

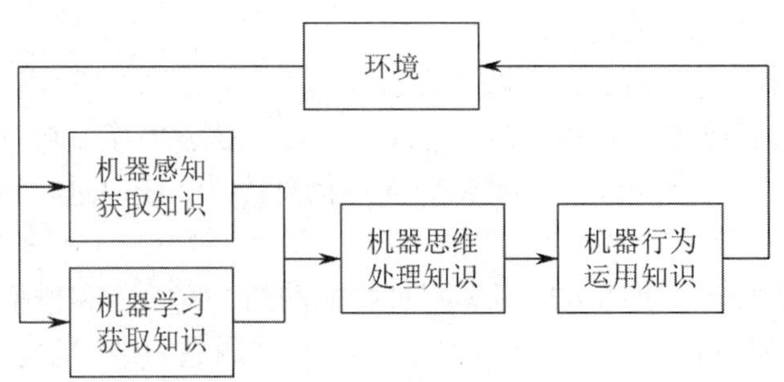

图 6-1　人工智能的基本内容及其之间的关系

（1）机器感知。人在小时候都不会说话，但认识自己的爸爸和妈妈；长大后，认识了更多的人，熟悉了他们的相貌、声音；上学后，从认识拼音、汉字开始，然后熟悉大自然的一草一木、风雨雷电以及其他各种不同的事物。这一切，都要归功于人的感知能力，即平常所说的视觉、听觉、触觉、味觉、嗅觉等感觉。所谓机器感知，就是使机器具有类似于人的这些感知能力，让机器能够识别并理解文字、图像、语言等。

（2）机器思维。我们每天都会遇到各种各样的、或简单或复杂的问题，当每次遇到问题时，第一个反应就是在脑海中寻找解决的方法或已有的经验，然后才进行综合思考。这其实就是人类思维的一般性过程。所谓机器思维，是使机器能够模拟人类的思维活动，对通过感知得来的外部信息及机器内部的各种工作信息进行有目的的处理。与人的智能是

来自大脑的思维活动一样，机器智能主要是通过机器思维实现的。

（3）机器学习。人类具有获取新知识、学习新技巧的能力，并能够在实践中不断自我完善。机器学习，就是使机器具有这种能力，使机器能够模仿人的学习行为，自动通过学习来获取知识和技能。机器进行学习的方法有机械学习、观察与发现学习、指导学习、示例学习、类比学习等。

（4）机器行为。人的行为能力表现在能够通过手、脚及发音器官等，对外界做出反应，采取具体的行动。与人的行为能力相对应，机器行为主要研究如何运用机器所获取的知识进行信息处理，做出反应并付诸行动，如机器视觉、机器听觉、机器与人对话，能走路、能取物、能操作的智能机器人等。

4. 人工智能的发展

人工智能发展至今，经历了三次发展浪潮。

第一次浪潮（1956—1974 年）：伟大的首航。

人工智能的诞生震动了全世界，人们第一次看到了智慧通过机器产生的可能。1963 年美国国防部高级研究计划局（Defense Advanced Research Project Agency，DARPA）投入了两百万美元给麻省理工学院，开启了新项目 Project MAC（the project on mathematics and computation）。Project MAC 培养了一大批早期的计算机科学和人工智能人才，他们对这一领域的发展产生了深远的影响。在巨大的热情和投资的驱动下，一系列新成果在这个时期应运而生。麻省理工学院在1964年到1966年间建立了世界上第一个聊天机器人“ELIZA”，它是一名心理治疗师，它通过简单的模式匹配和对话规则与人聊天。日本早稻田大学也在 1967 年到 1972 年间发明了世界上第一个人形机器人，它能与人对话，还能在室内走动和抓取物体。

虽然人工智能领域在诞生之初的成果层出不穷，但难以满足社会对这个领域不切实际的期待。从 20 世纪 70 年代开始，对人工智能的批评越来越多。一方面，有限的计算能力和快速增长的计算需求之间形成了尖锐的矛盾；另一方面，视觉和自然语言理解中巨大的可变性与模糊性等问题在当时的条件下构成了难以逾越的障碍。随着公众热情的消退和投资的大幅度削减，人工智能在 20 世纪 70 年代中期进入了第一个冬天。

第二次浪潮（1980—1987 年）：专家系统的兴衰。

进入 20 世纪 80 年代，由于专家系统[①]（expert system）和人工神经网络（artificial neural network，ANN）等技术的新进展，人工智能的浪潮再度兴起。知识工程（knowledge engineering）是在计算机上建立专家系统的技术。在 20 世纪 70 年代，斯坦福大学的科学家们开发了一套名为 MYCIN 的系统，它可以基于 600 条人工编写的规则来诊断血液中的感染。

值得一提的是，专家系统的成功也逐步改变了人工智能发展的方向。科学家们开始专注于通过智能系统来解决具体领域的实际问题，尽管这和他们建立通用智能的初衷并不完全一致。与此同时，人工神经网络的研究也取得了重要进展。1982 年，约翰·霍普菲尔德（John Hopfield）提出了一种新的神经网络（也称为 Hopfield 神经网络），可以解决一大

①专家系统：简单说是一种基于一组特定规则来回答特定领域问题的程序系统。

类模式识别问题，还可以给出一类组合优化问题的近似解。1986 年，几位科学家联合发表了有里程碑意义的经典论文《通过误差反向传播学习表示》。论文中通过实验展示，反向传播算法（backpropagation）可以在神经网络的隐藏层中学习到对输入数据的有效表达。从此，反向传播算法被广泛用于人工神经网络的训练。

日本通商产业省在 1982 年开始了旨在建造“第五代计算机”的研究计划。这个计划的目标是通过大规模的并行计算来达到类似超级计算机的性能，并为未来的人工智能发展提供平台。遗憾的是，经过了 10 年研发，耗费了 500 亿日元，这个项目未能达到预期的目标。

到了 20 世纪 80 年代后期，产业界对专家系统的投入和过高期望开始出现负面效果。人们发现这类系统开发与维护的成本高，而商业价值有限。因此，对人工智能的投入被大幅度削减，人工智能的发展再度步入冬天。

第三次浪潮（2011 年至今）：厚积薄发，再造辉煌。

20 世纪 90 年代，历经潮起潮落的人工智能已经进入不惑之年。科学家们放下了不切实际的目标，开始专注于发展能解决具体问题的智能技术。研究人工智能的学者开始引入不同学科的数学工具，如高等代数、概率统计与优化理论，这为人工智能打造了更坚实的数学基础。数学语言的广泛运用，打开了人工智能和其他学科交流合作的渠道，也使得成果能得到更为严谨的检验。在数学的驱动下，一大批新的数学模型和算法被发展起来，如统计学习理论（statistical learning theory）、支持向量机（support vector machine）、概率图模型（probabilistic graphical model）等。新发展的智能算法被逐步应用于解决实际问题，如监控、语音识别、网页搜索、推荐系统、自动化算法交易等。

进入 21 世纪，全球化的加速以及互联网的蓬勃发展带来了全球范围电子数据的爆炸性增长，人类迈入了“大数据”时代。与此同时，电脑芯片的计算能力持续高速增长。在数据和计算能力指数式增长的支持下，人工智能算法也取得了重大突破。在 2012 年全球图像识别算法竞赛中，多伦多大学的一个多层神经网络获得了冠军，并遥遥领先于使用传统机器学习算法的第二名。这次比赛的结果在人工智能学界引起了广泛的震动。从此，以多层神经网络为基础的深度学习被推广到多个应用领域，它在语音识别、图像分析、视频理解等诸多领域取得了成功。2016 年，谷歌旗下 DeepMind 公司的 AI 系统“阿尔法狗（AlphaGo）”在和世界围棋冠军李世石的“划时代大战”中获得了胜利，它的改进版在 2017 年战胜了当时世界排名第一的中国棋手柯洁。

这一系列成果让我们看到了人工智能、机器人领域的光明前景。世界各国的政府和商业机构都纷纷把人工智能列为未来发展战略的重要部分。由此，人工智能的发展迎来了第三次浪潮。

现在，人工智能的理论和技术日益成熟，应用领域也不断扩大。可以设想，未来人工智能带来的科技产品，将会是人类智慧的“容器”。

6.1.2 人工智能应用简介

1. 图像和视频分析技术

据报道，歌星张学友 2018 年在南昌、石家庄、苏州等十多个城市举行演唱会，先后

有 60 多名“逃犯歌迷”被警方现场抓获，几乎每场演唱会都有犯罪分子落网。“歌神”张学友由此获得“逃犯克星”称号，甚至因此登上《华尔街日报》。

人脸识别技术是这些逃犯在张学友演唱会上落网背后的“好帮手”，它基于人工智能的图像和视频分析技术。人脸识别系统由人脸检测和图像采集、人脸图像预处理、人脸图像特征提取、人脸匹配与识别四部分组成。人脸识别在行人和车辆检测、异常行为检测、人群密度和人流方向检测等安防领域大有作为。图像和视频分析技术还可以应用于智能门禁、刷脸支付、无人商店、无人驾驶、表情识别、行为识别等方面。目前，人脸识别技术受光线、遮蔽物、运行模糊等因素的影响较大。

2. 智能制造

工业 4.0（Industry 4.0）是德国政府在《德国 2020 高技术战略》中提出的十大未来项目之一，是指利用物联信息系统（cyber-physical system，CPS）将生产中的供应、制造、销售信息数据化、智慧化，最后达到快速、有效、个人化的产品供应。该项目旨在提升制造业的智能化水平，建立具有适应性、资源效率及基因工程学的智慧工厂，在商业流程及价值流程中整合客户及商业伙伴。

智能制造中除了各类机器人的使用外，人工智能的应用还包括数据可视化分析、机器的自我诊断、预测性维护、优化运营等。

3. 语音合成、语音识别与控制技术

基于大数据的情感语音合成技术能自动识别文字内容，为用户提供更自然的发音、更丰富的情感和更强大的表现力。适用于小说阅读、广播播报、智能家居等多个场景，让设备和应用开口说话，使用户的生活和工作更便捷。

融合句法分析、信息抽取、短文分类等自然语言处理技术，语音识别技术可以通过场景识别优化，为智能终端、车载导航、智能家居等行业提供语音解决方案。

科大讯飞、百度、苹果、微软等公司是这方面的技术代表。

4. 智能家居

智能家居是指以住宅为平台，兼备建筑设备、网络通信、信息家电和设备自动化，集系统、结构、服务、管理为一体的高效、舒适、安全、便利、环保的居住环境。

智能家居能帮助人们有效地安排时间、节约各种能源，实现了家电控制、照明控制、室内外遥控、窗帘自控、计算机控制、定时控制以及电话远程遥控等功能，也能提供室内防火、防盗、防煤气泄漏等紧急救助功能，减少生活中的安全隐患。

5. 专家系统

专家系统是人工智能中最重要、最活跃的一个应用领域，它是指内部含有大量的某个领域专家水平的知识与经验，利用人类专家的知识和解决问题的方法来处理该领域问题的智能计算机程序系统。通常是根据某领域一个或多个专家提供的知识和经验，进行推理和判断，模拟人类专家的决策过程，去解决那些需要人类专家处理的复杂问题。无人汽车、天气预报和城市系统是专家系统的典型应用。

6.2 人工智能要素

6.2.1 图灵测试

1. 图灵测试方法

图灵测试由三个人来完成：一个男生（A）、一个女生（B）、一个性别不限的提问者（C）。测试过程中，C与A，B分别在相互隔离的房间里。在没有规定所提问题的范围与标准的情况下，测试的目标是让C对A，B提问，在规定的时间内来鉴别其中回答问题的对象是男生或是女生。当然，提问者与测试者之间只能通过电传打字机进行沟通。

将测试中的男生（A）换成机器，再进行同样的测试，如果机器足够“聪明”的话，就会给出类似于人类思考后得出的答案，而且在规定的时间内，人类裁判没有识破对方，那么这台机器就算通过了测试。图灵指出：如果机器在某些现实条件下能够非常好地模仿人回答问题，以致提问者在相当长的时间里误认为它不是机器，那么机器就可以认为是能够思维的。

2. 图灵测试与实现

图灵预言，200年左右将会出现足够好的计算机，在规定的时间内，人类裁判在图灵测试中的准确率会下降到70%或更低，或者说机器的欺骗成功率会达到30%以上。

案例一：2014年，在国际图灵测试挑战赛中，俄罗斯人弗拉基米尔•维西罗夫（Vladimir Veselov）设计的人工智能软件尤金•古斯特曼（Eugene Goostman）通过了图灵测试。这个程序欺骗了33%的评判者，让其误以为屏幕另一端是一位13岁的乌克兰男孩。

案例二：1997年，IBM的“深蓝”计算机在与俄罗斯国际象棋世界冠军卡斯帕罗夫（Kasparov）的博弈中，采用“搜索再搜索，计算再计算”的最笨、最简单办法战而胜之。

案例三：2016年与2017年，AlphaGo围棋程序在分别与各路围棋高手对决中取得胜利。AlphaGo就是巧妙地利用了两个深度学习模型，一个用于预测下一手棋的走法，另一个判断棋局形势。前者降低了搜索的宽度，后者则减小了搜索的深度。

6.2.2 机器学习

1. 机器学习特征

计算机的能力能否超过人类？这已经成为一个社会与哲学问题。

早在20世纪50年代，IBM的工程师塞缪尔（A.M.Samuel）所设计的“跳棋”程序，能够在不断的对弈中改善自己的棋艺，直至击败各路高手。这个程序向人们展示了机器的学习能力。

对于一个系统来讲，如果能够通过执行某个过程而改变性能，那么称这个过程为学习。可以把机器学习看作一个函数，通过对特定的输入进行处理（如统计方法或推理方法），得到一个预期的结果。例如，计算机接收了一串语音信号，它怎么判断此信号是“你好”而不是其他呢？这就需要构建一个评估体系，判断计算机通过学习是否能够输出预期的结果。

与传统计算机按程序指令进行工作，而得到确定的结果不同，机器学习是一种利用数据进行工作而不是基于编程。机器学习的处理过程不是因果逻辑，而是通过统计归纳思想得出的相关性结论。因此，虽然机器学习的结果既不精确也不最优，但从某种意义上说是“充分的”。

2. 机器学习过程

机器学习过程与人类思考过程类似，如图 6–2 所示。训练与预测是机器学习的两个过程，训练产生模型，模型指导预测。或者说，机器学习 = 数据 + 模型 + 特征。

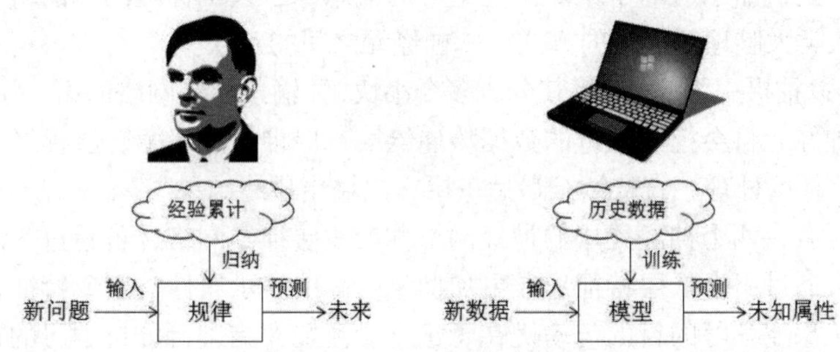

图 6–2　人类思考与机器学习对比

机器学习需要经过模型、评价、优化三个步骤，其中会用到不同的算法（或数学公式）来解决所遇到的问题。

例如，设计一个判断一封邮件是或者不是垃圾邮件的算法。

首先，对该问题进行抽象，此问题是一个二分分类问题，即是垃圾邮件输出 0，不是垃圾邮件输出 1。

然后，对数据进行抽象，根据邮件内容是否有推销、产品、销售商名称等关键字这些特征，判断此邮件是不是垃圾邮件，这些数据特征表示就是数据抽象。

接着，给定了以上抽象模型后，需要对此模型进行评价，以对判断的正确性进行评估。这需要设定一个目标函数，如对于以上的垃圾邮件问题，可以定义一个错误率。也就是说，如果邮件不是垃圾邮件，而算法误判成了垃圾邮件，那么这就是一个错误。

最后，有了目标函数，还需要求解这个目标函数在指定模型下的最优解，看看这个模型在解决问题时，最好能达到什么程度。

3. 机器学习任务

机器学习是实现人工智能的一种方法，是人工智能的子集。计算机利用已有数据得出某种模型，再利用此模型预测结果，可以从数据中学习、在行动中学习。从实际应用的角度来说，人工智能最核心的能力就是根据给定的输入做出判断或预测，这就是机器学习的任务。

例如，在人脸识别应用中，机器学习的任务是根据输入的照片，判断照片中的人是谁。

又如，在语音识别应用中，机器学习的任务是根据人说话的音频信号，判断说话的内容。应用领域包括机器翻译、语音识别、机器阅读理解、全自动同声传译系统、自然语言处理。

再如，在医疗诊断中，可以根据输入的医疗影像，判断疾病的成因和性质；在电子商务网站中，可以根据一个用户过去的购买记录，预测这位用户对什么商品感兴趣，从而让网站做出相应的推荐；在金融中，可以根据一只股票过去的价格和交易信息，预测它未来的价格走势；在围棋对弈中，可以根据当前的盘面形势，预测选择某个落子的胜率等。

6.2.3 深度学习

1. 深度学习的概念

深度学习是机器学习领域中一个新的研究方向，是机器学习的一种基于对数据进行表征学习的方法，是机器学习的子集。深度学习的概念源于人工神经网络的研究，而神经网络的概念来自人类大脑理解事物的方式——神经元之间的互联。

例如，你可以拍摄一张照片，将其分成多个小块，并输入神经网络的第一层神经元之中。随后，第一层神经元将会把处理过的数据传递给第二层神经元，第二层神经元去完成自己的处理任务。这样的处理一直持续至最后一层，以输出最终结果。

一般来说，有一两个神经元层的神经网络称为浅层神经网络，若超过 5 层则称为深度学习。深度学习通过组合低层特征形成更加抽象的高层表示属性类别或特征，以发现数据的分布式特征。深度学习的目的与动机在于建立、模拟人脑进行分析学习的神经网络，它模仿人脑的机制来解释数据，如图像、声音和文本。它的最终目标是让机器能够像人一样具有分析学习能力，能够识别图像、声音和文本等数据。

目前深度学习的应用场景有图像与视觉、语音识别、自然语言处理。

2. 卷积神经网络模型

与机器学习方法一样，深度学习方法也有有监督学习[①] 与无监督学习[②] 之分。不同的学习框架下建立的学习模型是不同的。例如，卷积神经网络（convolutional neural network，CNN）就是一种深度的有监督学习下的机器学习模型，而深度置信网（deep belief networks，DBN）就是一种无监督学习下的机器学习模型。

在各种深度神经网络结构中，卷积神经网络是应用最为广泛的一种，在机器视觉或其他领域，卷积神经网络都取得了很好的效果。作为一种有监督学习神经网络模型，卷积神经网络适合处理结构化数据。

卷积神经网络由输入层、卷积层、池化层、全连接层、输出层组成。

以图像处理为例，因色彩对图片的识别作用不大，故在输入层输入数据时将图片转换成灰度值，即图片的像素是一种一维表格数据。

卷积是一种数学运算，卷积运算是两个变量在某范围内相乘后求和的结果，常用于图像去噪、图像增强、边缘检测以及提取图像特征。在图像处理中，经过卷积运算，图像的尺寸变小了，完成了对输入的图像数据的降维和特征提取。但一般还要通过池化（对图像的某一区域用一个平均值或最大值代替）操作把维数降到更低。最终数据再经过全连接层与输出层，得到输出的识别结果。

① 有监督学习是从标签化训练数据集中推断出函数的机器学习任务（分类，回归）。

② 无监督学习是输入数据没标签的学习（聚类）。

6.2.4　人工智能存在的问题

1. 思维能力

与人类擅长形象思维但不适于大量数据处理不同，计算机擅长逻辑思维，能长时间做同一件事，但形象思维与创新思维明显欠缺。

2. 逻辑推理

虽然，计算机经常对已知的定理会给出一些新颖的证明方法，但迄今为止，计算机并没有自行发现深刻的未知的数学定理。这说明，计算机的逻辑推理能力明显不足。

3. 机器学习

虽然，人工智能在如围棋等信息博弈中取得突破，但是这与无所不能的人工智能期望还相去甚远。人类大脑能够快速适应不断变化的环境，而计算机在不确定性较高的环境中，性能会快速下降。例如，许多抽象的数学定理，本身就存在嵌套概念，并且在现实物理世界中找不到具体实例，机器学习对此则不再适用。

由上可见，要回答“计算机的智能最终是否会超过人类？”这个问题，目前还为时尚早。图灵在《计算机器与智能》论文中曾经这样说：“有可能人比一台特定的机器聪明，但也可能别的机器更聪明，如此等等。”

6.3　Python 语言基础

Python 是一种解释型、面向对象、动态数据类型的高级程序设计语言。Python 语言主要应用于云计算开发、Web 开发、系统运维、科学计算、人工智能、图形 GUI 处理、网络爬虫等。这里关于 Python 的介绍主要是针对 3.x 版本的。在学习过程中可以使用 Python 自带的集成开发环境 IDLE（integrated development and learning environment）或其他集成开发环境如 Anaconda[①] 进行程序的调试。

执行 Python 脚本有两种方式：命令行交互方式和源程序文件方式。

6.3.1　简单的 Python 操作

例 6-1　print() 的格式化控制示例 1。

程序代码：

```
s='Hello'
x=len(s)
print("The length of %s is %d" %(s,x))
```

输出结果：

```
The length of Hello is 5
```

① Anaconda 是一个专注于科学计算的 Python 发行版本。初学者可使用 Anaconda 中的 Spyder 执行 Python 脚本。

格式化控制输出说明如下：

① % 字符：标记转换说明符的开始。

② 转换标志："-" 表示左对齐；"+" 表示在转换值之前要加上正负号；" "（空白字符）表示正数之前保留空格；0 表示若转换值位数不够则用 0 填充。

③ 最小字段宽度：转换后的字符串至少应该具有该值指定的宽度。如果是"*"，则宽度会从值元组中读出。

④ 点 (.) 后跟精度值：如果转换的是实数，那么精度值表示出现在小数点后的位数；如果转换的是字符串，那么该数字表示最大字段宽度；如果是"*"，那么精度将从元组中读出。

⑤ 字符串格式化转换类型如表 6-1 所示。

表 6-1　字符串格式化转换类型

转换类型	含　义
d, i	带符号的十进制整数
o	不带符号的八进制
u	不带符号的十进制
x	不带符号的十六进制（小写）
X	不带符号的十六进制（大写）
e	科学计数法表示的浮点数（小写）
E	科学计数法表示的浮点数（大写）
f, F	十进制浮点数
g	若指数大于-4 或者小于精度值，则和 e 相同，其他情况和 f 相同
G	若指数大于-4 或者小于精度值，则和 E 相同，其他情况和 F 相同
C	单字符（接受整数或者单字符字符串）
r	字符串（使用 repr 转换任意 Python 对象）
s	字符串（使用 str 转换任意 Python 对象）

例 6-2　print() 的格式化控制示例 2。

程序代码：

```
pi=3.141592653
print('%10.3f' %pi)        # 字段宽为 10, 精度为 3
print("pi=%.*f" %(3,pi))       # 用 * 从后面的元组中读取字段宽度或精度
print('%010.3f' %pi)      # 用 0 填充空白
print('%-10.3f' %pi)      # 左对齐
print('%+f' %pi)      # 显示正负号
```

输出结果：

```
     3.142
pi=3.142
000003.142
3.142
+3.141593
```

Python 中的单行注释为 # 注释内容；多行注释为 """ 注释内容 """。

Python 程序依靠代码缩进来体现代码之间的逻辑关系。通常以 4 个空格或制表符为基本缩进单位。空格的缩进方式与制表符的缩进方式不能混用。

例如，以下程序代码格式是对的：

```
if True:
    print ("True")
else:
    print ("False")
    print ("False")
```

以下程序代码格式是有问题的：

```
if True:
    print ("True")
else:
    print ("False")
  print ("hello")
```

6.3.2　Python 编程基础

1. 变量

Python 中的所有数据，包括布尔值、整数、浮点数、字符串，甚至大型数据结构、函数以及程序，都是以对象的形式存在的。

在 Python 中，变量就是变量，它没有类型，通常所说的“类型”是变量所指的内存中对象的类型，变量实质就是在程序中为了方便地引用内存中的值而为它取的名称。Python 中的变量不需要声明，每个变量在使用前都必须赋值，变量只有在被赋值以后才会被创建。

Python 的标识符由字母、下划线和数字组成，且不能用数字开头，区分大小写，不能使用保留关键字。

2. 数据类型

Python 3.0 中的数据类型如表 6-2 所示。

表 6-2　数据类型

类型名	说明	示例
Bool（布尔）	逻辑运算	0 为 False，非 0 均为 True
Number（数字）	整数 int 和浮点数 float	进行 +、-、*、/（浮点数除）、//（整除）、%（模、求余）、**（幂）等计算
String（字符串）	支持 Unicode，可以包含世界上任何书面语言以及许多特殊符号。将一系列字符包裹在一对单引号或一对双引号中即可创建字符串	'Python' "Python"

续表

类型名	说明	示例
List（列表）	由零个或多个元素组成，元素之间用逗号分开，整个列表被方括号包裹起来。可以使用函数对列表进行添加、删除、修改元素等操作	empty_list=[] weekdays=['Monday', 'Tuesday', 'Wednesday', 'Thursday', 'Friday']
Tuple（元组）	整个元组被圆括号包裹	元组是不可改变的，无法对元组进行添加、删除、修改元素等操作
Dictionary（字典）	字典与列表类似，但其中元素的顺序无关紧要，每个元素拥有与之对应的互不相同的键（key），需要通过键来访问元素。键在字典中必须是唯一的	字典是用大括号将一系列以逗号隔开的键值对（key: value）包裹起来的。可以对字典进行增加、删除、修改键值对的操作
Sets（集合）	集合就像舍弃了值仅剩下键的字典	

3. 运算符

1）算术运算符

算术运算符如表 6-3 所示。

表 6-3　算术运算符

运算符	说明	示例	
+	加：两个对象相加或两个字符串连接	"123"+"345" 123+345	结果：'123345' 结果：468
-	减：得到负数或一个数减去另一个数	345-123	结果：222
*	乘：两个数相乘或是返回一个被重复若干次的字符串	3*"abc"	结果：'abcabcabc'
/	除：如 x/y，即 x 除以 y	2/4	结果：0.5
%	取余：返回除法的余数	17%3	结果：2
**	幂：如 x**y，即返回 x 的 y 次幂	2**5	结果：32
//	取整除：返回商的整数部分	2//4	结果：0

2）比较运算符

比较运算符如表 6-4 所示。

表 6-4　比较运算符

运算符	说明
==	检查两个操作数的值是否相等
!=	检查两个操作数的值是否不相等
>	检查左操作数的值是否大于右操作数的值
<	检查左操作数的值是否小于右操作数的值
>=	检查左操作数的值是否大于或等于右操作数的值
<=	检查左操作数的值是否小于或等于右操作数的值

3）逻辑运算符

逻辑运算符如表 6-5 所示。

表 6-5　逻辑运算符

运算符	逻辑表达式	说明（x,y 表示关系表达式）
and	x and y	布尔“与”。若 x 为 False，则返回 False；否则，返回 y 的计算值
or	x or y	布尔“或”。若 x 为 True，则返回 True；否则，返回 y 的计算值
not	not x	布尔“非”。若 x 为 True，则返回 False；若 x 为 False，则返回 True

4）成员运算符

成员运算符如表 6-6 所示。

表 6-6　成员运算符

运算符	说明	示例
in	若在指定的序列中找到值，则返回 True；否则，返回 False	x in y, 若 x 在 y 序列中，则返回 True
not in	若在指定的序列中没有找到值，则返回 True；否则，返回 False	x not in y, 若 x 不在 y 序列中，则返回 True

5）同一性测试运算符

同一性测试运算符如表 6-7 所示。

表 6-7　同一性测试运算符

运算符	说明	举例
is not is	同一性测试，判断两个变量是否指向或不指向同一个对象。	x='abc' y=x x is y　　结果：True

4．基本语句

1）输入语句

输入语句如表 6-8 所示。

表 6-8　输入语句

输入函数	说明	举例

input(" 提示信息 ")	函数返回值为字符，可使用 eval() 将字符数据转换为数值数据，使用 int() 或 float()，得到整型对象或实型对象	# 输入圆的半径
		r=eval(input(" 输入 r\n"))

2）输出语句

输出语句如表 6-9 所示。

表 6-9　输出语句

输出函数	说明	举例

print（输出表列）	直接输出	# 计算圆的面积
		r=eval(input(" 输入 r\n"))
		s=3.14*r*r
		print(s)

续表

输出函数	说明	举例
	格式化输出： %d 格式化整数输出 %f 格式化小数输出 %e 用科学计数法格式化实数	print('%8.1f' %(s))

3）赋值语句

方式 1：

```
a=b
```

方式 2：链式赋值。

```
a=b=2      #a 和 b 的结果都是 2
```

方式 3：系列解包赋值。

```
a,b=1,2      #a=1,b=2
```

方式 4：复合赋值 (+=，*=，/=，%=)。

```
s+=2      #s=s+2
```

例 6-3　交换两个变量的值。

方法 1：直接交换。

```
a=eval (input (" 请输入你要处理的第一个数据 \n"))
b=eval (input (" 请输入你要处理的第二个数据 \n"))
a,b=b,a      # 直接交换
print (" 输出原始数据 ", (a,b))
```

方法 2：利用中间变量交换。

```
c=a
a=b
b=c      # 利用中间变量交换
```

5. 选择控制

1）单分支语句

```
if 条件表达式：
  语句块
```

2）双分支语句

```
if 条件表达式 :
  程序段 1
else:
  程序段 2
```

3）多分支语句

```
if 判断条件 1:
```

```
  满足条件 1 时要做的事情
elif 判断条件 2:
  满足条件 2 时要做的事情
……
else:
  不满足前面条件时要做的事情
```

【注意】每个条件后面要使用冒号，表示接下来是满足条件后要执行的语句块。

例 6-4　条件语句示例。

程序代码：

```
y=True
if y:
   print ("Yes!")
else:
   print ("No!")
```

输出结果：

```
Yes!
```

例 6-5　求 3 个数中的最大数（打擂台方法）。

程序代码：

```
a=eval (input (" 请输入第一个数据："))
b=eval (input (" 请输入第二个数据："))
c=eval (input (" 请输入第三个数据："))
max=a
if max<b:
  max=b
if max<c:
  max=c
print (" 最大数据 =", max)
```

输出结果：

```
请输入第一个数据：4
请输入第二个数据：3
请输入第三个数据：6
最大数据 = 6
```

6. 循环控制

1) for 语句

```
for 循环变量 in range( 循环初值，循环终值，步长值 ):
   循环体
[else:
```

<语句块>]

其中，range( ) 函数为内置的迭代器对象，产生指定范围的数字序列。它产生的数字序列满足“左闭右开”的原则；它的步长为 1 时，步长值可以省略；它的初值缺省时，从 0 开始。

2) while 语句

```
while 循环条件:
    循环体
[else:
<语句块>]
```

例 6-6　计算 1+2+3+…+100 的值。

for 语句程序代码：

```
s=0
for n in range(1,101):
    s+=n
print ("1+2+3+…+100=", s)
```

while 语句程序代码：

```
n=1
s=0
while n<=100:
    s+=n
    n+=1
print ("1+2+3+…+100=", s)
```

输出结果：

```
1+2+3+…+100= 5050
```

【**注意**】在循环体中可使用 break 和 continue 语句。

（1）break 语句用于结束整个循环（并且不执行 else 对应语句块）。

程序代码：

```
s=0
for i in range (1,11):
    if i==5 : break
    s=s+i
print ("s=", s)
```

输出结果：

```
s=10
```

（2）continue 的作用是用来结束本次循环，紧接着执行下一次的循环。

程序代码：

```
s=0
for i in range (1,11):
```

```
        if i==5:continue
        s=s+i
    print ("s=", s)
```

输出结果：

```
    s= 50
```

另外，循环语句都可以嵌套。

6.3.3　函数、模块、包

1. 函数

函数就是组织好的、可重复使用的、用来实现单一或相关联功能的代码段。

函数能提高应用的模块性和代码的重复利用率，如 print() 是 Python 提供的众多内建函数之一。用户自己创建的函数叫作用户自定义函数，其一般定义格式为

```
def 函数名（参数列表）:
    函数体
```

其规则为

（1）函数代码块以 def 关键词开头，后接函数标识符名称和圆括号。任何传入参数和自变量必须放在圆括号中间，圆括号之间可以用于定义参数。

（2）函数内容以冒号起始，并且缩进。

（3）一般使用 return [表达式] 结束函数，返回一个值给调用方。不带表达式的 return 相当于返回 None。

使用函数的格式为

```
函数名（参数表）
```

例 6-7　编写一个函数，求两个数之和。

程序代码：

```
def sum(a, b):
    return a + b


x=input()       # 接受输入 , 默认为字符串
y=input()       # 接受输入 , 默认为字符串
print("a+b=",sum(int(x),int(y)))       # 将 x 和 y 转换成整型数据
```

输入 2 和 3，输出结果：

```
a+b= 5
```

【提示】一个程序的变量并不是在哪个位置都可以访问的。访问权限决定于这个变量是在哪里赋值的。变量的作用域决定了在哪一部分程序可以访问哪个特定的变量名称。一般变量作用域有全局变量和局部变量。定义在函数内部的变量拥有一个局部作用域，定义在函数外的变量拥有全局作用域。局部变量只能在其被声明的函数内部访问，而全局变量可以在整个程序范围内访问。调用函数时，所有在函数内声明的变量名称都将被加入作用域中。

2. 模块

在 Python 中，模块（module）是一个包含所有定义了的函数和变量的文件，其后缀名是 .py。使用模块组织代码能极大地提高代码的可维护性。

模块有三类：python 标准库、第三方模块、应用程序自定义模块。

相同名字的函数和变量可以分别存在不同的模块中，但要注意尽量不要与内置函数名字冲突。

模块的调用格式：

import module1[, module2[, ... moduleN]

当使用 import 语句时，Python 解释器通过 sys.path 的路径搜索。每次使用 import，系统都会开辟内存空间存放被 import 的内容，但是与调用 import 的文件所开辟的内存空间相互独立。

更改调用模块的名称：

import module as name1

部分调入：

from module import name1

这个声明不会把整个 module 模块导入到当前的命名空间中，只会将它里面的 name1 单个引入到执行这个声明的模块的全局符号表中。

3. 包

为了避免模块名冲突，Python 又引入了按目录来组织模块的方法，称为包（package）。每一个包中都会有一个 __init__.py 文件，这个文件是必须存在的；否则，Python 就把这个目录当成普通目录，而不是一个包。__init__.py 可以是空文件，也可以有 Python 代码，因为 __init__.py 本身就是一个模块，而它的模块名对应包的名字。调用包就是执行包下的 __init__.py 文件。

6.3.4 turtle 模块

turtle（海龟）是 Python 的函数库之一，是入门级的图形绘制函数库。窗体中有一只海龟，在画布中游走，它走过的轨迹被绘制下来。可以通过命令控制海龟，根据需要进行图形绘制。

例 6-8 画一个边长为 60 的正方形。

程序代码：

```
import turtle
turtle.reset()
a=60
turtle.pencolor("blue")
turtle.pensize(1)
turtle.left(90)
turtle.forward(a)
turtle.left(90)
```

```
turtle.forward(a)
turtle.left(90)
turtle.forward(a)
turtle.left(90)
turtle.forward(a)
```

输出结果：

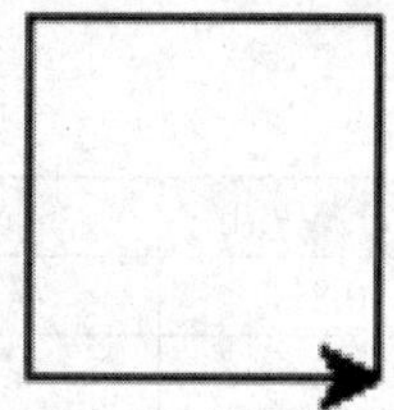

例 6-9　绘制“太阳花”。

程序代码：

```
from  turtle import *
color('red', 'yellow')
shape("turtle")
begin_fill()
while True:
    forward(200)
    left(130)
    if abs(pos())<1:
      break
end_fill()
done()
```

输出结果：

6.3.5　Python 编程案例

例 6-10　采用有监督学习算法中的分类学习算法，实现根据鸢尾花的特征（萼片和花瓣的长宽），辨识鸢尾花的类别。鸢尾花分为三类：setosa（山鸢尾花），versicolor（变色鸢尾花），virginia（弗吉尼亚鸢尾花）。

【操作提示】

（1）sklearn 是 Python 重要的机器学习库，支持分类、回归、降维和聚类四大机器学习算法以及特征提取、数据处理和模型评估三大模型。可以使用pip来安装：打开cmd窗口，输入命令“pip install sklearn”，按回车键即可完成安装。pip命令在python目录下Scripts中。安装sklearn库之后，则该库功能在python目录下\Lib\site-packages\sklearn中。

（2）sklearn中的决策树tree可用于分类决策算法，也可以用于回归决策算法。分类决策树的类需要使用DecisionTreeClassifier()方法，使用时要添加引用语句from sklearn import tree。

设有训练数据集如表6-10所示。

表6-10　鸢尾花的萼片和花瓣

序号	Sepal.Length	Sepal.Width	Petal.Length	Petal.Width	Species
1	4.6	3.1	1.5	0.2	setosa
2	4.6	3.4	1.4	0.3	setosa
3	5.4	3.9	1.3	0.4	setosa
4	5.1	3.5	1.4	0.2	setosa
5	5.9	3.0	4.2	1.5	versicolor
6	5.1	3.7	1.5	0.4	setosa
7	5.4	3.4	1.5	0.4	setosa
8	5.7	2.8	4.5	1.3	versicolor
9	6.2	2.2	4.5	1.5	versicolor
10	6.1	2.9	4.7	1.4	versicolor
11	5.9	3.2	4.8	1.8	versicolor
12	6.3	2.5	5.0	1.9	virginia
13	6.3	2.9	5.6	1.8	virginia
14	6.2	2.8	4.8	1.8	virginia
15	6.7	3.1	5.6	2.4	virginia

程序代码：

```
# 机器学习鸢尾花（Iris）分类：setosa（山鸢尾花），versicolor（变色鸢尾花），virginia（弗吉尼亚鸢尾花）
from sklearn import *
f1=[[4.6,3.1,1.5,0.2],[4.6,3.4,1.4,0.3],[5.4,3.9,1.3,0.4],[5.1,3.5,1.4,0.2],[5.9,3.0,4.2,1.5],\
    [5.1,3.7,1.5,0.4],[5.4,3.4,1.5,0.4],[5.7,2.8,4.5,1.3],[6.2,2.2,4.5,1.5 ],\
    [6.1,2.9,4.7,1.4],[5.9,3.2,4.8,1.8],[6.3,2.5,5.0,1.9],\
    [6.3,2.9,5.6,1.8],[6.2,2.8,4.8,1.8],[6.7,3.1,5.6,2.4]]      # 训练样本数据
la=["setosa","setosa","setosa","setosa","versicolor","setosa","setosa","versicolor",
"versicolor","versicolor","versicolor","virginia","virginia","virginia","virginia"]  # 类别标签数据
clf=tree.DecisionTreeClassifier()      # 创建决策树对象
clf=clf.fit(f1,la)      # 拟合训练数据，得出学习模型
s1=clf.predict([[5.7,2.8,4.1,1.3]])      # 根据给定的特征进行预测
print("s1=",s1)      # 输出预测结果
s2=clf.predict([[7.1,3.0,5.9,2.1]])      # 根据给定的特征进行预测
```

```
print("s2=",s2)    # 输出预测结果
s3=clf.predict([[4.8,3.0,1.4,0.3]])    # 根据给定的特征进行预测
print("s3=",s3)    # 输出预测结果
```

输出结果：

```
s1=['versicolor']
s2=['virginia']
s3=['setosa']
```

【提示】安装第三方库（在 PyCharm 中安装第三方库）。

（1）打开 PyCharm，在顶部菜单 File 中选择“Settings...”；

（2）单击左侧的“Project Python”，在下拉列表中选择“Project Interpreter”，在 pip 右侧单击“+”添加库；

（3）搜索数据库名称——选中该库后单击底部的“Install Package”，在安装成功后会出现成功提示。此时可以返回到之前的“Project Interpreter”中查看自己安装的库，单击“-”可以卸载掉不需要的库。

例 6-11 与机器人“茉莉”对话。

机器人“茉莉”能跟用户进行智能交互，可以帮用户查询一些实用的资料，如天气预报和 IP 地址等；还拥有一些娱乐系统，如笑话和抽签等。机器人“茉莉”广泛应用于各类网站的客服、QQ 机器人和微信公众平台。

【操作提示】

（1）requests 是 Python 基于 urllib、采用 Apache2 Licensed 开源协议的 HTTP 库。

（2）打开 cmd 窗口，输入命令“pip install requests”，完成 requests 库的安装，该库功能在 python 目录下 \Lib\site-packages\requests 中。

程序代码：

```
from time import sleep    # 导入 time 库中的 sleep
import requests    # 导入 requests 整个库
url="http://www.tuling123.com/openapi/api"    # 机器人所在网址
s=input(" 小熊：")    # 你的对话提示
while True:
    resp=requests.post(url, data={"key": "809c72d662374992b355f61653be5a43",
                        "info": s, })
                        # 向机器人提交你的对话请求并等待回复 , key 为用户密码
    resp=resp.json()    # 机器人回复的内容用 requests 内置的 JSON 解码器解码
    sleep(1)    # 延时 1 秒 , 如果太快 , 别人可能封你的 IP
    print(" 茉莉：", resp['text'])    # 输出机器人回复内容
s = input(" 小熊：")    # 你的下一次对话提示
```

输出结果：

小熊：Hi，你好！

茉莉：谢谢美女呀么么哒

小熊：今天茂名天气如何呀？谢谢!

茉莉：茂名，周一，多云，无持续风向，微风，最低气温12℃，最高气温19℃。

6.4 TensorFlow 简介①

TensorFlow 是谷歌基于 DistBelief（人工深度学习系统）研发的第二代人工智能学习系统。Tensor（张量）意味着N维数组，Flow（流）意味着基于数据流图的计算。TensorFlow 为张量从流图的一端流动到另一端的计算过程。TensorFlow 是将复杂的数据结构传输至人工智能神经网中进行分析和处理过程的系统。

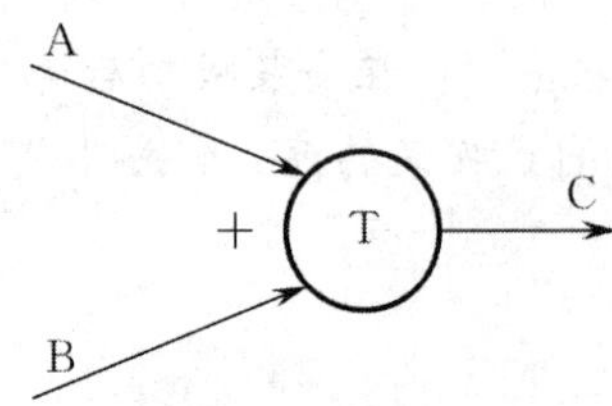

图 6-3 数据流图

数据流图：是用“节点”（nodes）和“线”（edges）的有向图来描述数学计算，如图6-3所示。节点一般用来表示施加的数学操作，或表示数据输入（feed in）的起点/输出（push out）的终点，或表示读取/写入持久变量（persistent variable）的终点。“线”表示“节点”之间的输入/输出关系。这些数据“线”可以输运“size 可动态调整”的多维数据数组，即“tensor”。一旦输入端的所有张量准备好，节点将被分配到各种计算设备，完成异步并行的执行运算。

0 阶张量称为标量，表示一个单独的数，如 S=123。

1 阶张量称为向量，表示一个一维数组，如 V=[1,2,3]。

2 阶张量称为矩阵，表示一个二维数组，它可以有 i 行 j 列个元素，每个元素可以用行号和列号共同索引，如 m=[[1, 2, 3], [4, 5, 6], [7, 8, 9]]。

通过张量右边的方括号数就可以判断张量是几阶的。0 个是 0 阶，n 个是 n 阶，张量可以表示 0 阶到 n 阶数组（列表），如 t=[[[···]]] 为 3 阶。

数据类型：TensorFlow 的数据类型有 float32, int32, string 等。

计算图：搭建神经网络的计算过程，是承载一个或多个计算节点的一张图，只搭建网络，不运算。

例 6-12 实现 TensorFlow 的加法。

程序代码：

```
import tensorflow as tf      #引入 tensortflow 模块简写为 tf
a=tf.constant([1.0, 2.0])      #定义一个张量等于 [1.0,2.0],constant 表示常数
b=tf.constant([3.0, 4.0])      #定义一个张量等于 [3.0,4.0]
c=a+b      #实现 a 加 b 的加法
print(c)      #打印出结果
```

输出结果：

```
Tensor("add:0", shape=(2, ), dtype=float32)
```

该输出的意思为：c 是一个名称为 add:0 的张量，add 是节点名，0 表示第 0 个输出，

①本节供参考阅读。

shape=(2,) 表示一维数组长度为 2，dtype=float32 表示数据类型为浮点型。

结果显示 c 是一个张量，只搭建承载计算过程的计算图，并没有运算。如果想得到运算结果就要用到“会话 Session()”。

会话：执行计算图中的节点运算。

用 with 结构实现，语法如下：

```
with tf.Session() as sess:
print sess.run(result)
```

将以上代码更改如下：

```
import tensorflow as tf
a=tf.constant([1.0, 2.0])
b=tf.constant([3.0, 4.0])
result=a+b
with tf.Session() as sess:
    print(sess.run(result))        # 打印计算结果
```

输出结果：

```
[4.  6.]
```

例 6-13　实现 TensorFlow 的乘法。

程序代码：

```
import tensorflow as tf        # 引入模块
x = tf.constant([[1.0, 2.0]])        # 定义一个 2 阶张量等于 [[1.0,2.0]]
w = tf.constant([[3.0], [4.0]])        # 定义一个 2 阶张量
y = tf.matmul(x, w)        # 实现 x 与 w 的矩阵乘法
print y        # 打印出结果
with tf.Session() as sess:
print sess.run(y)        # 执行会话并打印出执行后的结果
```

输出结果：

```
Tensor("matmul:0", shape(1,1), dtype=float32)
[[11.]]
```

神经网络的参数：是指神经元线上的权重 w， 用变量表示， 一般会先随机生成这些参数。生成参数的方法是让 w 等于 tf.Variable，把生成的方式写在括号里。

神经网络中常用的生成随机数 / 数组的函数有

tf.random_normal()	生成正态分布随机数
tf.truncated_normal()	生成去掉过大偏离点的正态分布随机数
tf.random_uniform()	生成均匀分布随机数
tf.zeros()	表示生成全 0 数组
tf.ones()	表示生成全 1 数组
tf.fill()	表示生成全定值数组
tf.constant()	表示生成直接给定值的数组

例如：

（1）w=tf.Variable(tf.random_normal([2,3],stddev=2,mean=0,seed=1))，表示生成正态分布随机数，形状两行三列，标准差是 2，均值是 0，随机种子是 1。

（2）w=tf.Variable(tf.Truncated_normal([2,3],stddev=2, mean=0,seed=1))，表示生成去掉偏离过大的正态分布，即如果随机出来的数据偏离平均值超过两个标准差，那么这个数据将重新生成。

（3）w=random_uniform(shape=7,minval=0,maxval=1,dtype=tf.int32，seed=1), 表示从一个均匀分布 [minval，maxval) 中随机采样，注意定义域是左闭右开，即包含 minval，不包含 maxval。

（4）除生成随机数外，还可以生成常量。tf.zeros([3,2],int32) 表示生成 [[0,0],[0,0],[0,0]]；tf.ones([3,2],int32) 表示生成 [[1,1],[1,1],[1,1]]；tf.fill([3,2],6) 表示生成 [[6,6],[6,6],[6,6]]； tf.constant([3,2,1]) 表示生成 [3,2,1]。

【注意】如果去掉随机种子，那么每次生成的随机数将不一致；如果没有特殊要求，那么标准差、均值、随机种子是可以不写的。

了解张量、计算图、会话和参数等基本知识后，再来看看神经网络的实现步骤：

① 准备数据集，提取特征，作为输入喂给神经网络；

② 搭建神经网络结构，从输入到输出（先搭建计算图，再用会话执行）；

③ 大量特征数据喂给神经网络，迭代优化神经网络参数；

④ 使用训练好的模型预测和分类。

由此可见，基于神经网络的机器学习主要分为两个过程：训练过程和使用过程。训练过程是第①步、第②步、第③步的循环迭代，使用过程是第④步。一旦参数优化完成，就可以固定这些参数，实现特定应用了。

在很多实际应用中，我们会先使用现有的成熟网络结构，喂入新的数据，训练相应模型，判断是否能对喂入的从未见过的新数据做出正确响应，再适当更改网络结构，反复迭代，让机器自动训练，找出最优结构和参数，以固定专用模型。

6.5 机 器 人

6.5.1 机器人概述

1. 机器人定义

目前，机器人尚未形成统一的定义。

国际上比较一致的定义认为，机器人（robot）是自动执行工作的机器装置。它既可以接受人类的指挥，又可以运行预先编排的程序，也可以根据以人工智能技术制定的原则纲领行动。它的任务是协助或取代人类的工作，如生产业、建筑业及其他危险的工作。事实上，自机器人诞生起，人们就不断尝试说明到底什么是机器人，随着科技的发展，机器人所涵盖的内容越来越丰富，其定义也不断被充实和创新。

我国科学家对机器人的定义是："机器人是一种自动化的机器，所不同的是这种机器具备一些与人或生物相似的智能，如感知能力、规划能力、动作能力和协同能力，是一种具有高级灵活性的自动化机器。"

2. 机器人特点

机器人一般有如下特点：

（1）通用性。机器人在执行不同任务时，不需要修改其电气、机械特性。例如，在抓取不同形状的工件时，只需要更换机器人的末端执行器即可，而不需要更换机器人本体。

（2）适应性。适应性是指机器人对环境的自适应能力。机器人可以通过传感器感知外界环境确定自身位置，能够适应不同的外界环境。

（3）可编程。机器人系统是柔性系统，即它允许根据不同环境条件进行再编程。

（4）拟人化。机器人产生的最初目的是代替人类完成一些重复而枯燥、危险性较高的工作，因此在结构上包含类似人类行走、动作等功能部分，而且通过控制器、传感器等来模拟人类的大脑和感官。

3. 机器人分类

作为20世纪人类最伟大的发明之一，国际上通常将机器人分为工业机器人和服务机器人两大类。

工业机器人是集机械、电子、控制、计算机、传感器、人工智能等多学科先进技术于一体的现代制造业重要的自动化装备。自1959年美国研制出世界上第一台工业机器人以来，机器人技术及其产品发展很快，已成为柔性制造系统（flexible manufacturing system，FMS）、自动化工厂（factory automation，FA）、计算机集成制造系统（computer integrated manufacturing system，CIMS）的自动化工具，如图6-4所示。

图6-4　工业机器人

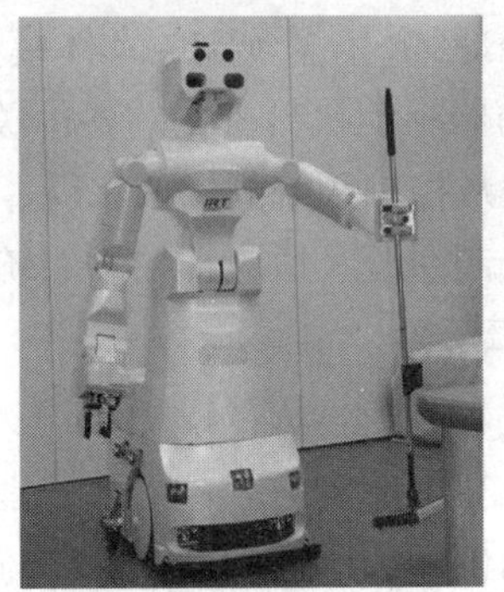

图6-5　机器人保姆

服务机器人是机器人家族中的一个年轻成员，可以分为专业领域服务机器人和个人/家庭服务机器人。服务机器人的应用范围很广，主要从事维护保养、修理、运输、清洗、保安、救援、监护等工作。如图6-5所示的机器人保姆，不仅会洗衣、打扫卫生，还会收拾餐具等诸多家务杂活，它依靠车轮移动，共搭载有5台照相机，以便确认家具的位置。

4. 机器人工作原理

机器人是典型的机电一体化产品，一般由机械本体、控制系统、传感器和驱动器等四部分组成。机器人系统的工作原理是控制系统发出动作指令，控制驱动器动作，驱动器带动机械系统运动，使末端操作器到达空间某一位置和实现某一姿态，实施一定的作业任务。末端操作器在空间的实际位姿由感知系统反馈给控制系统，控制系统把实际位姿与目标位姿相比较，发出下一个动作指令，如此循环，直到完成作业任务为止。

1）机械本体

机械本体是机器人赖以完成作业任务的执行机构，一般是一台机械手，也称为操作器、或操作手，可以在确定的环境中执行控制系统指定的操作。工业机器人的机械结构系统由基座、手臂、末端操作器三大件组成，如图 6-6 所示。每一大件都有若干自由度，构成一个多自由度的机械系统。若基座具备行走机构，则构成行走机器人；若基座不具备行走及腰转机构，则构成单机器人臂。手臂一般由上臂、下臂和手腕组成。末端操作器是直接装在手腕上的一个重要部件，它可以是两手指或多手指的手爪，也可以是喷漆枪、焊具等作业工具。

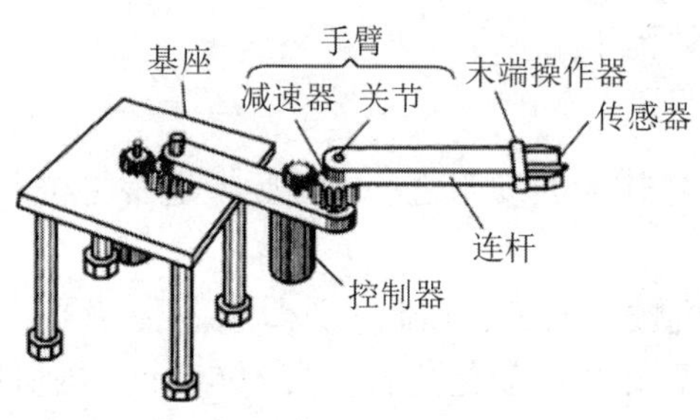

图 6-6　工业机器人的机械结构系统

2）控制系统

控制系统是机器人的指挥中枢，相当于人的大脑，负责对作业指令信息、内外环境信息进行处理，并依据预定的本体模型、环境模型和控制程序做出决策，产生相应的控制信号，通过驱动器驱动执行机构的各个关节按所需的顺序、沿确定的位置或轨迹运动，完成特定的作业。从控制系统的构成来看，有开环控制系统和闭环控制系统之分；从控制方式来看，有程序控制系统、适应性控制系统和智能控制系统之分。

3）驱动器

驱动器是机器人的动力系统，相当于人的心血管系统，一般由驱动装置和传动机构两部分组成。因驱动方式的不同，驱动装置可以分成电动、液动和气动三种类型。驱动装置中的电动机、液压缸、气缸可以与操作机直接相连，也可以通过传动机构与执行机构相连。传动机构通常有齿轮传动、链传动、谐波齿轮传动、螺旋传动、带传动等几种类型。

4）传感系统(传感器)

传感器是机器人的感测系统，相当于人的感觉器官，是机器人系统的重要组成部分。机器人传感器是机器人与人、与控制系统实现相互操作的重要媒介。机器人通过视觉、触觉、力觉等传感器检测外界信息并做出相应的判断。随着传感技术的发展，越来越多的传感器将被应用于机器人领域，机器人的传感器将更加完善。

传感器包括内部传感器和外部传感器两大类。内部传感器主要用来检测机器人本身的

状态，为机器人的运动控制提供必要的本体状态信息，如位置传感器、速度传感器等。外部传感器则用来感知机器人所处的工作环境或工作状况信息，又可分为环境传感器和末端执行器传感器两种类型。环境传感器用于识别物体和检测物体与机器人的距离等信息，末端执行器传感器安装在末端执行器上，检测处理精巧作业的感觉信息。常见的外部传感器有力觉传感器、触觉传感器、视觉传感器等。

目前，常见的机器人传感系统主要包括语音识别系统、距离识别系统、力学识别系统、视觉识别系统。

（1）语音识别系统：利用语音识别技术使机器人能够"听懂"人类的语音指令。语音识别技术能够将人类的语音内容转换为计算机可读的二进制编码、字符序列等内容，使机器人控制器能够识别并判断语音指令从而做出响应。

（2）距离识别系统：通过超声波传感器、激光传感器等非接触式距离测试方法探测机器本身的位置。超声波传感器利用超声波来判断机器人相对特定物体的位置，特别适用于检测机器人自我定位、躲避障碍物等场合。相对超声波传感器来说，激光传感器具有速度快、精度高、量程大等优点。

（3）力学识别系统：利用力传感器检测机器人关节或抓手处的受力情况。将力传感器置于机器人的关节位置，通过检测弹性变形判断关节处所受力的大小或机器人抓手处的负载力。在机器人夹取柔性工件时，掌控受力情况、避免破坏工件是最基本的要求。

（4）视觉识别系统：利用视觉识别模拟人的视觉功能，视觉识别包括图像获取、图像处理、图像显示三部分，控制器根据图像分析结果控制机器人执行一定的动作。

6.5.2　机器人的应用与发展

1. 机器人的应用

机器一旦具有了类似于人类的感知、思维、学习与行为能力，就可以完成一系列完整的行为活动。机器人应用于各个领域，如踢足球、点焊等。

例如，机器人踢足球的简化步骤如图 6-7 所示。

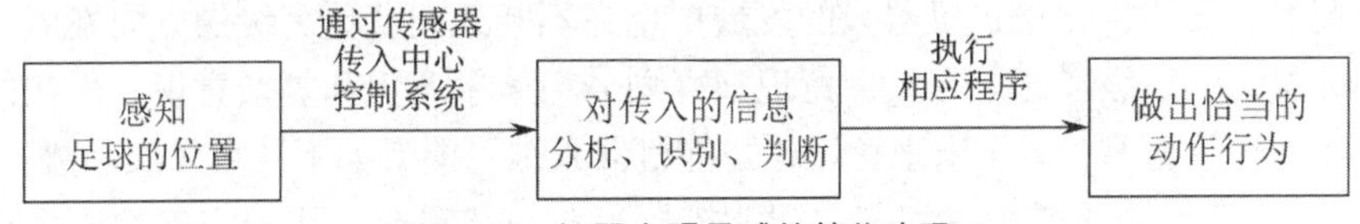

图 6-7　机器人踢足球的简化步骤

第一，机器人的感知。作为一名球员，首先，必须有良好的感官系统，能够"看见"球场上的所有景物以及人员，才有最起码的踢球资格。其次，踢球的每一个机器人都要时刻注视着球的位置，球被控制在谁的手里，球从哪里飞向哪里，球的方向、角度、速度如何。同时，还要观察对方和本队各个队员所在的位置以及状态。

为了满足这些条件，踢足球的机器人通常装有全景视觉、激光测距仪，还配有声呐及红外传感器，可实现视觉定位、视觉导航，建立环境地图；并且，机器人靠它们的顶部标来识别和区分对手。

第二，分析、识别、判断。机器人所观察到的事物实际上是拍下来的一张张照片，要让机器明白照片所表达的内容是件极难的事。此外，机器人还要根据连续拍摄的照片中各个物体位置的变化，判断它们的运动状况，并且要学会分清“敌”“我”。

第三，做出快速反应。当分析判断完问题后，机器人会根据程序的设定快速地完成射门、守门、拦截、避障等功能。例如，当球静止不动时，机器人跑过去射门，称为静态射门；当球在运动中时，机器人就会选准路线，掌握好速度、角度，球到人到，将球正好撞到球门中去，称为动态射门。这些都是通过识别目标、跟踪目标和建立目标的运动方程来实现的。

由上可知，会踢足球的智能机器人，具有许多人类的智能，会“看”、会“思考”、会“动作”。机器人通过视觉和触觉，感知足球的位置以及其他球员和球门的位置，将这些位置信息由传感器传入中心控制系统，然后通过运行相应的程序，做出恰当的行为。

2. 机器人的发展

到目前为止，机器人的发展过程可分为以下三个阶段：

第一阶段为示教再现机器人（简称示教机器人）。它是一个由计算机控制的多自由度的机器人，主要运用机器人的示教再现功能，先由用户操控机器人完成操作任务（在这个过程中，机器人存储每个动作的位姿、运动等参数，并自动生成完成此任务的程序），然后只需发送一个启动命令，机器人就可以精确地重复示教动作，完成全部操作步骤。示教机器人的最大缺点是只能重复单一动作，无法感知外界环境，不能向控制系统产生反馈信号。

第二阶段为感知机器人。感知机器人对外界环境有一定的感知能力，具有听觉、视觉、触觉等感知功能。此类机器人在工作时，可以通过传感器感知外界环境，调整工作状态，以保证在适应环境的情况下完成相应的工作。

图 6-8　Roomba

第三阶段是智能机器人。它能够依靠人工智能的深度学习、自然语言处理等技术，对所获取的外界信息进行独立的识别、推理、决策，在不需要人为干预的情况下完成一些复杂的工作。目前，常见的智能机器人通常用于家庭陪护、餐厅服务以及教育教学。例如，2002 年推出的吸尘器机器人伦巴（Roomba，见图 6-8），它能避开障碍，自动设计行进路线，还能在电量不足时，自动驶向充电座。

犹如人类的文明进化史，机器人的发展史也在不断地向着更高级的方向发展。意识化机器人是机器人的高级形态，当然，意识又可划分为简单意识和复杂意识。现在的意识化机器人只具备简单意识，对于未来意识化智能机器人很可能有如下几大发展趋势：

（1）语言交流功能越来越完美。智能机器人，当然需要有比较完美的语言功能，这样就能与人类进行一定的甚至完美的语言交流。智能机器人的语言主要依赖于其内部存储器内预先储存的大量的语音语句和文字词汇语句，其语言的能力取决于数据库内储存语句量的大小及其储存的语言范围。

在人类的完美设计下，未来机器人能轻松地掌握多个国家的语言，远高于人类的学习能力。另外，机器人还能对自我的语言词汇进行重组（与人类交流时，机器人可根据交流对象的语言自动地用相关的或相近意思词组，按句子的结构重组成一句新句子来回答）。这与人类的学习能力和逻辑能力类似，是一种意识化的表现。

（2）各种动作的完美化。机器人的动作是模仿人类动作来设计的，招手、握手、走、

跑、跳等都是人类的惯用动作。当前智能机器人的动作有点僵化，它的动作是比较缓慢的。

未来机器人将有更灵活的“关节”，甚至有仿真人造肌肉，可能做出一些普通人很难做出的动作，如平地翻跟斗、倒立等。

（3）外形越来越像人类。科学家所研制出来的智能机器人，主要是以人类自身形体为参照对象的。对于未来机器人，其仿真程度很有可能达到即使近在咫尺细看它的外在，也很难分辨是人还是机器人。

（4）复原功能越来越强大。凡是人类都会有生老病死，而对于机器人来说，也有一系列的故障发生，如内部原件故障、线路故障、机械故障、干扰性故障等。这些故障也相当于人类的病理现象。

未来智能机器人将具备越来越强大的自行复原功能，对于自身内部零件等的故障，机器人会随时自行检索一切状况，并做到及时排除。它的检索功能就像人类感觉身体哪里不舒服一样，是智能意识的表现。

（5）体内能量储存越来越大。智能机器人的一切活动都需要体内持续的能量支持，就像人类需要吃饭一样。机器人动力源多数是电能，供应电能就需要大容量的蓄电池。机器人的电能消耗是较大的，针对能量储存供应问题，未来应该会有多种解决方式，最理想的能源应该就是可控核聚变能（微不足道的质量就能持续释放非常巨大的能量）。机器人若以聚变能为动力，永久性运行将得以实现。另外，未来还很可能制造出一种超级能量储存器，能永久保持储能，且充电快速而高效。

（6）逻辑分析能力越来越强。人类的大部分行为能力是需要借助于逻辑分析的，为了使智能机器人完美地模仿人类，科学家未来会不断地赋予它许多逻辑分析功能。

（7）功能越来越多样化。人类制造机器人的目的是为人类服务的，所以机器人功能的多样化是未来的方向之一。

本章小结

人工智能是当今世界科技的热点，正对世界经济、社会进步和人类生活产生着深刻的影响。人工智能不仅是一个学科，也是一个行业、一个产业，还是一个时代的象征。在人工智能时代，我们需要包括继续学习的意识和终身学习的能力、创新创意的能力、与人沟通的能力等素质。

本章对人工智能与机器人的基本概念、基本应用进行了简单的介绍，对机器学习及 Python 语言做了较详细的介绍，希望能为深入学习人工智能知识提供帮助。

思考与练习

一、选择题

1. 人工智能是一门（　　）。

A. 数学和生理学　　B. 心理学和生理学

C. 语言学　　D. 综合性的交叉学科和边缘学科

2. 机器学习的核心任务是在新的、未知的数据中顺利执行。而这种在未知数据中执行的能力，称为（　）。

A. 泛化能力　B. 过拟合　C. 欠拟合　D. 正则化

3.（　）是以住宅为平台，兼备建筑设备、网络通信、信息家电和设备自动化，集系统、结构、服务、管理为一体的高效、舒适、安全、便利、环保的居住环境。

A. 智能家居　B. 专家系统　C. 模式识别　D. 智能控制

4. 以下属于机器学习研究领域的是（　）。

A. 模式识别　B. 计算机视觉　C. 语音识别　D. 以上选项都是

5. 人工智能概念的确立是在（　）年。

A. 1946　B. 1960　C. 1916　D. 1956

6. 下列不属于人工智能研究基本内容的是（　）。

A. 机器感知　B. 机器学习　C. 自动化　D. 机器思维

7. 要想让机器具有智能，必须让机器具有知识。因此，在人工智能中有一个研究领域，主要研究计算机如何自动获取知识和技能，实现自我完善，这门研究分支学科叫作（　）。

A. 专家系统　B. 机器学习　C. 神经网络　D. 模式识别

8. 人工智能的目的是让机器能够（　），以实现某些脑力劳动的机械化。

A. 模拟、延伸和扩展人的智能　B. 具有完全的智能

C. 和人脑一样考虑问题　D. 完全代替人

9. 自然语言理解是人工智能的重要应用领域，下列（　）不是它要实现的目标。

A. 理解别人讲的话

B. 对自然语言表示的信息进行分析概括或编辑

C. 欣赏音乐

D. 机器翻译

10. 下列关于人工智能的叙述不正确的是（　）。

A. 人工智能技术与其他科学技术相结合极大地提高了应用技术的智能化水平。

B. 人工智能是科学技术发展的趋势。

C. 因为人工智能的系统研究是从 20 世纪 50 年代才开始的，非常新，所以十分重要。

D. 人工智能有力地促进了社会的发展。

11. 为了解决如何模拟人类的感性思维，如视觉理解、直觉思维、悟性等，研究者找到一个重要的信息处理的机制是（　）。

A. 专家系统　B. 人工神经网络　C. 模式识别　D. 智能代理

12. 下列表达式（　）在 Python 中是非法的。

A. x = y = z = 1　B. x = (y = z + 1)

C. x, y = y, x　D. x += y

13. 下列代码的运行结果是（　）。

```
print ( 'a' < 'b' < 'c')
```

A.a　B.c　C.True　D.False

14. a 与 b 定义如下，下列（　）的结果为 True。

```
a = '123'
b = '123'
```

A. a != b　B. a is b　C. a == 123　D. a + b = 246

15. 执行以下程序之后，其运行结果为（　　）。

```
a = 1
for i in range(5):
    if i % 2!=0:
        break
    a+= 1
else:
    a+= 1
print(a)
```

A. 1　　B. 2　　C. 3　　D. 4

16. 执行以下程序之后，其运行结果为（　　）。

```
sum=0
for i in range(0,10):
    if i%2==0:
        sum-=i
print(sum)
```

A. −10　　B. −15　　C. −20　　D. −25

17. 以下程序运行后，若用户分别输入 2 和 4，则结果为（　　）。

```
x=input()
y=input()
print(x+y)
```

A. 24　　B. 2　　C. 4　　D. 6

18. 执行以下程序之后，其运行结果为（　　）。

```
sum=0
for i in range(0,10):
    if i%2==0:
        sum-=i
    else:
        sum+=i
print(sum)
```

A. 0　　B. 2　　C. 5　　D. 10

19. 执行以下代码之后，x 的值为（　　）。

```
z = 10
y = 0
x = y < z and z > y or y > z and z < y
```

A. True　　B. False　　C. 1　　D. 0

20. 以下程序运行后，若用户分别输入 2 和 4，则结果为（　　）。

```
x=int(input())
y=int(input())
max=x
```

```
if x>y:
    max=x
else:
    max=y
print(max)
```

A. 2　　B. 4　　C. True　　D. False

21. 以下程序运行后，若用户输入2，则结果为（　　）。

```
x=int(input())
if x>0:
   f=1
elif x<0:
   f=-1
else:
   f=0
print(f)
```

A. 1　　B. −1　　C. 0　　D. 2

22. 以下程序运行后，将会输出（　　）个“*”。

```
i = 0
while i <= 3:
  i= i +2
  print("*")
```

A. 0　　B. 1　　C. 2　　D. 3

23. 以下程序运行后，将会输出（　　）个“#”。

```
for i in range(1,10,3):
    print("#")
else:
    print("+")
```

A. 1　　B. 2　　C. 3　　D. 4

24. 执行以下程序之后，其运行结果为（　　）。

```
sum=0
for i in range(0,10,3):
    if i%2==0:
        sum+=i
print(sum)
```

A. 0　　B. 3　　C. 6　　D. 9

25. 执行以下程序，当 while 循环结束之后，k 的值是（　　）。

```
k=1000
while k>1:
    print(k)
    k=k//2
```

A. 100　　B. 10　　C. 9　　D. 1

26. 以下程序运行后，若用户输入123，则结果为(　　)。

```
x=int(input())
while x!=0:
    print(x%10,end='')
    x=x//10
```

A. 123　　B. 321　　C. 10　　D. 1

27. 执行以下程序之后，其运行结果为(　　)。

```
x=True
y=True
z=False
if(x and y and z):
        print("ok")
else:
        print("no")
```

A. True　　B. False　　C. ok　　D. no

28. 执行以下程序之后，其运行结果为(　　)。

```
a = 1
for i in range(5):
    if i % 2==0:
        break
    a+= 1
else:
    a+= 1
print(a)
```

A. 1　　B. 2　　C. 3　　D. 4

二、多选题

1. 神经网络可以按(　　)。

A. 学习方式分类　　B. 网络结构分类

C. 网络的协议类型分类　　D. 网络的活动方式分类

2. 以下(　　)属于人工智能研究领域。

A. 机器人　　B. 语言识别　　C. 图像识别　　D. 专家系统

3. 以下(　　)属于人工智能研究的目标。

A. 使机器智能化　　B. 制造出新的智能化机器

C. 研究出一套智能理论　　D. 机械化处理

4. 机器学习的方法有(　　)。

A. 机械学习　　B. 指导学习　　C. 类比学习　　D. 示例学习

5. 下列属于深度学习应用场景的是(　　)。

A. 逻辑推理　　B. 图像与视觉　　C. 语音识别　　D. 自然语言处理

三、判断题

1. 人工智能研究的一个主要目标是使机器能够胜任一些通常人类智能才能完成的复杂工作。（ ）

2. 目前的计算机具备人脑的高度智能。（ ）

3. 人工智能是研究、开发用于模拟、延伸和扩展人的智能的理论、方法、技术及应用系统的一门新的技术学科。（ ）

4. 机器学习就是使机器能够模仿人的学习行为，自动通过学习来获取知识和技能。（ ）

5. 人工智能可分为强人工智能和弱人工智能。（ ）

6. 深度学习不是机器学习。（ ）

7. 机器人是自动执行工作的机器装置。（ ）

8. 传感器是机器人的感测系统。（ ）

9. 深度学习源于人工神经网络的研究。（ ）

10. 只有导入 Python 扩展库以后才能使用其中的对象，Python 标准库不需要导入即可使用其中的所有对象。（ ）

11. 在Python中可以使用 for 作为变量名。（ ）

12. Python变量名区分大小写，所以student和Student不是同一个变量。（ ）

13. 不管输入什么，Python 3.x中的input()函数返回值都是字符串类型。（ ）

14. 在循环结构中，带有 else 子句的循环如果因为执行了 break 语句而退出的话，则会执行else子句中的代码。（ ）

15. 已知 x = 3，那么赋值语句 x = 'abcedfg' 是无法正常执行的。（ ）

16. 执行语句 from math import sin 之后，可以直接使用 sin() 函数，如 sin(3)。（ ）

17. 在Python中，在循环体内使用continue语句或break语句的作用相同。（ ）

18. 在 Python 中，对于带有 else 子句的 for 循环或 while 循环，当循环因循环条件不成立而自然结束时将会执行else子句中的代码。（ ）

四、填空题

1. ________是人工智能中最重要的也是最活跃的一个应用领域，它是指内部含有大量的某个领域专家水平的知识与经验，利用人类专家的知识和解决问题的方法来处理该领域问题的智能计算机程序系统。

2. 深度学习方法有________、无监督学习、强化学习等。

3. 人工智能的三大特征是：感知、思考、________。

4. 人工智能发展的三大动力是：数据、算力、________。

5. 最典型的监督学习算法包括回归和________。

6. ________是一种统计学方法，计算机利用已有数据得出某种模型，再利用此模型预测结果。可以从数据中学习、在行动中学习。

7. 国际上通常将机器人分为工业机器人和________两大类。

8. 机器人是典型的机电一体化产品，一般由机械本体、控制系统、________和驱动器等四部分组成。

9. 从实际应用的角度说，人工智能最核心的能力就是根据给定的输入做出判断或________。

10. ________是计算机利用已有的数据，建立数据模型，并利用此模型预测出未知结果。

11. 为了检验机器学习算法的好坏，一般将数据集分成两部分：训练集和测试集。用来进行模型学习，________用来进行模型验证。

12. 执行以下程序之后，x 的最终值为________。

```
z = 0
y = 10
x = y < z and z > y or y > z
```

13. 以下代码输出结果为________。

```
a = True
b = False
a = a or b
b = a and b
a = a or b
print(a)
```

14. 以下程序运行后，若用户分别输入 3 和 2，则结果为________。

```
x=int(input())
y=int(input())
x = x % y
x = x % y
y = y % x
print(y)
```

15. 以下程序运行后，若用户分别输入 6 和 3，则结果为________。

```
y=input()
x=input()
print(x+y)
```

16. 以下程序运行后，若用户分别输入 2 和 4，则结果为________。

```
x=float(input())
y=float(input())
print(y * * (1/x))
```

17. 以下代码输出结果为________。

```
x = 1 // 5 + 1 / 5
print(x)
```

18. 执行以下代码之后，输出________ 个“*”。

```
i = 4
while i < 2 :
    i -= 1
    print("*",end='')
else:
    print("*")
```

19. 下列语句的执行结果是________。

```
a = 1
for i in range(5):
```

```
        if i == 2:
            break
        a += 1
    else:
        a += 1
    print(a)
```

20. 卷积神经网络由________、卷积层、池化层、全连接层和输出层组成。

五、编程题

1. 输入两个字符串，将它们组合后输出。
2. 输入一个正整数 n，计算从 1 到 n（包含 1 和 n）相加之后的结果。
3. 计算 1+2!+3!+…+10! 的结果。
4. 计算 2−3+4−5+6−…+100 的结果。
5. 猴子第一天摘下若干个桃子，当即吃了一半，还不过瘾，又多吃了一个；第二天早上将剩下的桃子吃掉一半，又多吃了一个。以后每天早上都吃了前一天剩下的一半多一个。到第五天早上想再吃时，见只剩下一个桃子了。编写程序计算猴子第一天共摘了多少个桃子。
6. 矩阵运算。

【提示】数据分析可以使用 Numpy 模块，该模块是表达 N 维数组的最基础库。程序代码参考如下：

```
#HollandRadarDraw
import numpy as np
def npSum():
    a=np.array([0,1,2,3,4])
    b=np.array([9,8,7,6,5])
    c=a ** 2+b ** 3
    return c
print(npSum())
```

7. 绘制五角星。

【提示】程序代码参考如下：

```
from turtle import *
color('red')
begin_fill()
while True:
    forward(200)
    right(144)
    if abs(pos())<1:
        break
end_fill
done()
```

第 7 章　计算机新技术

信息社会飞速发展，计算机新技术层出不穷，目不暇接。目前，计算机技术研究的热点很多，如人工智能、大数据、云计算、虚拟现实、移动计算等。

7.1　物联网技术

物联网（internet of things，IoT），即“物物相连的互联网”，被称为继计算机和互联网之后，世界信息产业的第三次浪潮，代表着当前和今后相当一段时间内信息网络的发展方向。

7.1.1　物联网概述

2005 年，国际电信联盟（International Telecommunication Union，ITU）发布了《ITU 互联网报告 2005：物联网》的报告，正式提出物联网的概念。报告指出：无所不在的“物联网”通信时代即将来临，世界上所有的物体，从轮胎到牙刷、从房屋到纸巾，都可以通过物联网主动进行信息交换。在我国，物联网是五大新兴战略性产业之一，受到全社会的极大关注。

1. 物联网的特征

1999 年，美国麻省理工学院就提出一种把所有物品通过射频识别（radio frequency identification，RFID）等信息传感设备与互联网连接起来，实现智能化识别和管理的网络。这是最早的物联网概念。后来，人们把物联网定义为通过射频识别、红外感应器、全球定位系统、激光扫描器等信息传感设备，按约定的协议，把任何物品与互联网连接起来进行信息交换和通信，以实现智能化识别、定位、跟踪、监控和管理的一种网络。

以上定义都体现了物联网的三个本质：

（1）互联网特征，物联网的核心和基础仍然是互联网，对需要联网的“物”一定要能够实现互联互通。

（2）识别与通信特征，纳入物联网的“物”一定要具备自动识别（如 RFID）与机器到机器（Machine to Machine，M2M）通信的功能。

（3）智能化特征，网络系统应具有自动化、自我反馈与智能控制的特点。

物联网中的“物”必须满足以下条件：

（1）要有相应的信息接收器。

（2）要有数据传输线路。

（3）要有一定的存储功能。

（4）要有专门的应用程序。

（5）要有数据发送器。

（6）要遵循物联网的通信协议。

（7）要有在网络中被唯一识别的编号等。

可以通俗地认为，物联网就是物物相连的互联网。首先，物联网的核心与基础是互联网，是互联网的延伸和扩展；其次，用户端延伸和扩展到了物与物之间进行信息的交换与通信。

2．物联网的应用前景

物联网通过智能感知、技术和普适计算，广泛应用于社会各个领域，因此被称为继计算机、互联网之后，信息产业发展的第三次浪潮。目前，物联网的应用遍布农业、工业、商业、军事、金融业等各个行业，在城市公共安全、工业安全生产、环境监控、智能交通、智能家居、公共卫生、健康监测等领域都取得了一定的成效。物联网的应用在促进社会生产力发展的同时也为人们的日常生活和工作带来了极大的方便。

7.1.2 物联网关键技术

物联网通常可以划分为三个层次：感知层、网络层和应用层，如图7-1所示。

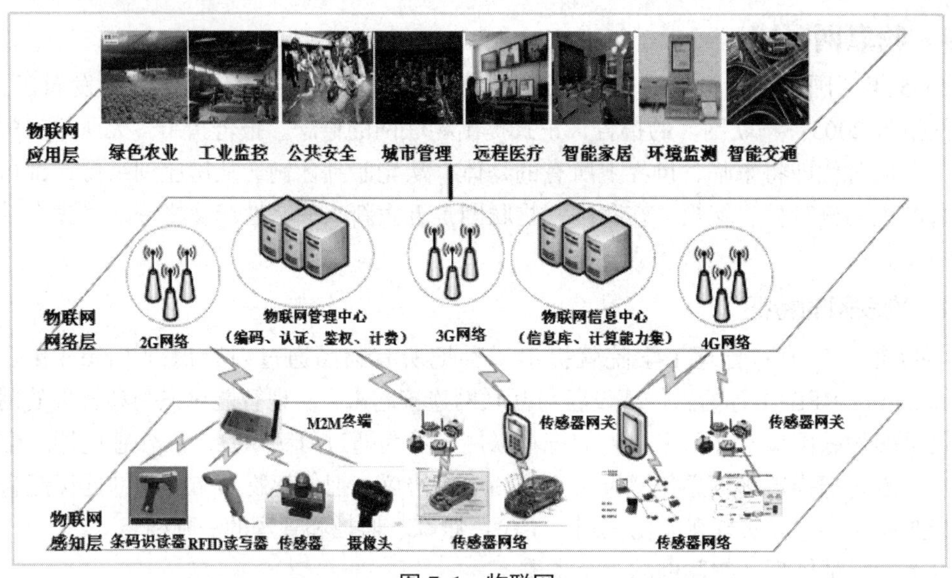

图7-1 物联网

（1）感知层。感知层负责数据采集与感知，获取物理世界中发生的物理事件和数据，包括各类物理量、标识、音频、视频数据。物联网的数据采集涉及传感器、RFID、多媒体信息采集、二维码和实时定位等技术，通过传感器网络组网和协同信息处理技术实现传感器、RFID等数据采集，获取数据的短距离传输、自组织组网以及多个传感器对数据的协同信息处理。

（2）网络层。网络层实现更加广泛的互联功能，把感知到的信息无障碍、高可靠性、高安全性地进行传送。它需要传感器网络与移动通信技术、互联网技术相融合。经过十余年的快速发展，移动通信、互联网等技术已比较成熟，基本能够满足物联网数据传输的需要。

（3）应用层。应用层负责物联网在有关行业的拓展应用，目前典型的应用行业有环境监测、绿色农业、工业监控、公共安全、城市管理、远程医疗、智能家居、智能物流和智能交通等。

物联网的关键技术主要包括三类：射频识别技术、无线传感器网络（wireless sensor networks, WSN）和机器到机器系统框架。目前，物联网在技术、标准、安全和成本等方面，仍然存在诸多待解决的难题。

7.2　云计算技术

云计算（cloud computing）是信息技术的一个新热点，也是一种新的思想方法。云计算将计算任务分布在大量计算机构成的资源池上，使各种应用系统能够根据需要获取计算力、存储空间和信息服务。这里的“云”是一个形象的比喻，人们以云可大可小、可以飘来飘去的特点，来形容云计算中服务能力和信息资源的伸缩性以及后台服务设施位置的透明性。“云”能让每个人用极低的成本接触到顶尖的 IT 服务。

云计算实现了计算资源与物理设施的分离，数据中心的任何一台设备都只是资源池中的一部分。云计算是一种基于互联网的超级计算模式，在远程数据中心，几万台服务器和网络设备连成一片，共同组成若干个数据中心。当然，云计算的关键技术是虚拟化，以虚拟化的方式把资源向用户提供快捷的服务，如图 7-2 所示。

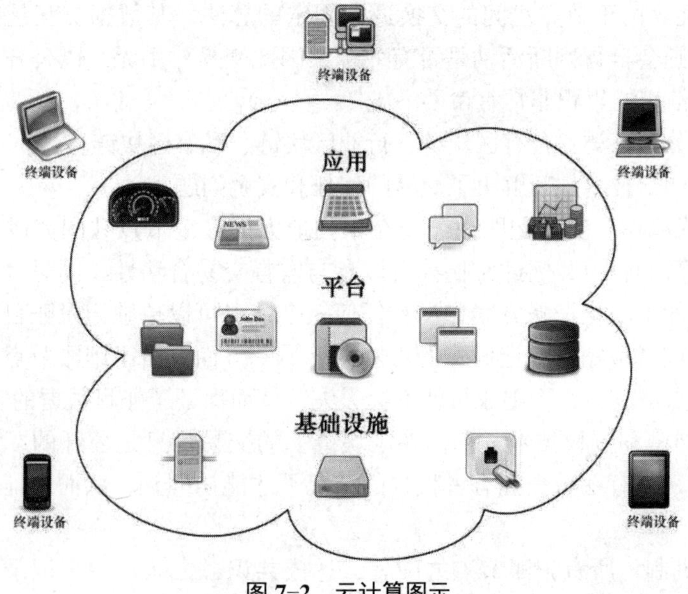

图 7-2　云计算图示

7.3 区块链技术

区块链是为了比特币[①]交易而发明的一种技术。区块链本质上是一个资源共享数据库，存储在其中的数据具有不可伪造、全程留痕、可以追溯、公开透明、集体维护等特征。因此，区块链技术具有坚实的信任基础，创造了可靠的合作机制，具有广阔的应用前景。

区块链是分布式数据存储、点对点传输、共识机制、加密算法等计算机技术的新型应用模式。2018 年 3 月，汤森路透（Thomson Reuters）利用世界知识产权组织（World Intellectual Property Organization，WIPO）数据库整理的数据显示，在 2017 年提交的 406 项与区块链有关的专利申请中，超过一半来自中国。

区块链有如下基本特征：

（1）去中心化。由于区块链使用分布式核算和存储，不存在中心化的硬件或管理机构，因此任意节点的权利和义务都是均等的，系统中的数据块由整个系统中具有维护功能的节点来共同维护。

（2）开放性。系统是开放的，除交易各方的私有信息被加密外，区块链的数据对所有人公开，任何人都可以通过公开的接口查询区块链数据和开发相关应用，因此整个系统信息高度透明。

（3）自治性。区块链采用基于协商一致的规范和协议（如一套公开透明的算法），使得整个系统中的所有节点能够在去信任的环境中自由安全地交换数据，从而对“人”的信任改成了对机器的信任，任何人为的干预不起作用。

（4）信息不可篡改。一旦信息经过验证并添加至区块链，就会永久地存储起来，除非能够同时控制住系统中超过 51% 的节点，否则单个节点上对数据库的修改是无效的，因此区块链的数据稳定性和可靠性极高。

（5）匿名性。由于节点之间的交换遵循固定的算法，其数据交互是无须信任的（区块链中的程序规则会自行判断活动是否有效），因此交易对手无须以公开身份的方式让对方产生信任，对信用的累积非常有帮助。

区块链目前分为三类：公有区块链、行业区块链、私有区块链。

区块链通过四个技术创新解决了交易的信任和安全问题。

（1）分布式账本。交易记账由分布在不同地方的多个节点共同完成，而且每一个节点记录的都是完整的账目，因此它们都可以参与监督交易合法性，同时也可以共同为其作证。不同于传统的中心化记账方案，没有任何一个节点可以单独记录账目，从而避免了单一记账人被控制或者被贿赂而记假账的可能性。另一方面，由于记账节点足够多，理论上讲除非所有的节点被破坏，否则账目就不会丢失，从而保证了账目数据的安全性。

（2）对称加密和授权技术。存储在区块链上的交易信息是公开的，但是账户身份信息是高度加密的，只有在数据拥有者授权的情况下才能访问到，从而保证了数据的安全和个人的隐私。

（3）共识机制。所有记账节点之间怎么达成共识，去认定一个记录的有效性，这既是认定的手段，也是防止篡改的手段。区块链提出了四种不同的共识机制，适用于不同的

①比特币：一种点对点（peer-to-peer，P2P）形式的网络虚拟货币。

应用场景，在效率和安全性之间取得平衡。以比特币为例，采用的是工作量证明，只有在控制了全网超过 51% 的记账节点的情况下，才有可能伪造出一条不存在的记录。当加入区块链的节点足够多的时候，这基本上不可能，从而杜绝了造假的可能。

（4）智能合约。智能合约是基于这些可信的不可篡改的数据，可以自动化的执行一些预先定义好的规则和条款。以保险为例，如果说每个人的信息（包括医疗信息和风险发生的信息）都是真实可信的，那么很容易在一些标准化的保险产品中，去进行自动化的理赔。

7.4　新型计算机

7.4.1　量子计算机

20 世纪 70 年代，人们发现能耗会导致计算机的芯片发热，这极大地影响了芯片的集成度，从而限制了计算机的运行速度。因此，新的计算机体系结构的研发势在必行。

量子计算机是根据原子或原子核所具有的量子学特性来工作，运用量子信息学，基于量子效应构建的一个完全以量子位（量子比特）为基础的计算机。它利用一种链状分子聚合物的特性来表示开与关的状态，利用激光脉冲来改变分子的状态，使信息沿着聚合物移动，从而进行运算。

量子计算机同样由存储元件和逻辑元件构成。在量子计算机中，数据采取量子位存储。由于量子的叠加效应，一个量子可以同时存储 0 和 1，就是说同样数量的存储单元，量子位存储量比半导体的大很多，这也直接导致量子计算机的性能比现在普通计算机的要强很多。

量子计算机有自身独特的优点和广阔的发展前景：

（1）量子计算机能够进行量子并行计算，理论速度可达一万亿次 / 秒，足够让物理学家去模拟原子爆炸等复杂的物理过程。

（2）量子计算机用量子位存储数据。

（3）量子计算机具有与人脑类似的容错性，当系统的某部分发生故障时，输入的原始数据会自动绕过损坏或出错的部分，进行正常运算，并不影响最终的计算结果。

（4）量子计算机不仅运算速度快、存储量大、功耗低，而且高度微型化和集成化。

1982 年，美国物理学家费勒曼（Ferlemann）提出了量子计算机的基本构想。2001 年，IBM 成功进行了量子计算机的复杂运算。2007 年，加拿大 D-Wave System 公司宣布研制成功世界上第一台 16 量子位（qubit）量子计算机。2017 年，世界首台超越经典计算机的量子计算机在中国上海亮相。专家预见，再过 30 年左右，量子计算机将普及，量子计算设备将可以嵌入任何物体。可以预想，放在口袋中的超高速计算机是什么样子，还有直径只有几十厘米的人造卫星。

7.4.2　光子计算机

光子计算机是一种由光信号进行数字运算、逻辑操作、信息存储和处理的新型计算机。它由激光器、光学反射镜、透镜、滤波器等光学器件和设备构成，靠激光束进入光学反射镜和透镜组成的阵列进行信息处理，以光子代替电子，光运算代替电运算。光的并行、高速决定了光子计算机的并行处理能力强、运算速度极快的特点。光子计算机还具有与人脑相似的容错性，系统中某一器件损坏或出错时，并不影响最终的计算结果。光子在光介质中传输所造成的信息畸变和失真极小，光传输、转换时能量消耗和散发热量极低，光子计算机对使用环境的要求比电子计算机低得多。

近 20 多年来，光子计算机的关键技术，如光存储技术、光互联技术、光集成器件等方面的研究都已取得突破性进展，为光子计算机的研制、开发和应用奠定了基础。

7.4.3 生物计算机

生物计算机，即脱氧核糖核酸（deoxyribonucleic acid，DNA）计算机，主要由生物工程技术产生的蛋白质分子组成的生物芯片构成，通过控制 DNA 分子间的生化反应来完成运算。运算过程就是蛋白质分子与周围物理、化学介质相互作用的过程，其转换开关由酶来充当，而程序则在酶合成系统本身和蛋白质的结构中明显表示出来。

20 世纪 70 年代，人们发现 DNA 处于不同状态时可以代表信息的有或无。DNA 分子中的遗传密码相当于存储的数据，DNA 分子间通过生化反应，从一种基因代码转变为另一种基因代码。反应前的基因代码相当于输入数据，反应后的基因代码相当于输出数据。只要能控制这一反应过程，就可以制成生物计算机。

生物计算机以蛋白质分子构成的生物芯片作为集成电路。蛋白质分子比电子器件小很多，而且生物芯片本身具有天然独特的立体化结构，其密度要比平面型的硅集成电路高 5 个数量级。生物计算机芯片本身还具有并行处理的功能，其运算速度要比当今最新一代的计算机快 10 万倍，能量消耗仅相当于普通计算机的十亿分之一。生物芯片一旦出现故障，可以进行自我修复，具有自愈能力。生物计算机具有生物活性，能够和人体的组织有机地结合起来，尤其是能够与人脑和神经系统相连。这样，植入人体的生物计算机就可直接接收人脑的综合指挥，成为人脑的辅助装置或扩充部分，并能由人体细胞吸收营养补充能量，成为帮助人类学习、思考、创造和发明的最理想的伙伴。

本章主要介绍了计算机相关的新技术知识，包括物联网技术、云计算技术、区块链技术及新型计算机。通过本章的学习，读者能够了解最新的计算机知识和了解新的计算机技术在行业中应用的原理。

思考与练习

一、选择题

1. 下列不属于云计算服务平台的是（　　）。

A. 软件　　B. 平台　　C. 基础设施　　D. 网络

2.（　　）是区块链最早的一个应用，也是最成功的一个大规模应用。

A. 以太坊　　B. 联盟链　　C. 比特币　　D.RSCoin

3. 区块链以协商一致的规范和协议自动安全地交换数据，整个系统中的所有节点不需要人为干预，这种规范一致的协议包括支持系统运行的数学算法和完成交易的智能合约。这体现了区块链的(　　)特征。

A. 高度自治性　　B. 信息透明性　　C. 分布式数据存储　　D. 数据不可篡改

4. 下列属于物联网关键技术的是(　　)。

A.RFID　　B. 传感器　　C. 嵌入式系统　　D. 以上都是

二、思考题

1. 搜索区块链有哪些已经投入使用的应用。

2. 简述物联网、云计算、大数据三者的关系。

参考文献

[1] 陈一明,吴良海. 大学计算机基础 [M].2 版 . 上海:复旦大学出版社,2017.

[2] 谢邦昌,朱建平,刘晓葳. 大数据概论 [M]. 厦门:厦门大学出版社,2016.

[3] 吕云翔 . 大数据基础及应用 [M]. 北京:清华大学出版社,2017.

[4] 中科普开. 大数据技术基础 [M]. 北京:清华大学出版社,2016.

[5] 周苏,王文. 大数据导论 [M]. 北京:清华大学出版社,2016.

[6] 崔奇明. 大数据概论 [M]. 沈阳:东北大学出版社,2016.

[7] 宁兆龙,孔祥杰,杨卓,等. 大数据导论 [M]. 北京:科学出版社,2017.

[8] Bill Lubanovic. Python语言及其应用[M]. 丁嘉瑞,梁杰,禹常隆,译. 北京:人民邮电出版社,2015.

[9] 陈玉琨,汤晓鸥 . 人工智能基础:高中版 [M]. 上海:华东师范大学出版社,2018.

[10] 周志华. 机器学习 [M]. 北京:清华大学出版社,2016.

[11] Peter Harrington. 机器学习实战 [M]. 李锐,李鹏,曲亚东,等译 . 北京:人民邮电出版社,2013.

[12] 杨立云 . 机器人技术基础 [M]. 北京:机械工业出版社,2017.

[13] 蒋加伏,张林峰 . 大学计算机 [M].6 版 . 北京:北京邮电大学出版社,2020.

图书在版编目(CIP)数据

大学计算机与人工智能基础/陈一明主编. —2 版. —北京：北京大学出版社，2021. 8
ISBN 978-7-301-32413-4

Ⅰ. ①大…　Ⅱ. ①陈…　Ⅲ. ①电子计算机—高等学校—教材 ②人工智能—高等学校—教材
Ⅳ. ①TP3 ②TP18

中国版本图书馆 CIP 数据核字(2021)第 170950 号

书　　名　大学计算机与人工智能基础（第 2 版）
DAXUE JISUANJI YU RENGONG ZHINENG JICHU (DI-ER BAN)
著作责任者　陈一明　主编
责 任 编 辑　张　敏
标 准 书 号　ISBN 978-7-301-32413-4
出 版 发 行　北京大学出版社
地　　址　北京市海淀区成府路 205 号　100871
网　　址　http://www. pup. cn
电 子 邮 箱　zpup@pup. cn
新 浪 微 博　@北京大学出版社
电　　话　邮购部 010-62752015　发行部 010-62750672　编辑部 010-62765014
印 刷 者　长沙超峰印刷有限公司
经 销 者　新华书店
787 毫米×1092 毫米　16 开本　17. 25 印张　431 千字
2019 年 9 月第 1 版
2021 年 8 月第 2 版　2024 年 12 月第 6 次印刷
定　　价　49. 80 元
